개정판

Mathematica와 수학

신창언 · 이영수 · 한 혁 지음

KM 경문사

머 리 말

Mathematica의 개발과 더불어 수학에서도 큰 변화가 왔다. 그 동안 많은 계산 때문에 해결하지 못했던 많은 수학 문제들이 Mathematica를 사용하여 해결되었으며 컴퓨터의 발전과 더불어 계산 속도가 많이 향상됨에 따라 Mathematica의 기능을 더욱 발휘하고 있다.

본 개정판은 Mathematica 8을 사용하여 저술하였다.

Mathematica 외에 많은 수학 소프트웨어가 수학자들에게 큰 도움을 주고 있다. 이 책에서는 Mathematica의 기본적인 사용법과 그 응용을 설명하고자 한다. Mathematica의 모든 명령어를 이 책에서 다 설명하지는 못한다. 그러나 특수한 분야가 아닌 일반 수학분야의 계산에서 필요한 기본적인 명령어는 다 수록하려고 노력하였다. 이 책에서 설명하지 못한 Mathematica 명령어는 소프트웨어에 내장되어 있는 help기능을 이용하여 이해할 수 있다.

이 책은 네 개의 장으로 되어 있으며 제1장에서는 Mathematica의 기본 명령어를, 제2장에서는 미분적분학에서의 내용을, 제3장에서는 선형대수학의 내용을, 제4장에서는 미분방정식의 내용을 설명하였다. 미분방정식의 이론과 함께 기본적인 미분방정식의 풀이를 Mathematica를 사용하여 푸는 방법을 설명하였다.

이 책에서 Mathematica를 실행한 Input과 Output은 셀을 복사하여 넣어 깨끗하지 못한 부분이 있어 아쉽다. 이 부분은 다음 개정판에서는 좀더 깨끗하게 나올 수 하겠다.

이 책을 참조하는 사람, 특히 대학원에서 연구를 목적으로 하는 사람들에게 이 책이 조금의 도움이 되었으면 한다.

끝으로 이 책이 나오기까지 도움을 주신 도서출판 경문사 여러분들에게 감사드린다.

2012년 3월 지은이

차 례

제 1 장

Mathematica의 명령어

1장에서는 계산이 복잡한 수학 문제를 Mathematica를 사용하여 해결하기 위하여 필요한 기본적인 명령어를 설명한다. 특히 여기서 설명하는 명령어는 Mathematica 버전 8을 사용하여 2장 미적분학, 3장 선형대수학, 4장 미분방정식 등에서 필요로 하는 Mathematica의 기본 명령어들을 설명한다.

1.1 기본연산

기본연산 및 명령어

Mathematica를 실행시키면 화면에 메뉴판과 함께 빈 공간만 있는 창이 나온다. 이제 우리가 구하고자 하는 것을 입력함으로써 Mathematica는 작동을 하게 된다. Mathematica는 일반 계산기와 같이 수치 연산을 수행할 수 있을 뿐만 아니라 문자 연산(symbolic manipulation)도 수행할 수 있다. 2×3 을 계산하자. 우선 2*3 을 입력한 후 Shift키를 누른 상태에서 Enter키를 누름으로써 계산이 시작된다.

```
In[1]:= 2 * 3
Out[1]= 6
```

2*3에 대한 결과 6 을 얻었다. 이때 그 전 상태에서는 없었던 In[1]:=과 Out[1]=이 나왔는데 In[1]:=에서는 입력한 내용이 나타나고 Out[1]=에서는 Mathematica에서 계산한 결과가 나타난다.

Mathematica를 처음 실행할 때 In[1]이 나오며, 계산을 할 때마다 In의 번호는 증가한다. 그리고 In과 Out에 나오는 번호는 고유 번호이다. Mathematica에서의 계산은 Kernel에서 이루어지며 메뉴판에서

Evaluate−Quit Kernel

을 클릭하면 Kernel이 중단되며 이전에 계산되었던 모든 것이 메모리에서 지워지며 다시 Mathematica를 실행시키면 In 다음의 번호는 1에서부터 다시 시작된다. 다음에서 보듯이 계산을 할 때마다 In[1]:=과 Out[1]=에서 숫자가 늘어난다는 것을 알 수 있다. 또한 6은 Out[1]에 있는 결과로 내장된다. 다음은 문자 x에 2를 입력한 후 $x\times 2$ 를 계산하자. * 는 곱셈을 의미하는데 곱셈에 대하여

는 이 절의 뒤에서 다시 설명한다.

```
In[2]:= x = 2; x*2

Out[2]= 4
```

위에서 4라는 결과를 얻었는데 In[2]에서 중간에 ;은 x=2와 x*2를 별개의 것으로 취급하겠다는 것이다. 만일 다음과 같이 중간에 ;을 없애면 계산의 결과는 $2\times x\times 2$, 즉 8이 된다

```
In[3]:= x = 2 x*2

Out[3]= 8
```

다음은 함수 $f(x)=x^2$을 정의하고 $x=2$에서 f의 값을 알아보자. x에 8이라는 값이 내장되어 있으므로 x에 내장되어 있는 값을 지워야 한다. x의 값을 지우려면

Clear[x]

라 하면 된다. x^2은 In[4]와 같이 입력하거나 x^2로 입력한다. In[4]에서 x^2을 입력하려면 메뉴판에서

Palettes−Basic Math Assistant

를 클릭하여 ■□ 을 클릭한 후 x를 입력하고 Tab을 누른 후 2를 입력하고 커서를 오른쪽으로 옮기는 키를 누르면 된다.

```
In[4]:= Clear[x];
        f[x_] = x²; f[2]

Out[5]= 4
```

함수 $f(x)$를 정의하기 위해 x 다음에 밑줄을 입력시켰는데 밑줄은 x를 변수로 취급하겠다는 것이다. 또한 f[x_] 뒤에 =을 하였는데 = 대신에 :=을 입력시킬 수도 있는데 차이는 이 절의 뒤에서 설명한다. 다음은 함수 $g(x)=x^3$이라 정

의하고 $x = 2$ 에서의 값을 구하자.

```
In[6]:= g[x_] := x^3; g[2]

Out[6]= 8
```

In[6]과 같이 g[x_] 다음에 :=을 입력해도 $x = 2$ 에서의 값을 얻을 수 있다. 위에서 정의한 g[x]에 대하여 g[2]의 값을 구하기 위해서는 다음과 같이 구할 수도 있다.

```
In[7]:= g[x] /. x → 2

Out[7]= 8
```

위에서 /. 뒤에 있는 것을 g[x]에 적용시키면(즉, x에 2를 대입하면) Out[7]에서와 같은 결과를 얻는다. (→을 입력하려면 –와 〉를 입력하면 된다.)

다음에서는 a 에 5를 입력시켰을 때 만일 a 의 값을 지우고 싶을 때는 Clear라는 명령어로 a 에 내장된 값을 지울 수 있다.

```
In[8]:= a = 5;

In[9]:= a

Out[9]= 5

In[10]:= Clear[a];
         a

Out[11]= a
```

위에서 보듯이 a 의 값을 지운 후에 a 의 값을 물었을 때 5라는 값을 주지 않고 a 라는 값을 준다. 다음은 여러 개의 문자의 값을 지우는 방법을 생각하여 보자. 예를 들어 $a1$ 의 값을 1, $a2$ 의 값을 2, $a3$ 의 값을 3이라고 지정한 경우에 $a1, a2, a3$ 의 값을 모두 지우려면 위의 방법대로 Clear[a1, a2, a3]라고 해도 되겠지만 In[16]에서와 같이 할 수도 있다.

```
In[12]:= a1 = 1; a2 = 2; a3 = 3;

In[13]:= a1

Out[13]= 1

In[14]:= a2

Out[14]= 2

In[15]:= a3

Out[15]= 3

In[16]:= Clear["a*"]

In[17]:= a1

Out[17]= a1
```

위의 In[16]에서 a* 는 a로 시작되는 모든 문자들을 의미한다.

다음은 무리수를 유리수의 근삿값으로 또는 분수를 소수로 바꾸는 방법에 대하여 알아보자. π 의 근삿값을 구하자. π 는 Mathematica 명령어로 Pi이며, In[1]과 같이 입력할 수도 있다. 다음과 같이 π 를 입력하려면 메뉴판에서

Palettes−Basic Math Assistant

를 클릭한 후 π 를 클릭하면 된다. 이제 π 의 값을 구하면 Mathematica는 정확한 값을 주려고 하기 때문에 소수로 값을 주지 않는다. (* 와 *) 사이에 있는 것처럼 입력해도 된다. Mathematica에서 설명을 삽입할 때는 설명할 내용을 (* 와 *)사이에 넣으면 된다. 이때 (* 와 *) 사이의 내용은 읽어 들이지 않는다.

```
In[1]:= π(*Pi*)

Out[1]= π
```

이제 π 의 근삿값을 구하자. 명령어 N을 사용하여 구할 수 있다.

```
In[2]:= N[π]

Out[2]= 3.14159
```

π 의 근삿값으로 소수점 위와 아래 자리를 합쳐 25자리까지 구하자.

```
In[3]:= N[π, 25]

Out[3]= 3.141592653589793238462643
```

In[2]에서 행한 명령을 다음에서와 같이 시행할 수 있다.

```
In[4]:= π // N

Out[4]= 3.14159
```

위에서 N[π]와 π //N는 같은 명령임을 알 수 있다. 다음은 분수를 소수로 바꾸자.

```
In[5]:= 1 / 3

        1
Out[5]= —
        3
In[6]:= N[1 / 3]

Out[6]= 0.333333
```

함수 $h(x) = x^2$ 에 대하여 $x = 2$ 에서의 값은 $h[2]$ 로 구할 수 있지만 x 에 2을 대입하라는 명령어로서 $/.x \to 2$ 를 사용하여 구할 수 있다고 하였다.

```
In[7]:= Clear[h];
        h[x_] = x^2;
In[9]:= h[2]

Out[9]= 4
In[10]:= h[x] /. x → 2

Out[10]= 4
```

다음은 함수 $kk(x, y) = x^2(y-2)$ 에 대하여 $kk(2, 3)$ 의 값을 구하기 위하여 In[11], In[14], In[15]에서와 같이 입력할 수 있다.

```
In[11]:= Clear[kk];
         kk[x_, y_] := (x^2) * (y - 2);
         kk[2, 3]

Out[13]= 4
```

```
In[14]:= kk[x, y] /. {x → 2, y → 3}

Out[14]= 4

In[15]:= kk[x, y] /. x → 2 /. y → 3

Out[15]= 4
```

앞에서 함수를 정의하기 위해 변수 x 뒤에 밑줄을 그었는데 만일 밑줄이 없으면 x를 변수로 받아들이지 않기 때문에 원하는 바를 얻을 수 없다.

```
In[16]:= Clear[k];
         k[x] = x^2;
         k[2]

Out[18]= k[2]

In[19]:= k[x]

Out[19]= x^2

In[20]:= k[y]

Out[20]= k[y]
```

위에서 $k[x]$를 하나로 받아들여 $k[x]$에 x^2을 저장하게 되며 k[y]는 y^2이 아닌 k[y]가 된다. ____와 ______에 대해서는 1.7절에서 알아보자.

다음에서는 곱셈에 대하여 알아보자. $x = 5$인 경우 $2 \times x$의 값을 구하자. $2 \times x$를 구하기 위해서는 $2 * x$를 입력하거나 $2x$를 입력함으로써 결과를 얻을 수 있다. 또 $2x$처럼 숫자가 먼저 오는 경우에는 $2 \times x$로 받아들이지만 $x2$로 입력하면 $x2$를 하나의 개체로 받아들여 원하는 결과를 얻을 수 없다. 따라서 $x \times y$의 값을 구하려면 $x * y$ 또는 $x\ y$ (x와 y 사이에 공간을 둔다)로 입력하여야 한다.

```
In[1]:= Clear[x];
        x = 5;
        2 x

Out[3]= 10

In[4]:= x2

Out[4]= x2
```

```
In[5]:= 2 * x

Out[5]= 10
 In[6]:= 2 x

Out[6]= 10
 In[7]:= x 2

Out[7]= 10
```

다음은 괄호( )에 대하여 알아보자. $y=10$ 인 경우 $\frac{y+4}{2}$ 를 구하기 위해서는 아래의 In[8]처럼 괄호를 넣어야 한다. In[11]처럼 입력하면 $y+\frac{4}{2}$ 로 받아들인다.

```
 In[8]:= Clear[y];
         y = 10;
         (y + 4) / 2

Out[10]= 7
 In[11]:= y + 4 / 2

Out[11]= 12
 In[12]:= Clear[z];
         (z + 4) / 2

          4 + z
Out[13]= -----
            2
 In[14]:= z + 4 / 2

Out[14]= 2 + z
 In[14]:= z + 4 / 2

Out[14]= 2 + z
```

$5^2 \times 2$ 를 계산하자.

```
 In[15]:= (5^2) * 2

Out[15]= 50
```

```
In[16]:= 5^2*2

Out[16]= 50
```

위에서 볼 수 있듯이 $5^2 \times 2$ 값을 계산하는 데는 괄호를 넣지 않아도 Out[16]에서 Out[15]와 같은 값을 얻음을 알 수 있는데 이는 곱셈을 먼저 수행하기 전에 지수를 먼저 계산하는 우선 순위 때문이다.

다음에서는 앞에서 계산한 결과를 사용하는 방법을 알아보자. 앞에서 Out[3]의 결과는 10이었다. 이 값을 불러오는 방법은 %3 또는 Out[3]을 입력하는 두 가지 방법이 있다. 이제 이 값에 5를 곱하자.

```
In[17]:= %3

Out[17]= 10
In[18]:= %3*5

Out[18]= 50
```

다음에서는 Out[14]에서 나온 값과 Out[17]에서 나온 값을 곱하자.

```
In[19]:= Out[14]*Out[17]

Out[19]= 10 (2 + z)
```

다음은 계산을 위하여 필요로 하는 값을 입력한 후 끝에 ;을 넣는 경우와 ;를 넣지 않는 경우를 생각하자. 다음의 In[1]에서와 같이 끝에 ;을 넣지 않으면 $f(x)$의 값이 무엇이라는 결과를 출력하지만 In[3]에서와 같이 끝에 ;을 넣으면 $g(x)$가 무엇인지 결과를 출력하지 않는다.

```
In[1]:= Clear[f, g, x];
        f[x_] = x^2

Out[2]= x^2

In[3]:= g[x_] = x^2;
```

:=와 =의 차이

다음에서는 앞에서 잠시 언급했듯이 함수를 정의하는 데 =를 사용하는 경우와 :=을 사용하는 경우의 차이에 대하여 알아보자. $(a+b)^n$ 을 전개하는 함수를 정의하자. $(a+b)^5$ 을 전개하면 다음의 Out[1]과 같다. 명령어 Expand는 전개를 하라는 명령어이다.

```
In[1]:= Expand[(a + b)^5]
Out[1]= a^5 + 5 a^4 b + 10 a^3 b^2 + 10 a^2 b^3 + 5 a b^4 + b^5
```

이제 함수 f를 f[n_]:=Expand[(a+b)^n]이라고 정의할 때 f[5]의 값, 즉 $(a+b)^5$ 의 전개식을 구하자.

```
In[2]:= Clear[f, g];
        f[n_] := Expand[(a + b)^n];
        f[5]
Out[4]= a^5 + 5 a^4 b + 10 a^3 b^2 + 10 a^2 b^3 + 5 a b^4 + b^5
```

위에서 우리는 원하는 결과를 얻었다. 다음은 함수 g를 정의하는 데 =를 이용하여 정의하고 $(a+b)^5$ 와 $(a+b)^6$ 을 전개하자.

```
In[5]:= g[n_] =  Expand[(a + b)^n];
        g[5]
Out[6]= (a + b)^5
In[7]:= g[6]
Out[7]= (a + b)^6
```

함수 f에서는 원하는 결과를 얻었지만 함수 g에서는 얻지 못했다. 이유는 함수를 정의하는 데 :=를 사용하는 경우에는 f[5]를 입력했을 때 f를 정의한 Expand [(a+b)^n]에 n=5를 대입하여 결과를 출력하지만 함수 g의 경우에는(즉, 함수를 정의하는 데 =를 사용하는 경우) 먼저 g의 값을 계산한 다음, 즉 이 경우 g[n]=

$(a+b)^n$이 된 상태에서 n=5를 대입하게 되므로 결과는 Out[6]이 된다. 위에서 본 경우는 $(a+b)^n$을 전개하는 함수를 정의하는 데 :=를 사용해야 올바른 결과를 얻는 예를 보았다. 다음의 예에서는 함수를 정의하는 데 =를 사용해야 올바른 결과를 얻는 예를 보자. 함수 $f(x)=x^2$에 있어서 $x=2$에서의 미분값을 구하자. 명령어

D[f, x]

는 $\dfrac{df}{dx}$를 의미한다. 이제, g와 h를 $\dfrac{df}{dx}$라 정의하자. g는 :=을 사용하여 정의하였고, h는 =을 사용하여 정의하자.

```
In[8]:= Clear[f, g, h, x];
        f[x_] = x^2;
        g[x_] := D[f[x], x];
        h[x_] = D[f[x], x];
        g[x]

Out[12]= 2 x
In[13]:= h[x]

Out[13]= 2 x
```

함수 g와 h에서 모두 $f(x)=x^2$의 미분값 $2x$를 얻었다. 이제 $x=2$에서의 값을 구하자.

```
In[14]:= h[2]

Out[14]= 4
In[15]:= g[2]
         General::ivar : 2 is not a valid variable. >>

Out[15]= ∂2 4
```

함수 h에서는 원하는 결과를 얻었지만 함수 g에서는 경고와 함께 원하는 결과를 얻지 못했다. 그 이유는 앞에서 설명한 바와 같이 h[2]의 값을 계산하기 전에 함수 h[x]는 $2x$라는 함수로 정의되어 있으므로 h[2]=4라는 값을 주있지만 함수 g[x]에서는 $x=2$라는 값을 g[x]의 정의에 대입하여 결과를 출력하므로 $\partial_2 4$,

즉 4를 2로 미분한다는 의미이므로 2가 변수가 아닌 상수이기 때문에 경고와 함께 값을 주지 못한다.

1.2 2 차원에서의 그래픽

Mathematica 에 내장되어 있는 함수

이 절에서는 Mathematica에 내장되어 있는 함수와 2차원에서의 그래프에 대하여 알아보자. Mathematica에 내장되어 있는 모든 함수는 첫 글자가 대문자로 시작된다. 따라서 Mathematica에서 내장되어 있지 않은 함수를 정의할 때는 소문자로 시작함으로써 구별하기 쉽다. 다음에서는 Mathematica에 내장되어 있는 몇 가지 함수를 알아보자.

수학에서의 함수	Mathematica에서의 함수
$\|x\|$(x가 실수인 경우 x의 절대값, $x=a+bi$ 인 복소수인 경우 $\sqrt{a^2+b^2}$)	Abs[x]
$[x]$ (x 보다 크지 않은 최대 정수)	Floor[x]
$\sin x, \cos x, \tan x$	Sin[x], Cos[x], Tan[x]
$\sin^{-1} x, \cos^{-1} x, \tan^{-1} x$	ArcSin[x], ArcCos[x],ArcTan[x]
$\sqrt{x}$	Sqrt[x]
$\ln x$	Log[x]
$\log_b x$	Log[b,x]
e^x	Exp[x] 또는 E^{x}
min(x,y)(x와 y중 작은 수)	Min[x,y]
……………………………………………	

다음에서는 $\cot^{-1}|\tan\frac{\pi}{5}-\frac{2}{30}|^3$ 의 값을 소수로 구하자.

```
In[1]:= N[ArcCot[Abs[Tan[π/5] - 2/30]^3]]

Out[1]= 1.291
```

다음에서는 함수 $\min\{x-[x],\ 1-x+[x]\}$ 의 그래프를 구간 $[-4,\ 4]$에서 그리자. 함수 $[x]$는 x보다 크지 않은 최대 정수를 의미한다. 2차원에서의 그래프를 그리는 명령어는 Plot이고 이에 대해서는 이 절의 뒤에서 자세히 알아보기로 하자.

```
In[2]:= Clear[f];
        f[x_] := Min[x - Floor[x], 1 - x + Floor[x]];
        Plot[f[x], {x, -4, 4}, ImageSize → 150]
```

Out[4]=

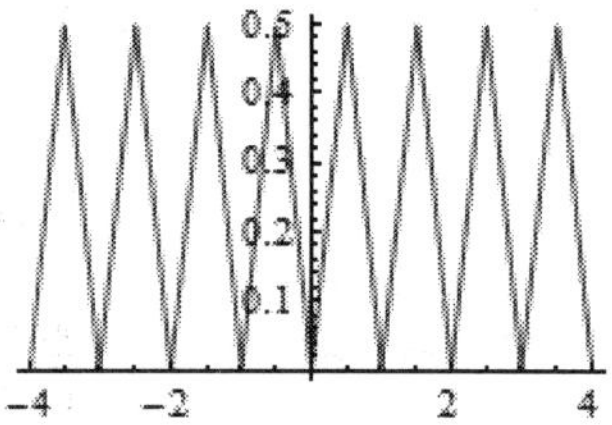

위의 함수 f에 대하여 f[5]를 구하자.

```
In[5]:=f[5]
Out[5]=0
```

부분적으로 정의된 함수

다음에서는 함수

$$f(x)=\begin{cases}1, & x>0,\\ -1, & x\le 0,\end{cases}$$

을 정의하고 그래프를 구간 $[-2,2]$에서 그리자. 아래에서는 두 가지 방법으로 함수 f를 정의하였는데 두 가지 모두 같은 함수임을 Out[5]와 Out[6]의 그래프에서 알 수 있다. 첫 번째 방법은 Mathematica에 내장되어 있는 함수 If를 사용하는 방법인데

If[statement, r1, r2]

에서는 만일 statement가 참(True)이면 r1을 수행하고 거짓(False)이면 r2를 수행하라는 명령어이다. 두 번째 방법은 /;을 사용한 방법인데

/;statement

에서는 statement가 참이면 /;의 앞 명령을 수행하라는 명령이다.

```
In[1]:= Clear[g, f];
        f[x_] := If[x > 0, 1, -1];
        g[x_] := 1 /; x > 0;
        g[x_] := -1 /; x <= 0;
        Plot[f[x], {x, -2, 2}]
```

Out[5]=

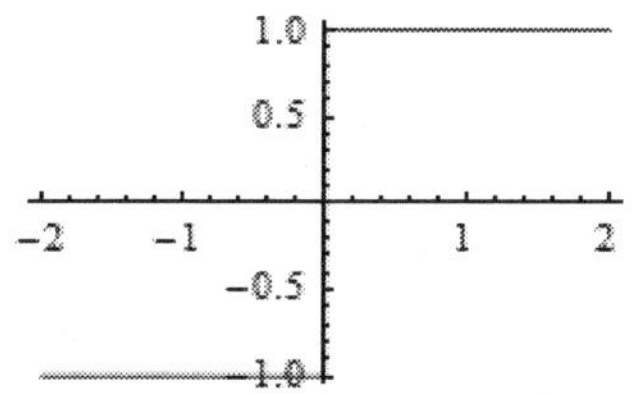

```
In[6]:= Plot[g[x], {x, -2, 2}]
```

Out[6]=

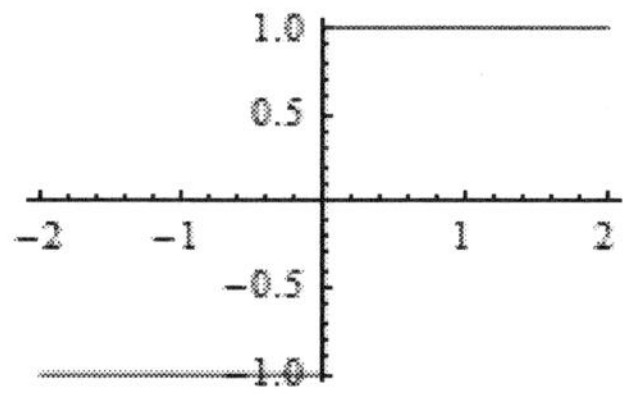

In[1]에 있는 <=는 수학에서 ≤을 의미하며 <=를 입력 후 위의 예와 같이 0을 입력하면 자동적으로 ≤로 바뀐다. 1.7절 논리에서 자세히 설명한다. 또한

If[statement, t]

는 statement가 참인 경우 t를 수행하고 그 외의 경우에는 아무것도 수행하지 않는다.

위와 다른 방법으로 함수 $f(x)=\begin{cases}\sqrt{x}, & x>0\\ x^3, & x\le 0\end{cases}$ 를 정의하고 구간 [-2, 2] 에서 $y=f(x)$ 의 그래프를 그리자.

```
In[1]:= Clear[h];
        h[x_] := { √x   x > 0 ;
                 { x^3  True
        Plot[h[x], {x, -2, 2}]
```

Out[3]=

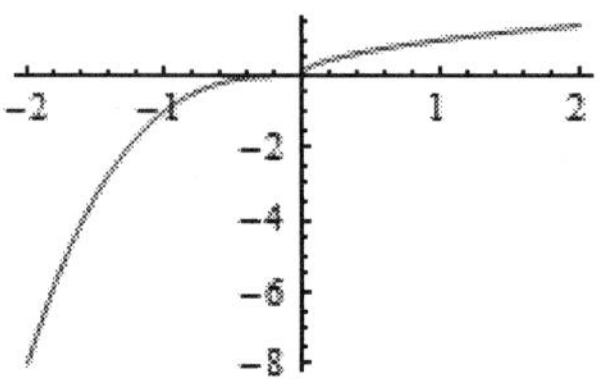

위와 같이

$$\begin{cases}\sqrt{x} & x>0\\ x^3 & \text{True}\end{cases}$$

을 입력하려면 메뉴판에서

Palettes−Basic Math Assistant−Calculator−Advanced

에서 { 를 클릭한 후 입력하면 된다. 행 또는 열을 추가하려면 메뉴판에서

Insert−Table/Matrix−Add Row 또는 Add Column

을 클릭하면 된다. 다음과 같이 함수를 정의해도 된다.

```
In[4]:= Clear[k];
        k[x_] := { √x   x > 0 ;
                 { x^3  x ≤ 0
        Plot[k[x], {x, -2, 2}]
```

Out[6]=

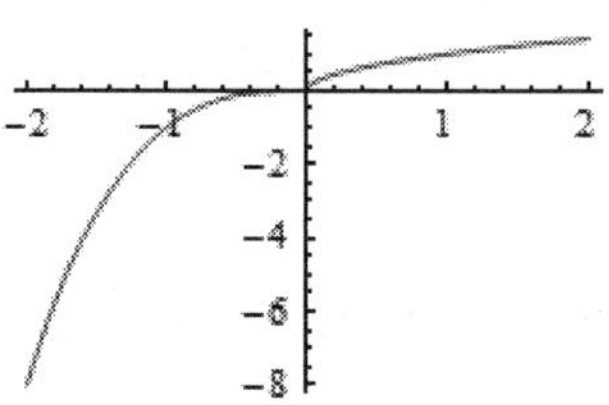

함수 $g(x)=\begin{cases} x, & 0 \le x \le 1 \\ -x, & -1 \le x < 0 \\ 1, & \text{otherwise} \end{cases}$ 를 다음과 같이 정의할 수 있다.

```
In[7]:= Clear[g];
        g[x_] = Piecewise[
          {{x, 0 ≤ x ≤ 1}, {-x, -1 < x < 0}}, 1];
        Plot[g[x], {x, -2, 2}]
```

Out[8]=

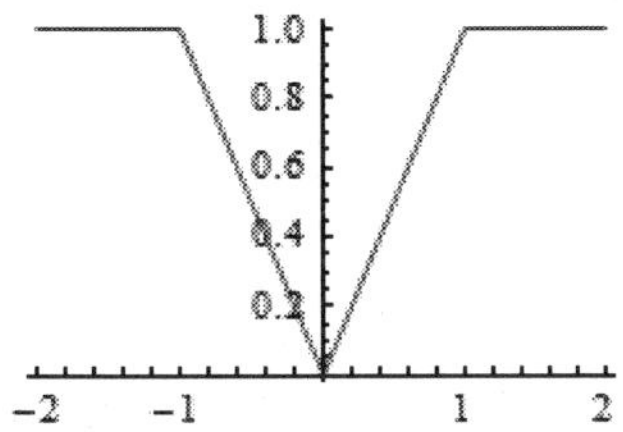

2 차원에서의 그래픽 명령어 Plot

이제 2차원에서의 그래프를 그리는 방법에 대하여 알아보자. 그래프를 그리는 명령어는

Plot[function[x], {x, initial, terminal}]

이며, 이는 함수 y=function[x]을 구간 [initial, terminal]에서 그리라는 명령어이다.

$y = \sin x,\ x \in [-\pi,\ \pi]$ 의 그래프를 그리자.

```
In[1]:= Plot[Sin[x], {x, -π, π}]
```

Out[1]=

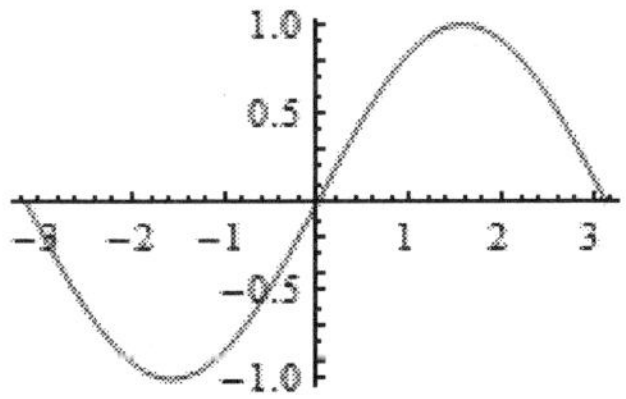

위에서 2차원에서의 그래프를 그리는 명령어는

Plot[function[x], {x, initial, terminal}]

라 했는데 그래프에 여러 가지 선택사항 option1, option2를 첨가할 수 있는 방법은 다음과 같다.

Plot[function[x], {x, initial, terminal}, option1, option2,...]

이제 선택사항 option1, option2,... 에 대해 알아보자.

좌표축에 설명 첨가하기

다음에서는 $y = \sin x$ 의 그래프에 좌표축을 설명하는 것을 첨가하자. 좌표축에 대한 설명을 나타내기 위해서는 다음의 명령어를 사용하면 된다.

AxesLabel → {"x축에 대한 설명", "y축에 대한 설명"}

In[2]에서는 Out[1]의 그래프에 x 축에 x를 y 축에 Sin(x)를 나타내었다.

```
In[2]:= Plot[Sin[x], {x, -π, π}, AxesLabel -> {"x", "Sin(x)"}]
```

Out[2]=

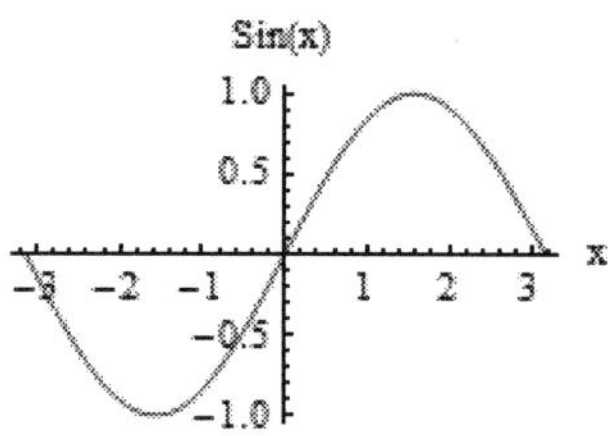

다음은 $f(y) = (y^3 - y^2 + y + 1)\sin \pi y$ 의 그래프를 그리자. 이 예에서는 x, y 축이 바뀌었으므로 어떤 좌표축이 x 축이고 어떤 좌표축이 y 축인지를 표시해야 한다.

```
In[3]:= Clear[f, x, y];
        f[y_] = (y^3 - y^2 + y + 1) Sin[π y];
        Plot[f[y], {y, -1, 2},
          AxesLabel → {"y", "x"}]
```

Out[5]= 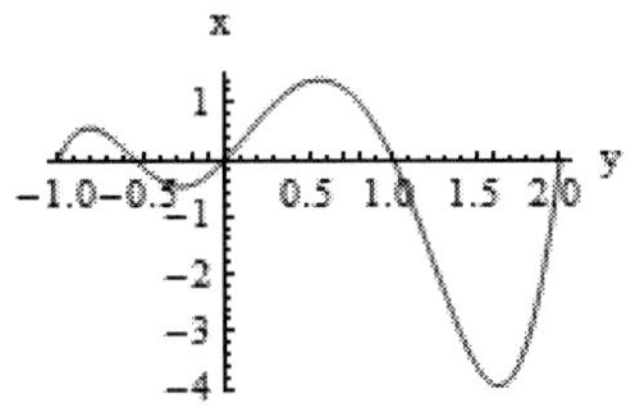

In[6]에서는 $y = \sin x$ 의 그래프에서 x 축에 $-\pi, -\frac{\pi}{2}, \frac{\pi}{2}, \pi$ 를 y 축에 $-1, 1$을 나타내자.

Ticks → {{x축에 들어갈 점들}, {y축에 들어갈 점들}}

으로 나타낼 수 있는데 만일 x 축에 $-\pi, -\frac{\pi}{2}, \frac{\pi}{2}, \pi$ 를 y 축에는 아무것도 나타내지 않으려면

Ticks → {{-π, -π/2, π/2, π}, None}

을 선택사항에 삽입하면 된다.

```
In[6]:= Plot[Sin[x], {x, -π, π},
          AxesLabel → {"x", "sin(x)"},
          Ticks → {{-π, -π/2, π/2, π}, {-1, 1}}]
```

Out[6]= 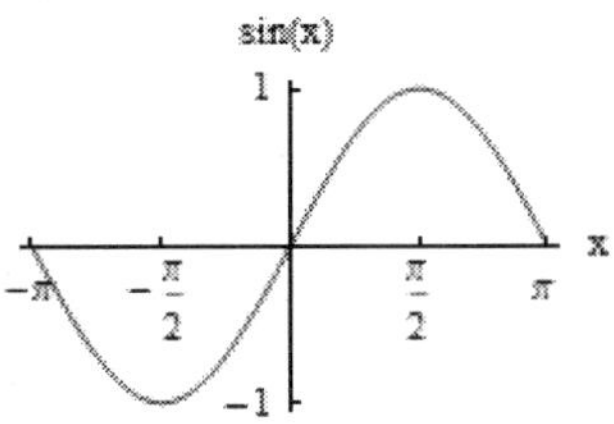

그래프에서의 글꼴 바꾸기

그래프에서의 글꼴을 지정하는 명령어는 다음과 같다.

글꼴명: FontFamily→“FontName”(예, “Times”,”Courier”, “Helvetica”...)

크기: FontSize→Size (예, 10, 11, 12, ...)

진하게: FontWeight→"Bold",

이탤릭: FontSlant→Italic,

글꼴색 또는 진한 정도: FontColor→Blue, Red, Green, GrayLevel[t] ($0 \leq t \leq 1$), RGBColor[r, g, b] ($0 \leq r, g, b \leq 1$)

배경: Background→GrayLevel[t], Red,...

그래프에서 전체적으로 글꼴을 바꾸려면 BaseStyle을 사용한다.

x^2을 보통의 글꼴과 Section Style로 두껍게 쓰자 (Style은 메뉴의 Format에서 Style에서 찾을 수 있다).

```
In[1]:= {x², Style[x², "Section", FontWeight -> "Bold"]}

Out[1]= {x², x²}
```

x^2을 보통의 글꼴과 크기 20, 붉은색, 이탤릭, 두껍게, 배경을 녹색으로 쓰자.

```
In[2]:= {x^2, Style[x^2, FontSize → 20, FontColor → Red,
          Background → RGBColor[0, 1, 0], FontSlant → Italic,
          FontWeight → "Bold"]}

Out[2]= {x², x²}
```

$y = \sin x$, $x \in [0, 2\pi]$ 의 그래프에서 글꼴을 전체적으로 Courier, 진하게, 크기 14로 쓰자.

```
In[3]:= Plot[Sin[x], {x, 0, 2 π},
         AxesLabel → {"x", "y=sin x"},
         Ticks → {{0, π/2, π, 3 π/2, 2 π}, {-1, 0, 1}},
         BaseStyle -> {FontFamily → "Courier", FontWeight → "Bold",
           FontSize → 14}]
```

Out[3]=

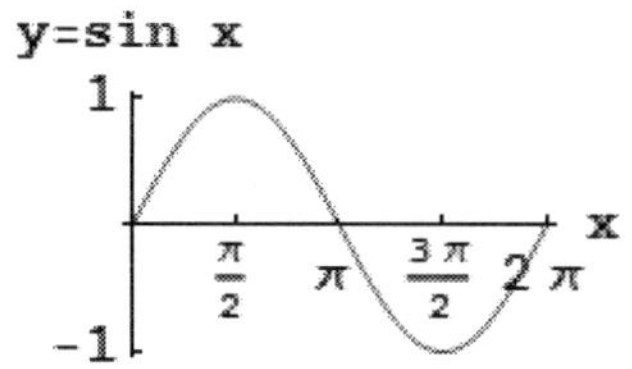

위의 그래프에서 x 축에 크기 20, 폰트 Helvetica로 x를 쓰고 y 축에 크기 30, 글꼴 Times, 푸른색으로 쓰자.

```
In[4]:= Plot[Sin[x], {x, 0, 2 π},
  Ticks → {{0, π/2, π, 3π/2, 2 π}, {-1, 0, 1}},
  BaseStyle → {FontFamily -> "Courier", FontWeight → "B
    FontSize → 14},
  AxesLabel → {Style["x", FontSize → 20, FontFamily → "He
    Style["y=sin x", FontSize → 30, FontFamily → "Times
     FontColor → Blue]}]
```

Out[4]=

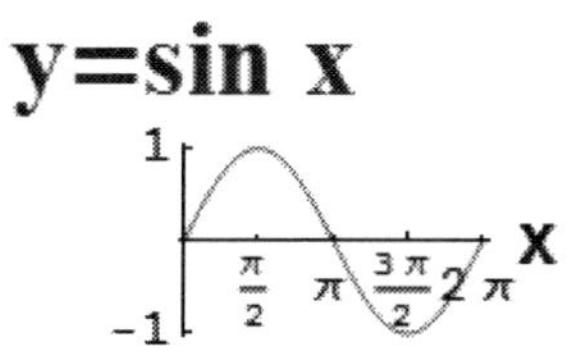

명령어 GuidLines

다음은 그래프에 직선 $x=-3,\ -1.5,\ 0,\ 1.5,\ 3$ 과 $y=-1,\ 0,\ 1$ 을 나타내자. 여기서 이용한 방법은 명령어 GridLines를 이용한 방법이다.

GridLines→{{x1, x2, …}, {y1, y2, …}}

는 직선 $x=x1,\ x=x2,\ ...,\ y=y1,\ y=y2,\ ....$ 을 그래프에 삽입한다.

```
In[1]:= Plot[Sin[x], {x, -π, π},
         AxesLabel → {"x", "sin(x)"},
         GridLines → {{-3, -1.5, 0, 1.5, 3}, {-1, 0, 1}}, ImageSize →
```

Out[1]=

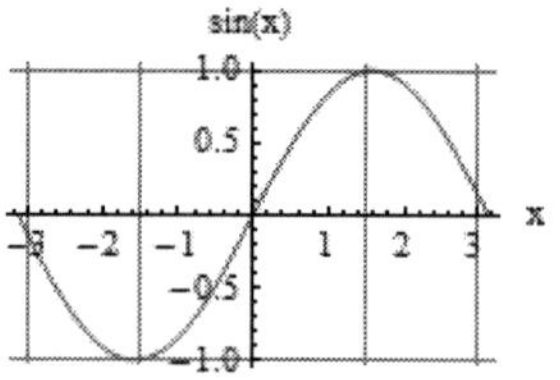

그래프의 형태 바꾸기

다음은 그래프의 형태를 바꾸자. 그래프를 점선으로 나타내는 명령어는

PlotStyle → Dashing[{r1, r2}]

또는 PlotStyle → Dashing[{r1}]

이며 위에서 r1은 점선의 크기 r2는 점선과 점선 사이의 간격을 나타낸다. 그래프를 굵은 실선으로 나타내려면

PlotStyle → Thickness[number]

로 나타낼 수 있다. 위의 작업은 다음과 같이 할 수 있다.

PlotStyle → Dashed

PlotStyle → Thick

또는 얇게 그리려면

PlotStyle → Thin

으로 그릴 수 있다.

다음은 $y = \sin x$ 의 그래프를 점선으로 나타내자.

```
In[1]:= Plot[Sin[x], {x, 0, 2 π},
          PlotStyle → Dashing[{0.05}]]
```

Out[1]=

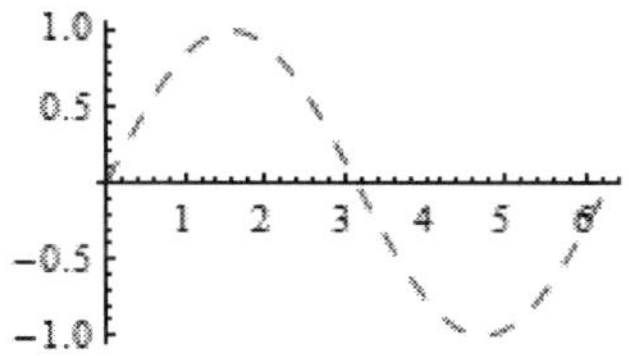


```
In[2]:= Plot[Sin[x], {x, 0, 2 π},
          PlotStyle → Dashing[{0.05, 0.01}]]
```

Out[2]=

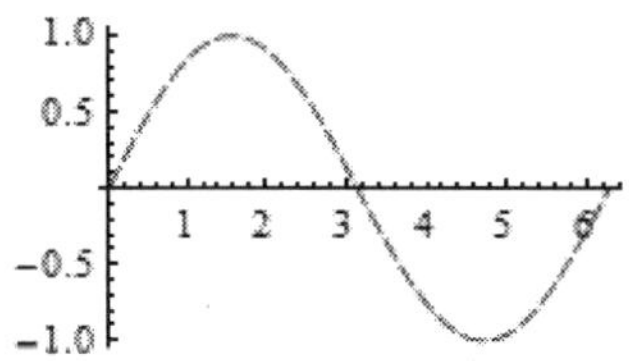


```
In[3]:= Plot[Sin[x], {x, 0, 2 π},
          PlotStyle → Dashed]
```

Out[3]=

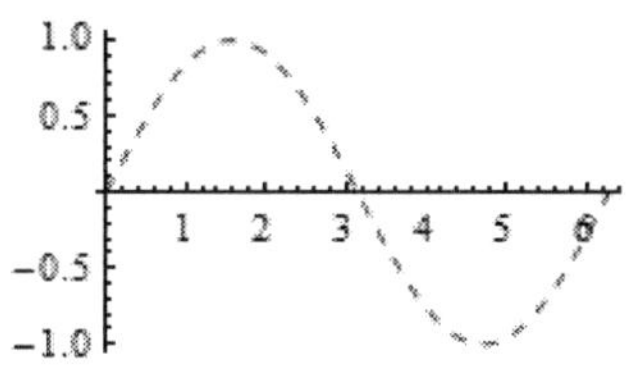

그래프를 두껍게 그리자.

```
In[4]:= Plot[Sin[x], {x, 0, 2 π},
          PlotStyle → Thickness[0.05]]
```

Out[4]=

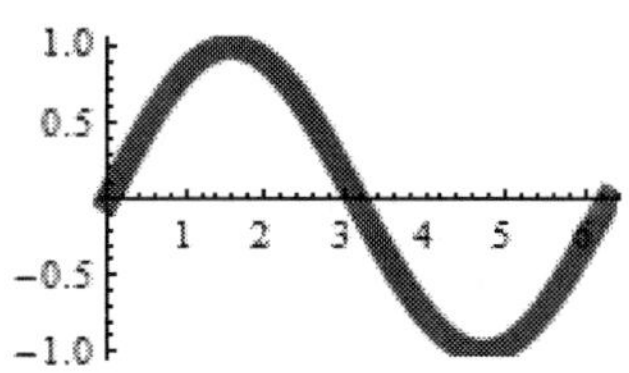

```
In[5]:= Plot[Sin[x], {x, 0, 2 π},
          PlotStyle → Thick]
```

Out[5]=

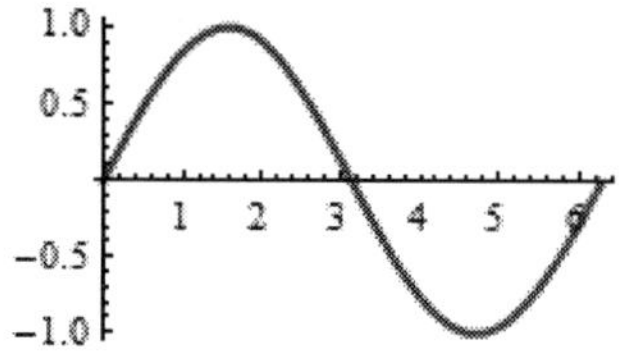

그래프를 얇게 그리자.

```
In[6]:= Plot[Sin[x], {x, 0, 2 π},
          PlotStyle → Thin]
```

Out[6]=

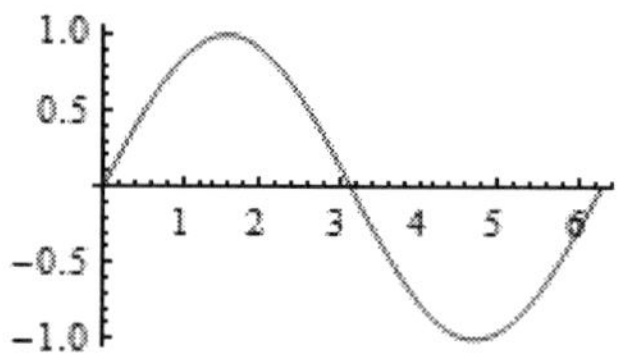

그래프를 두꺼운 점선으로 그리자.

```
In[7]:= Plot[Sin[x], {x, 0, 2 π},
          PlotStyle → {Thick, Dashed}]
```

Out[7]=

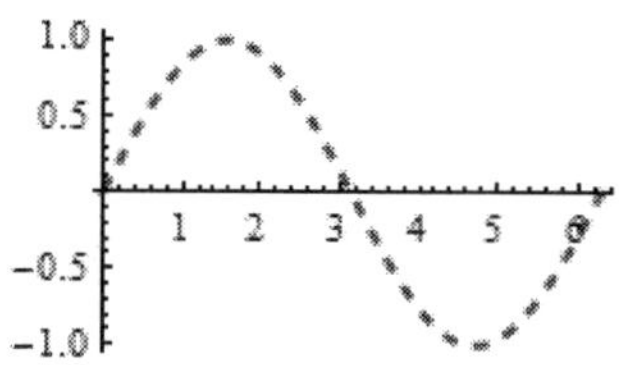


```
In[8]:= Plot[Sin[x], {x, 0, 2 π},
          PlotStyle → Directive[Thick, Dashed]]
```

Out[8]=

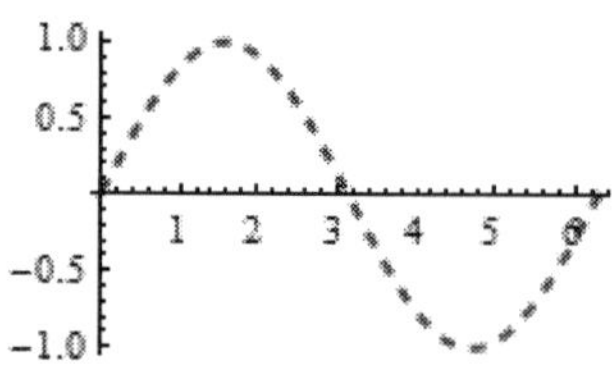

그래프의 색을 조절하려면

$$\text{PlotStyle} \rightarrow \text{Red, Blue, Green}$$

또는

$$\text{PlotStyle} \rightarrow \text{RGBColor[r,g,b]}$$

로 조절할 수 있다. 이때 r, g, b는 0과 1사이의 수이며

RGBColor[1, 0, 0]: 붉은색
RGBColor[0, 1, 0]: 녹색
RGBColor[0, 0, 1]: 파란색

을 나타낸다.

그래프의 색을 조절하자.

```
In[9]:= Plot[Sin[x], {x, 0, 2 π}, PlotStyle → Red]
```

Out[9]=

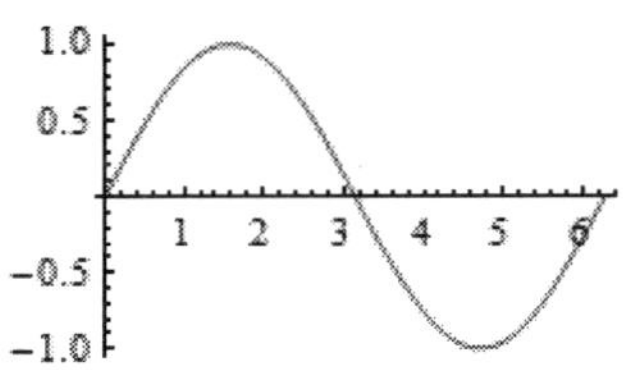


```
In[10]:= Plot[Sin[x], {x, 0, 2 π}, PlotStyle → Green]
```

Out[10]=

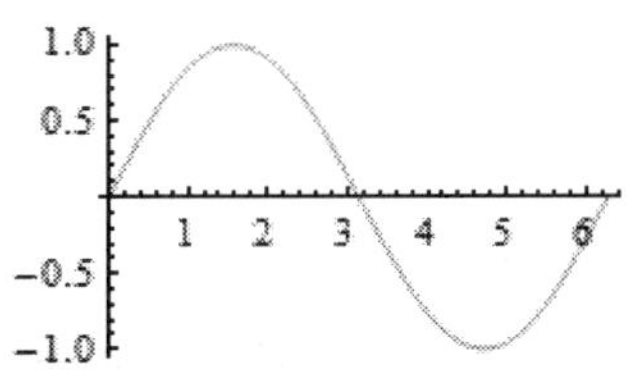


```
In[11]:= Plot[Sin[x], {x, 0, 2 π}, PlotStyle → Blue]
```

Out[11]=

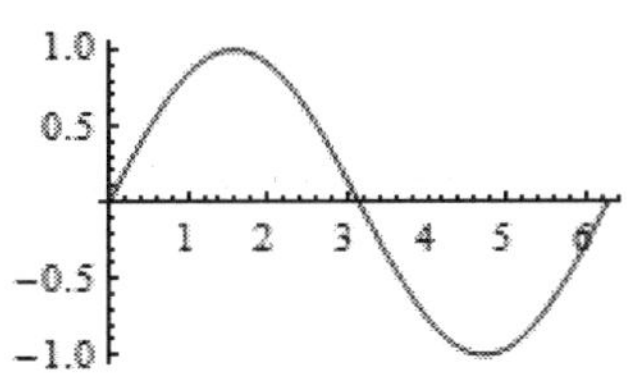

```
In[12]:= Plot[Sin[x], {x, 0, 2 π},
           PlotStyle → RGBColor[1, 0, 0]]
```

Out[12]=

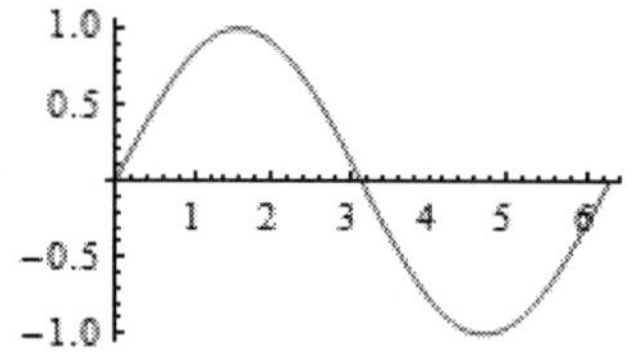

```
In[13]:= Plot[Sin[x], {x, 0, 2 π},
           PlotStyle → RGBColor[0, 1, 0]]
```

Out[13]=

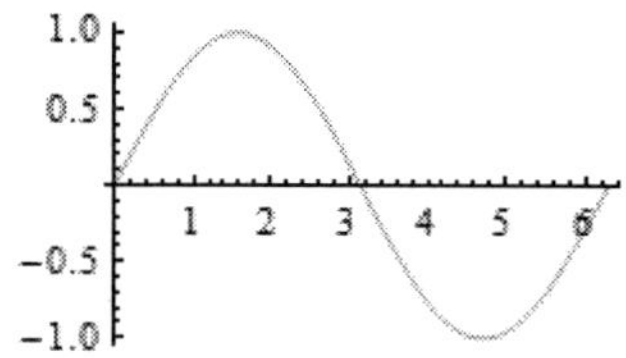

```
In[14]:= Plot[Sin[x], {x, 0, 2 π},
           PlotStyle → RGBColor[0, 0, 1]]
```

Out[14]=

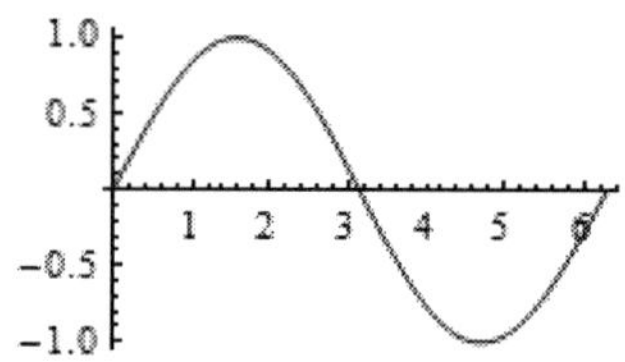

색의 진한 정도를 조절하려면

$$\text{PlotStyle} \rightarrow \text{Lighter[Color, t]}$$

로 조절할 수 있다. 여기서 t는 0과 1사이의 수이며 0에 가까우면 진하고, 1에 가까우면 연한 색이 된다.

```
In[15]:= Plot[Sin[x], {x, 0, 2 π}, PlotStyle → Lighter[Red, 0.5]]
```

Out[15]=

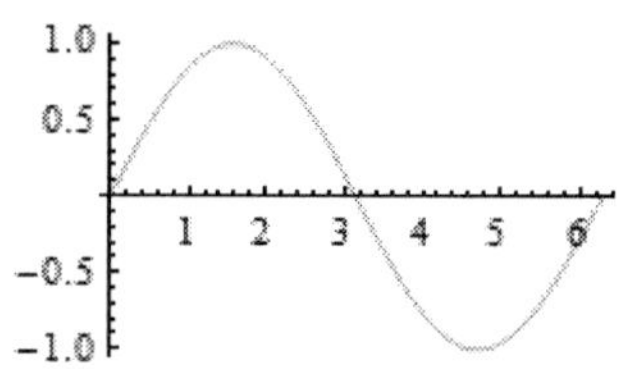

```
In[16]:= Plot[Sin[x], {x, 0, 2 π}, PlotStyle → Lighter[Red, 0.2]]
```

Out[16]=

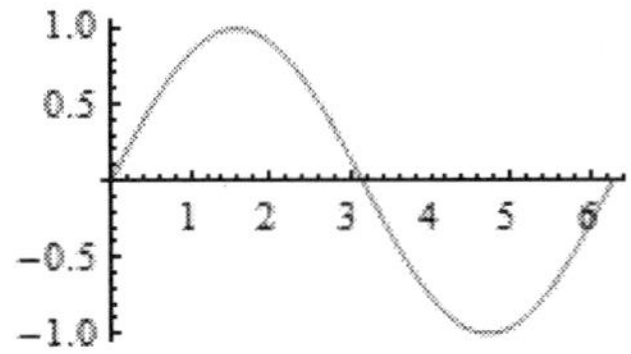

그래프의 연한 정도를 조절하려면

PlotStyle→GrayLevel[t]

로 조절할 수 있다. 여기서 t는 0과 1사이의 수이며 0에 가까우면 진하고, 1에 가까우면 연하게 된다.

```
In[17]:= Plot[Sin[x], {x, 0, 2 π},
          PlotStyle → GrayLevel[0]]
```

Out[17]=

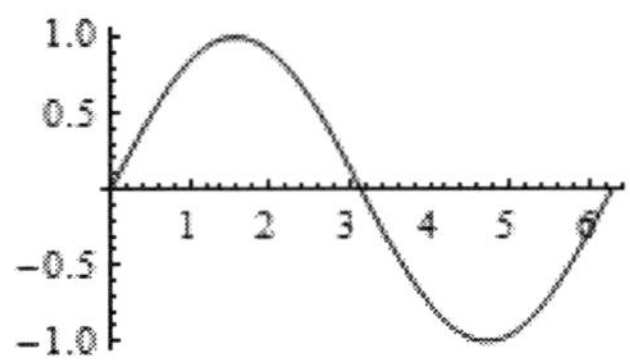

```
In[18]:= Plot[Sin[x], {x, 0, 2 π}, PlotStyle → GrayLevel[0.8]]
```

Out[18]=

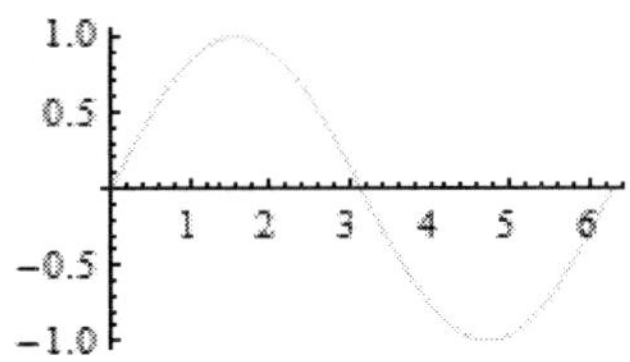

$y = x^{10}$ 의 그래프를 구간 [−1, 1]에서 그리자.

```
In[19]:= Plot[x^10, {x, -1, 1}]
```

Out[19]=

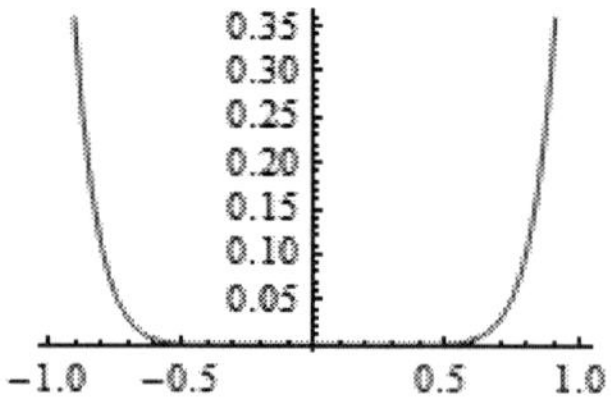

위의 그래프에 테두리를 그리자. 테두리는

$$\text{Frame} \to \text{True}$$

로 그릴 수 있다.

```
In[20]:= Plot[x^10, {x, -1, 1}, Frame → True]
```

Out[20]=

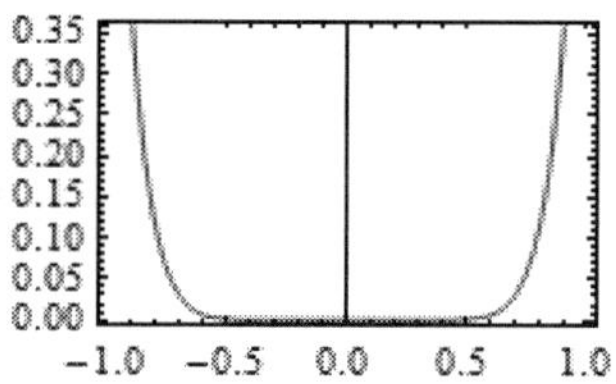

위의 그래프에서 보듯이 그래프가 그려지는 영역의 세로:가로의 비가 1이 아니고 (1/황금비)인 0.618034이다. 이제 그래프의 x축의 길이와 y축의 길이는 명령어

$$\text{AspectRatio} \to a$$

로 조절할 수 있는데 여기서 a는 그래프가 그려지는 영역의 세로:가로의 비이다. 위의 그래프에서 세로 대 가로의 비를 2로 바꾸어 그리자.

```
In[21]:= Plot[x^10, {x, -1, 1}, AspectRatio → 2]
```

Out[21]=

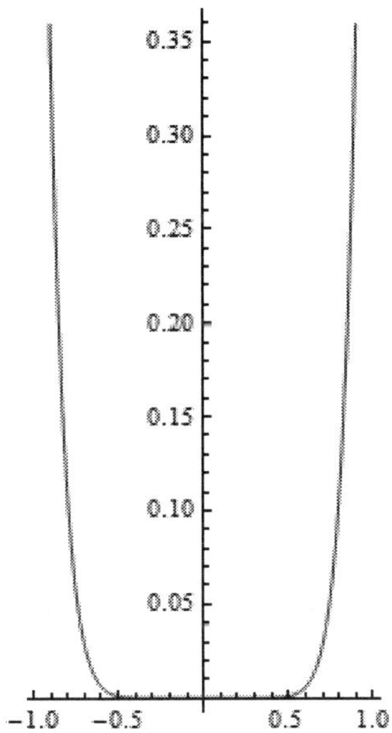

위의 그래프에서 세로에서의 한 단위의 크기와 가로에서의 한 단위의 크기를 같게 그리자.

```
In[22]:= Plot[x^10, {x, -1, 1}, AspectRatio → Automatic]
```

Out[22]=

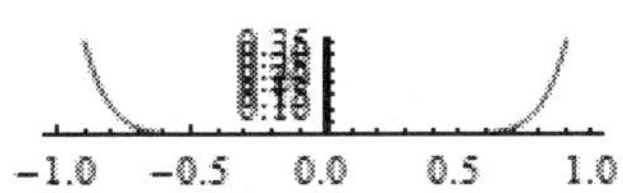

그래프는 y 구간 [0, 1]에서 그려져야 하는데 [0, 0.35] 구간에서 그려져 있다. y 구간 [0, 1]에서 그리자.

```
In[23]:= Plot[x^10, {x, -1, 1}, PlotRange → {0, 1}, AspectRatio → Automatic]
```

Out[23]=

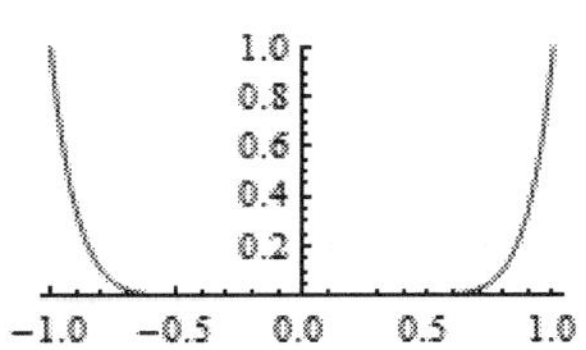

그래프가 그려지는 전 구간에서 그래프를 그리려면 다음과 같이 하면 된다.

```
In[24]:= Plot[x^10, {x, -1, 1}, PlotRange → All, AspectRatio → Automatic]
```

Out[24]=

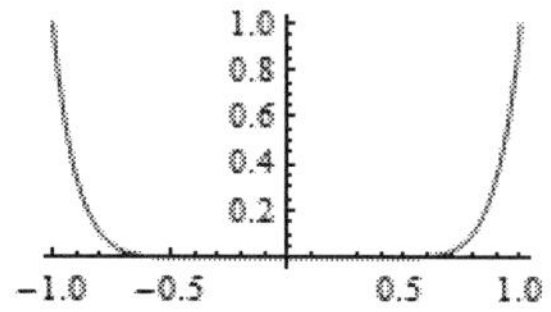

여러 개의 그래프 합성

$y=f(x)$ 와 $y=g(x)$, $x\in[a,\ b]$ 의 그래프를 합성하려면 다음의 두 가지 방법을 생각해 볼 수 있다.

Plot[{f[x], g[x]}, {x, a, b}]

또는

gra1=Plot[f[x], {x, a, b]};
gra2=Plot[g[x], {x, a, b]};
Show[gra1, gra2]

만일 서로 다른 구간에서 정의된 함수 $y=f(x)$, $x\in[a,\ b]$ 의 그래프와 $y=g(x)$, $x\in[c,\ d]$의 그래프를 합성하려면 두 번째 방법을 사용해야 한다.

다음에서는 구간 $[-\pi,\ \pi]$에서 함수

$$y=\sin x,\quad y=\sin 2x,\quad y=\sin x+\sin 2x$$

의 그래프를 한 평면에 그리자. 그래프를 구별하기 위하여 명령어 PlotStyle을 이용하여 각 그래프의 굵기, 또는 색, 점선, 실선을 지정할 수 있다.

```
In[1]:= Plot[{Sin[x], Sin[2 x], Sin[x] + Sin[2 x]},
         {x, -π, π}, PlotStyle → {Dashing[{0.05, 0.05}],
          Dashing[{0.02, 0.02}],
         {Thickness[0.03], GrayLevel[0.5]}}]
```

Out[1]=

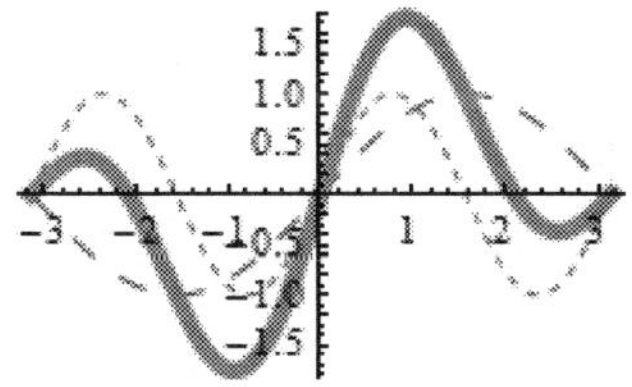

각각의 그래프를 그린 후 합성하자.

```
In[2]:= gra1 = Plot[Sin[x],
         {x, -π, π}, PlotStyle → Dashing[{0.05, 0.05}]];
        gra2 = Plot[Sin[2 x],
         {x, -π, π}, PlotStyle → Dashing[{0.02, 0.02}]];
        gra3 = Plot[Sin[x] + Sin[2 x],
         {x, -π, π}, PlotStyle →
          {Thickness[0.03], GrayLevel[0.5]}];
        Show[gra1, gra2, gra3]
```

Out[5]=

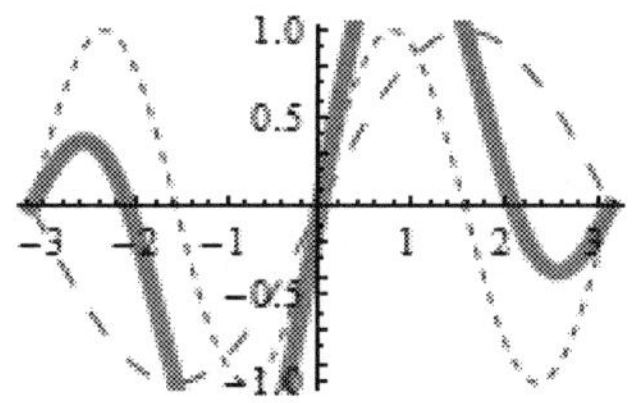

위와 같이 합성하는 경우 첫 번째 그래프가 그려지는 영역에서 전체의 그래프를 그린다. 이제 전 범위에서 그래프를 그리자.

```
In[6]:= gra1 = Plot[Sin[x],
          {x, -π, π}, PlotStyle → Dashing[{0.05, 0.05}]];
        gra2 = Plot[Sin[2 x],
          {x, -π, π}, PlotStyle → Dashing[{0.02, 0.02}]];
        gra3 = Plot[Sin[x] + Sin[2 x],
          {x, -π, π}, PlotStyle →
           {Thickness[0.03], GrayLevel[0.5]}];
        Show[gra1, gra2, gra3, PlotRange → All]
```

Out[9]=

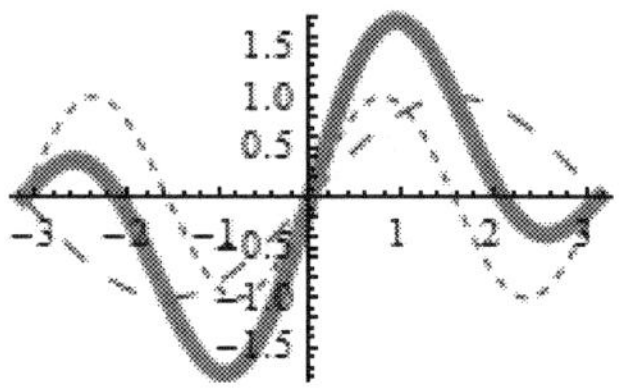

여러 개의 그래프에 설명 넣기

$y=x^2$, $y=2x^2$, $y=3x^2$ 의 그래프를 그리고 설명을 삽입하자. 명령어 PlotLegend를 사용하기 위해서는 Package "PlotLegend"를 읽어 들여야 한다. Package를 읽어 들이는 방법은

〈〈"PlotLegend`"

또는

Needs["PlotLegend`"]

를 입력하면 된다.

```
In[1]:= << "PlotLegends`";
        Plot[{x^2, 2 x^2, 3 x^2}, {x, -3, 3},
         PlotStyle → {Dashing[{0.01}], Dashing[{0.03}], Dashing[{0.03, 0.08
         PlotLegend → {x^2, 2 x^2, 3 x^2}]
```

Out[2]=

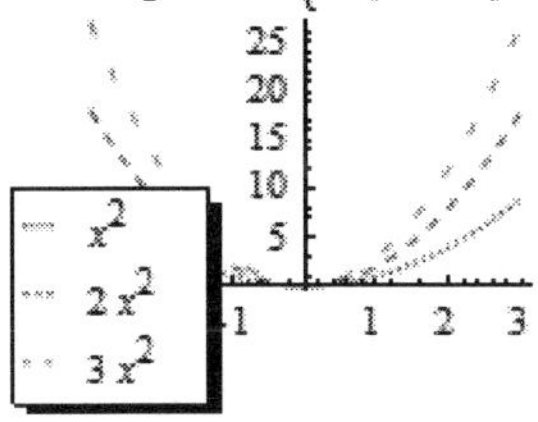

설명의 위치를 바꾸자.

```
In[3]:= Plot[{x^2, 2 x^2, 3 x^2}, {x, -3, 3},
         PlotStyle → {Dashing[{0.01}], Dashing[{0.03}], Dashing[{0.03, 0.08}
         PlotLegend → {x^2, 2 x^2, 3 x^2}, LegendPosition → {1, -0.5}]
```

Out[3]=

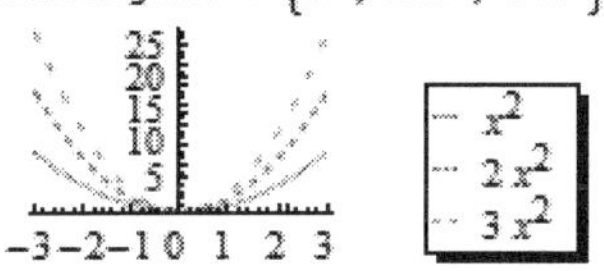

선분과 점, 원 그리기

다음은 선분을 그리는 방법과 점을 찍는 방법, 원을 그리는 방법에 대하여 알아보자. 명령어 Line을 사용하여 선분을 그릴 수 있으며, 점은 명령어 Point를 이용하여 찍을 수 있는데 이는 명령어 Graphics와 함께 선분, 점을 그릴 수 있으며, 점의 크기는 PointSize로 지정할 수 있다.

```
In[1]:= Clear[line];
        line = Graphics[{
           {Thickness[0.02], Line[{{0, 0}, {5 π/6, 1/2}}]},
           {GrayLevel[0.5], PointSize[0.04],
             Point[{0, 0}], Point[{5 π/6, 1/2}]}}]
```

Out[2]=

위의 그래프에 좌표축을 삽입하자.

```
In[3]:= Show[line, Axes → True]
```

Out[3]=

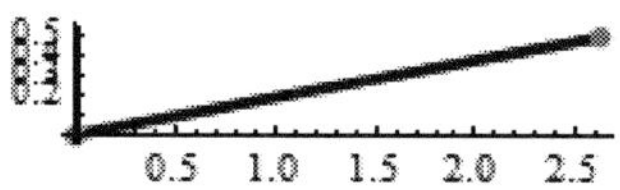

중심이 (1, 1)이고 반지름이 1인 원을 그리자.

```
In[4]:= Graphics[Circle[{1, 1}, 1], Axes → True]
```

Out[4]=

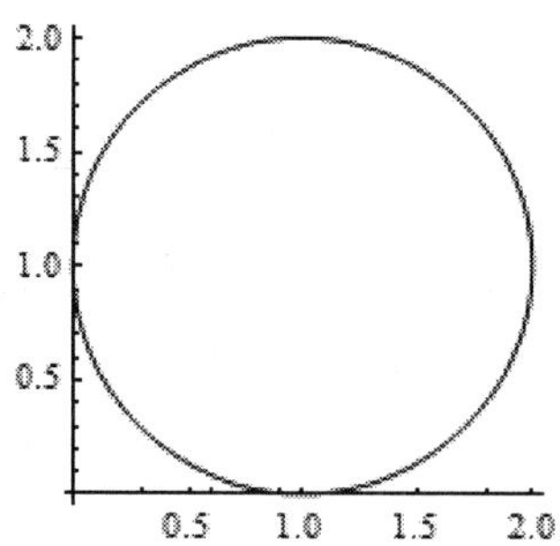

다음은 함수

$$f(x)=\begin{cases} x^2, & x\neq 0 \\ 1, & x=0 \end{cases}$$

의 그래프를 그리자.

```
In[5]:= Clear[f, fgraph];
        f[x_] := If[x ≠ 0, x^2, 1];
        fgraph = Plot[f[x], {x, -2, 2}]
```

Out[7]=

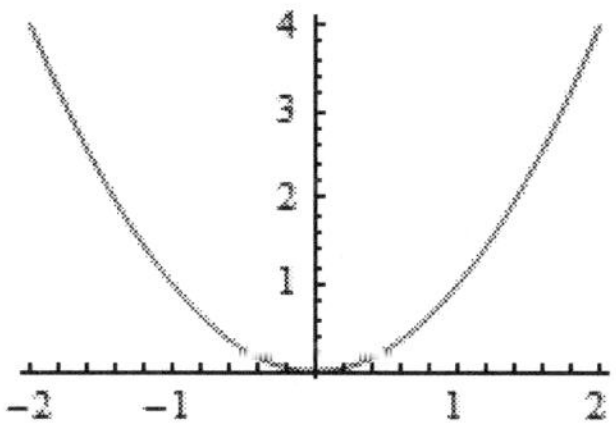

위의 그래프에서 보듯이 점 (0, 1)은 그래프에 나타나지 않는다.

```
In[8]:= Clear[originpt];
        originpt = Graphics[{Point[{0, f[0]}]}];
        Show[fgraph, originpt]
```

Out[10]=

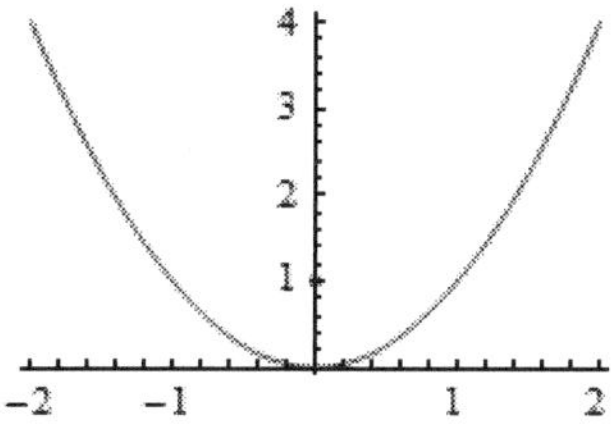

점을 크게 하여 나타내자.

```
In[11]:= Clear[reoriginpt];
         reoriginpt = Graphics[{PointSize[0.04], GrayLevel[0.5],
             Point[{0, f[0]}]}];
         Show[fgraph, reoriginpt]
```

Out[13]=

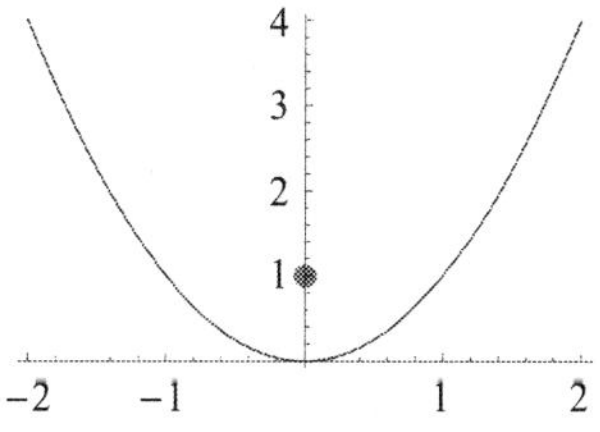

각 변이 x축 또는 y축에 평행하고 대각선으로 마주 보는 두 점이

(xmin, ymin), (xmax, ymax)

인 직사각형은 다음과 같이 그린다.

Rectangle[{xmin, ymin}, {xmax, ymax}]

다음에서

AxesOrigin

은 가로축과 세로축이 만나는 점을 지정해 주는 명령어이다.

```
In[14]:= Graphics[Rectangle[{1, 1}, {3, 2}], Axes → True, AxesOrigin → {0, 0}]
```

Out[14]=

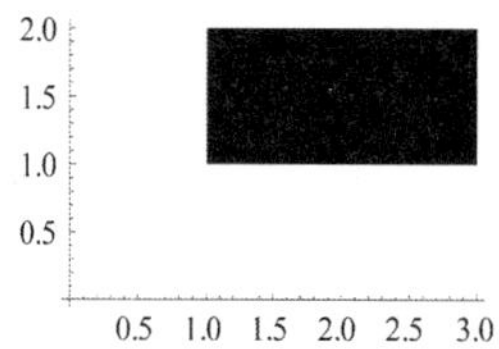

그래프의 Frame 그리기

다음에서는 그래프를 설명하기 위해 그래프의 주변에 설명을 넣는 방법에 대하여 알아보자. 명령어

FrameLabel → {“blabel”, “leftlabel”}

는 blabel을 그래프의 아래에 출력하며 leftlabel을 그래프의 왼쪽에 출력하며, 명령어

FrameLabel → {“bottom”, “left”, “top”, “right”}

는 bottom을 그래프의 밑에, left를 그래프의 왼쪽에, top을 그래프의 위에, right를 그래프의 오른쪽에 출력한다. 또 bottom을 그래프의 밑에 top을 그래프의 위에 출력하기 위해서는

FrameLabel → {“bottom”, None , “top”, None}

으로 지정할 수 있다. 단, FrameLabel을 사용하기 위해서는

$$\text{Frame} \rightarrow \text{True}$$

가 있어야 한다.

```
In[5]:= Plot[Sin[x], {x, -π, π},
          Frame → True,
         FrameLabel → {Style["graph of sin x",
            FontFamily → "Times-New-Roman", FontSize → 14],
          Style["x", FontFamily → "Times-New-Roman",
        FontSlant → Italic, FontSize → 14]}]
```

Out[5]=

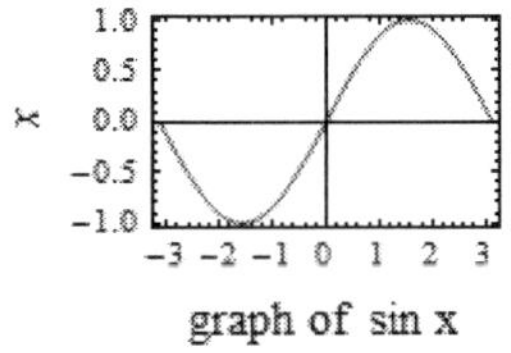

그래프에 설명 첨가하기

다음은 $y = \cos x$, $y = \sin x$ 의 그래프를 한 평면에 나타내자.

```
In[2]:= sincosgraph = Plot[{Sin[x], Cos[x]}, {x, -π, π},
          PlotStyle → {{}, Thick}]
```

Out[2]=

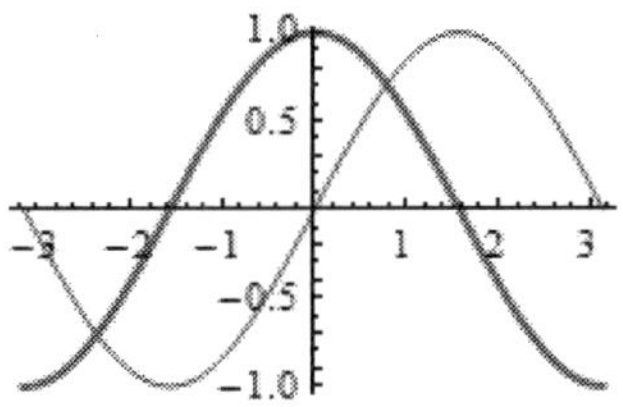


```
- Graphics -
```

위의 그래프에서 어느 그래프가 $y = \cos x$ 인지를 구별하기 위해서 그래프에 설명을 삽입하자. 이는 Text라는 명령어를 사용하여

Text["text", {xvalue, yvalue}]

로 지정할 수 있는데 text라는 설명을 text의 중심이 좌표 (xvalue, yvalue)에 놓이게 출력하라는 명령어인데 다음의 예에서는 Prolog라는 명령어와 함께 사용했는데 이는 그래프를 그리기 전에 Prolog 안에 있는 것을 수행하라는 명령어이다. 반면 Epilog는 그래프를 그린 후에 수행한다.

```
In[3]:= Plot[{Sin[x], Cos[x]}, {x, -π, π},
          PlotStyle → {{}, Thick},
        Prolog → {Text["Sin x", {2.5, 0.5}],
          Text[Style["Cos x", FontFamily → "Times-Italic",
            FontSlant → Italic, FontSize → 12], {-1.5, 0.7}]}]
```

Out[3]=

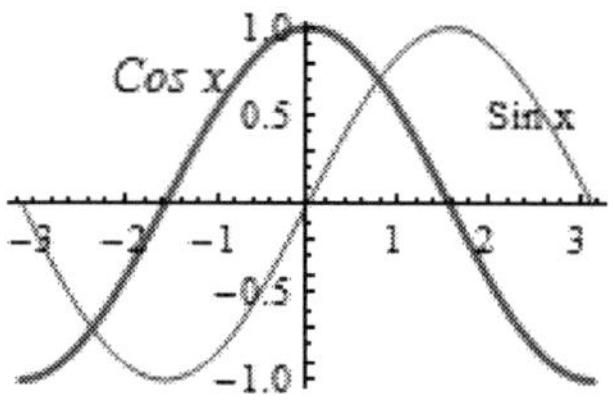

위에서 한 작업은 아래와 같이 수행할 수도 있다.

```
In[4]:= Clear[name];
        name = Graphics[{Text["Sin x", {2.5, 0.5}],
             Text[Style["Cos x", FontFamily → "Times-New-Roman",
               FontSlant → Italic, FontSize → 12], {-1.5, 0.7}]}];
        Show[sincosgraph, name]
```

Out[6]=

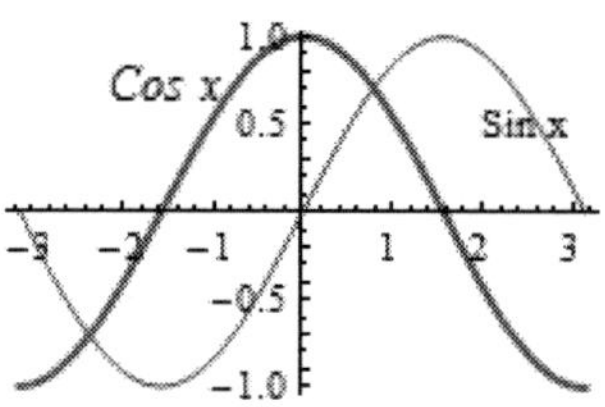

위에서 그래프에 설명을 삽입할 때에 FrameLabel과 Plot에서 Text를 이용하는 방법에 대하여 알아보았는데 위의 방법으로는 원하는 바대로 설명을 삽입하기에는 충분하지 않다. 아래의 예 Out[12]에서 n=3.141592를 그래프의 밑 부분에

삽입하고자 할 때 In[13]과 같이 입력하면 3.141592 n=로 나타나며 우리가 원하는 대로 얻을 수 없다. Out[14]의 문제점은 명령어 StringForm으로 해결할 수 있다.

StringForm["expr1`expr2`expr3", x1, x2]

는 expr1과 expr2 사이에 x1을 삽입하며 expr2와 expr3 사이에 x2를 삽입한다. 이는 다음과 같이 수행함으로써 같은 결과를 얻을 수 있다.

StringForm["expr1`1`expr2`2`expr3", x1, x2]

또는

StringForm["expr1`2`expr2`1`expr3", x2, x1]

In[1]과 In[2]에서

The value of x^2 is 9 at x=3.

를 표현하자.

```
In[1]:= StringForm["The value of `` is `` at x=``.", x^2, 9, 3]

Out[1]= The value of x^2 is 9 at x=3.
In[2]:= StringForm["The value of `1` is `3` at x=`2`.",
          x^2, 3, 9]

Out[2]= The value of x^2 is 9 at x=3.
```

다음은 $y = \sin nx$ $(n = 1, 2, 3)$ 의 그래프를 그리고 그래프에 그에 해당되는 n 의 값을 삽입하자.

```
In[3]:= Clear[n, f, location, text];
        f[n_, x_] := Sin[n * x];
        location[n_] := {π/2, f[n, π/2]};
        text[n_] := StringForm["n=`1`", n];
        Plot[{Sin[x], Sin[2 x], Sin[3 x]}, {x, 0, 2 π},
          PlotStyle → {RGBColor[1, 0, 0], {}, RGBColor[0, 0, 1]},
          Prolog → {Text[text[1], location[1]],
             Text[text[2], location[2]],
             Text[text[3], location[3]]}]
```

Out[7]=

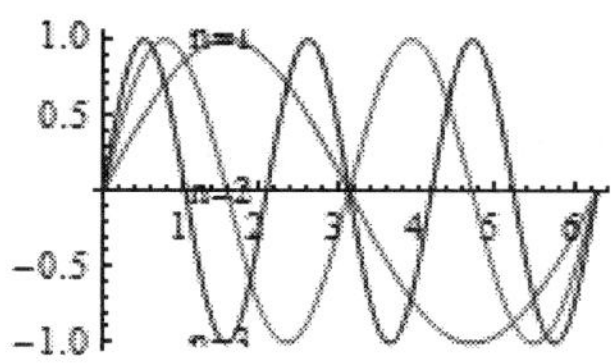

In[8]과 In[12]에서는 $n=1$, $n=3.141592$ 일 때의 그래프를 그리고 명령어 Frame Label을 이용하여 n의 값을 삽입하자.

```
In[8]:= Clear[anothertext, graph];
        anothertext[n_] := StringForm["n=`1`", n]
        graph[n_] := Plot[f[n, x], {x, 0, 2 π},
              Frame → True,
              FrameLabel → {anothertext[n], None}];
        Show[graph[1]]
```

Out[11]=

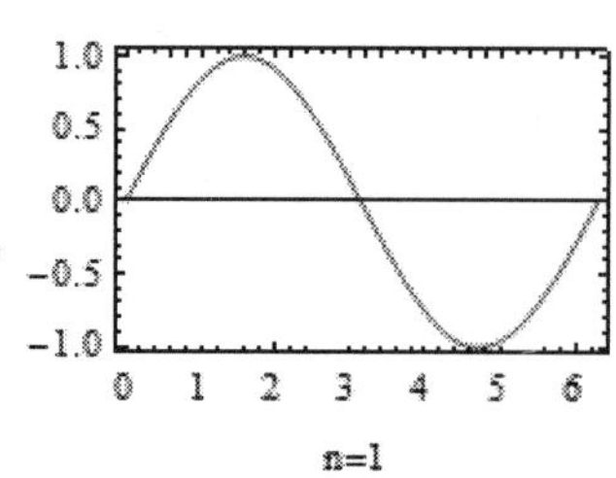

```
In[12]:= Show[graph[3.141592]]
```

Out[12]=

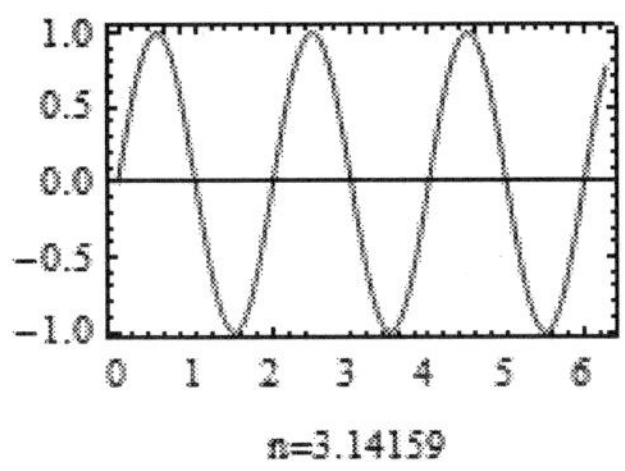

In[13]에서는 StringForm을 사용하지 않고 다음과 같이 n의 값을 삽입하여 보면 원하는 대로 얻지 못함을 알 수 있다.

```
In[13]:= n =  3.141592;
         Plot[f[n, x],  {x, 0, 2 π}, Frame → True,
           FrameLabel →
            {Style["n=" n, FontFamily → "Courier",
             FontWeight → "Bold", FontSize → 8], None}]
```

Out[14]=

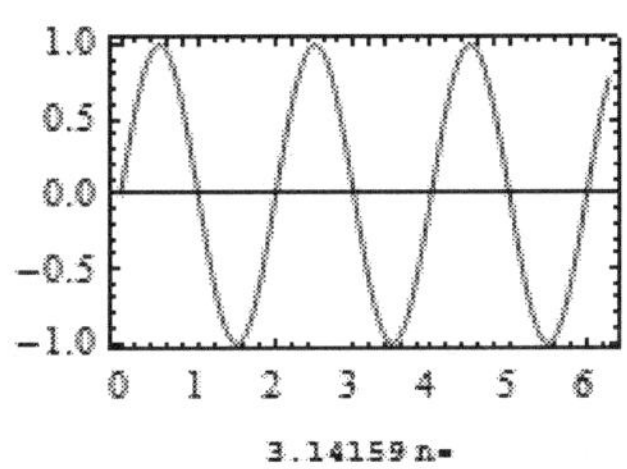

불연속 함수의 그래프

$y=\dfrac{(x-3)(x-4)}{(x-2)(x-5)}$ 의 그래프를 그리자. 이 함수는 $x=2, 5$ 에서 정의되어 있지 않다.

```
In[1]:= Plot[(x - 3) (x - 4) / ((x - 2) (x - 5)), {x, 0, 7}]
```

Out[1]=

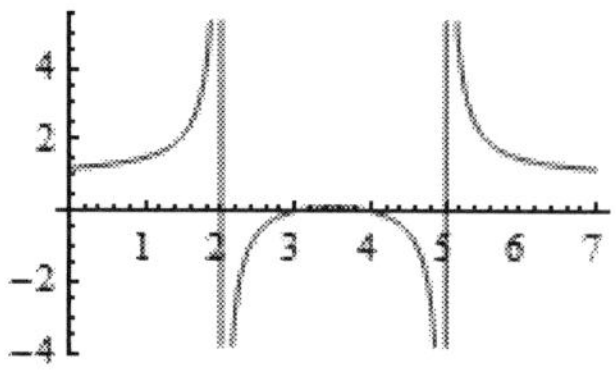

직선 $x=2$, $x=5$를 제외시킨 그래프를 그리자.

```
In[2]:= Plot[(x - 3) (x - 4) / ((x - 2) (x - 5)), {x, 0, 7}, Exclusions → {x == 2, x == 5}]
```

Out[2]=

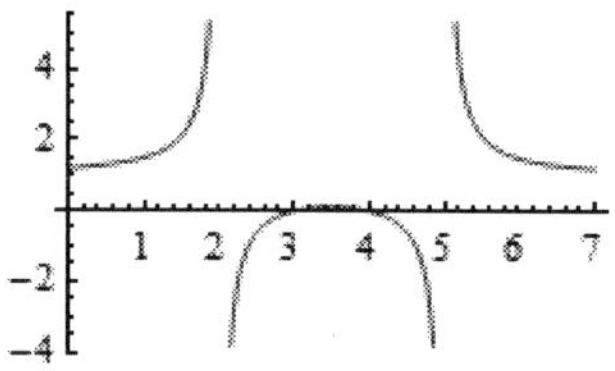

점근선 $x=2$와 $x=5$를 얇은 점선으로 그리자.

```
In[3]:= Plot[(x - 3) (x - 4) / ((x - 2) (x - 5)), {x, 0, 7}, Exclusions → {x == 2, x == 5},
        ExclusionsStyle → Directive[Thin, Dashed]]
```

Out[3]=

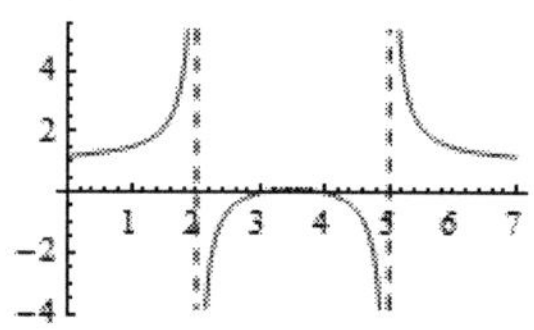

함수 $y=[x]$의 그래프를 그리자. 이때 jump가 일어나는 곳은 붉은 선으로 이으며 jump가 일어나는 점은 검은 점으로 그리자.

```
In[4]:= Plot[Floor[x], {x, 0, 5}, ExclusionsStyle → {Red, Black}]
```

Out[4]=

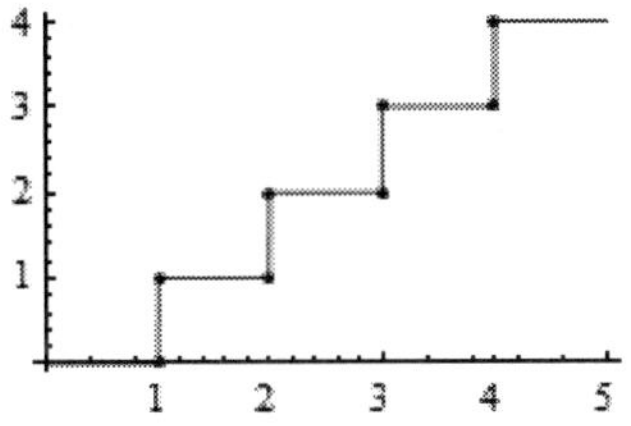

함수 $y = \tan x$ 의 그래프를 구간 $[0,\ 4\pi]$ 에서 그리고 점근선은 회색인 점선으로 그리자.

```
In[5]:= Plot[Tan[x], {x, 0, 4 π}, Exclusions → {Cos[x] == 0},
         ExclusionsStyle → Directive[Gray, Dashed],
         Ticks → {{0, π/2, π, 3 π/2, 2 π, 5 π/2, 3 π, 7 π/2, 4 π}, Automatic}]
```

Out[5]=

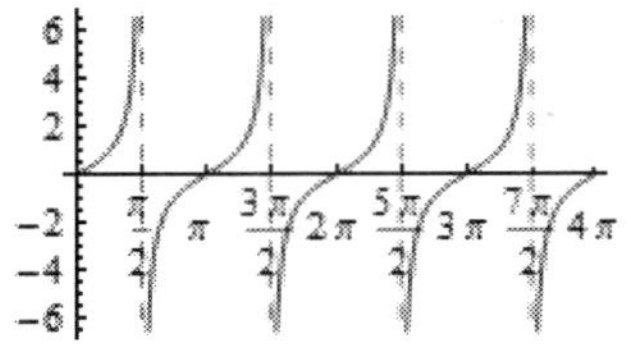

함수 $y = \dfrac{x^4 + 3x^3 - x^2 + 5x - 4}{x^2 - 9}$ 의 그래프를 구간 $[-15,\ 15]$ 에서 그리자. 이때 점근선은 회색인 점선으로 그리자.

```
In[6]:= k[x_] := (x^4 + 3 x^3 - x^2 + 5 x - 4)/(x^2 - 9);
        num = Numerator[k[x]];
        den = Denominator[k[x]];
        q[x_] = PolynomialQuotient[num, den, x];
        Plot[{k[x], q[x]}, {x, -15, 15}, Exclusions → {x^2 - 9 == 0},
         ExclusionsStyle → Directive[Gray, Dashed]]
```

Out[10]=

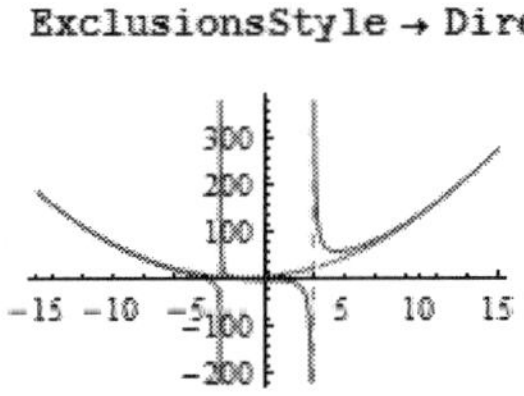

그래프로 둘러싸인 영역 나타내기

그래프로 둘러싸인 영역을 나타내는 내려면 명령어 Plot의 Option 중

Filling

을 사용한다.

$y=\sin x$ 의 위 부분을 나타내자(Filling → Top).

```
In[1]:= Plot[Sin[x], {x, 0, 2 Pi}, Filling → Top]
```

Out[1]=

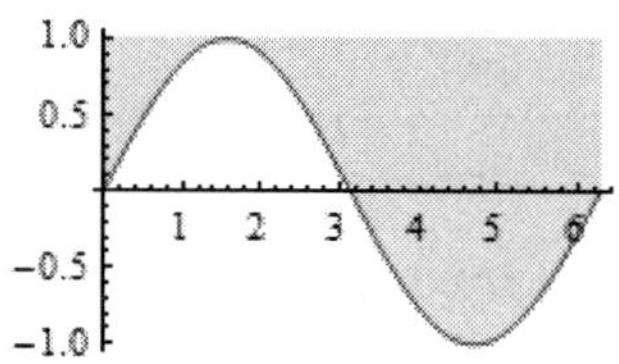

$y=\sin x$ 의 아래 부분을 나타내자(Filling →Bottom).

```
In[2]:= Plot[Sin[x], {x, 0, 2 Pi}, Filling → Bottom]
```

Out[2]=

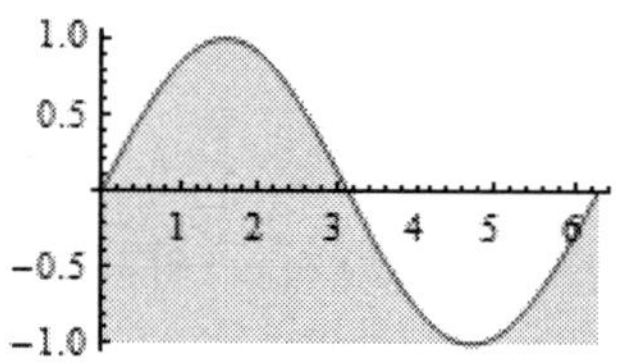

$y=\sin x$ 와 x 축과 둘러싸인 부분을 나타내자(Filling →Axis).

```
In[3]:= Plot[Sin[x], {x, 0, 2 Pi}, Filling → Axis]
```

Out[3]=

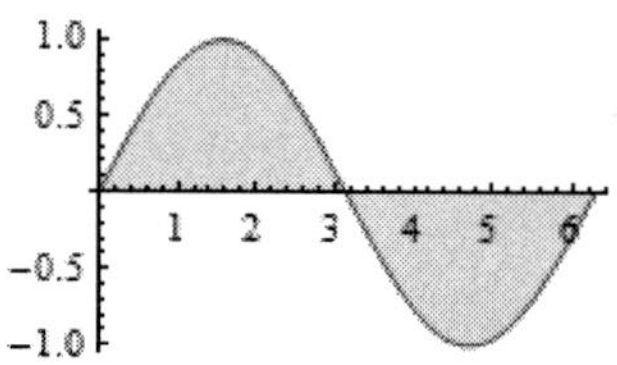

$y=\sin x$ 와 직선 $y=0.3$ 으로 둘러싸인 부분을 나타내자.

```
In[4]:= Plot[Sin[x], {x, 0, 2 Pi}, Filling → 0.3]
```

Out[4]=
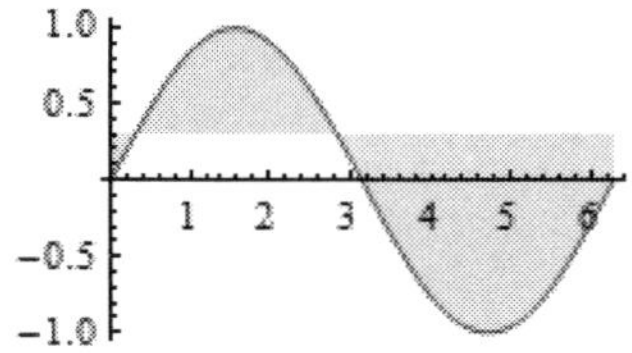

$y = \sin x$ 와 $y = \cos x$ 로 둘러싸인 영역을 나타내자.

```
In[5]:= Plot[{Sin[x], Cos[x]}, {x, 0, 2 Pi},
         Filling → {1 → {{2}, Yellow}}]
```

Out[5]=
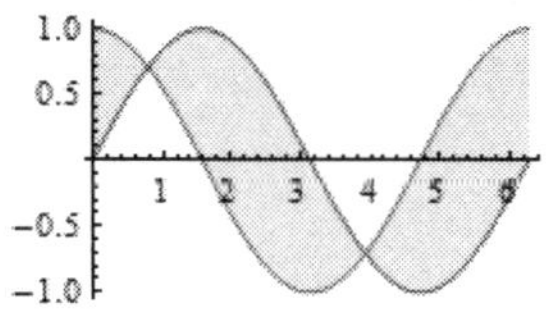

첫 번째 그래프와 직선 $y = 1/2$ 로 둘러싸인 영역을 나타내자.

```
In[6]:= Plot[{Sin[x], Cos[x]}, {x, 0, 2 Pi},
         Filling → {1 → {1/2, Yellow}}]
```

Out[6]=
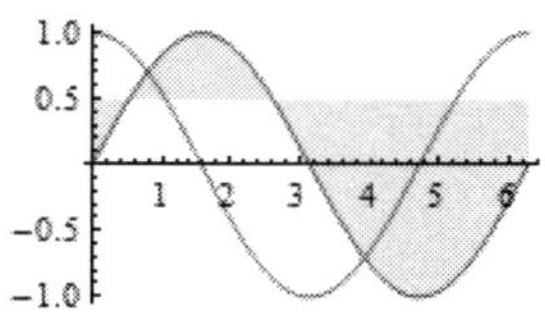

첫 번째 그래프가 두 번째 그래프 아래에 있으면 노란색, 위에 있으면 녹색으로 나타내자.

```
In[7]:= Plot[{Sin[x], Cos[x]}, {x, 0, 2 Pi},
         Filling → {1 → {{2}, {Yellow, Green}}}]
```

Out[7]=
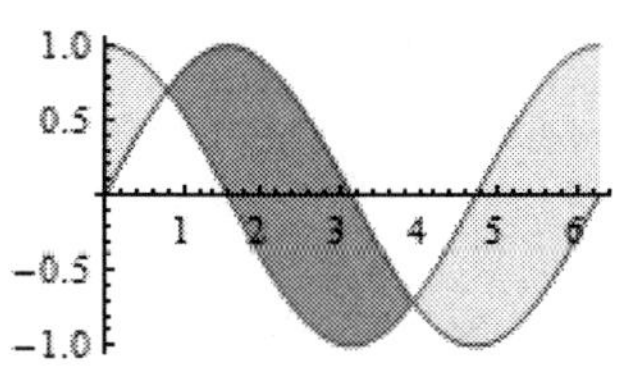

$y = \sin x$ 와 x 축으로 둘러싸인 부분을 초록색으로 나타내자.

```
In[8]:= Plot[Sin[x], {x, 0, 2 Pi}, Filling → Axis,
         FillingStyle → Purple]
```

Out[8]=

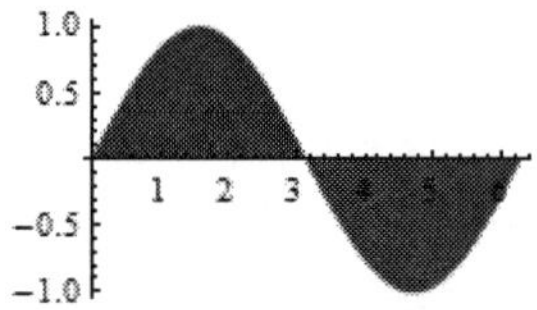

$y = 1 - x^2$, $y = 2 - 2x^2$, $y = 3 - 3x^2$ 의 그래프를 그리고,

첫 번째 그래프와 두 번째 그래프 사이는 노란색,

두 번째 그래프와 세 번째 그래프 사이는 녹색,

첫 번째 그래프와 x 축 사이는 푸른색

으로 그리자.

```
In[9]:= Plot[{1 - x^2, 2 - 2 x^2, 3 - 3 x^2}, {x, -1, 1},
         Filling → {{1 → {{2}, Yellow}}, {2 → {{3}, Green}},
           {1 → {Axis, Blue}}}]
```

Out[9]=

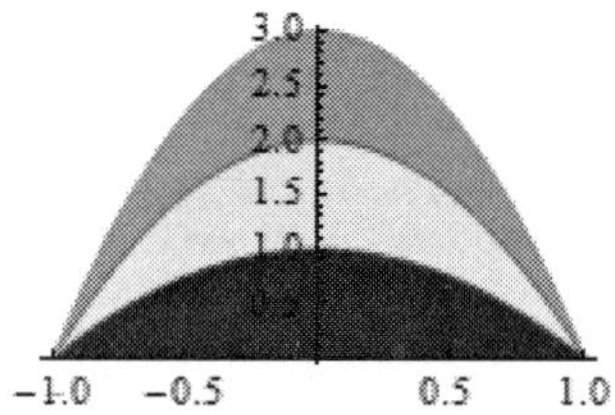

1.3 다항식과 방정식

이 절에서는 식을 간단히 하는 방법과 방정식의 해를 구하는 방법에 대하여 알아보자.

수

실수를 자릿수로 바꾸자.

```
In[1]:= RealDigits[4.67]
Out[1]= {{4, 6, 7, 0, 0, 0, 0, 0, 0, 0, 0, 0, 0, 0, 0, 0}, 1}
```

위에서 마지막 1은 소수점 위의 자릿수를 나타낸다. 다시 실수로 바꾸자.

```
In[2]:= FromDigits[{{4, 6, 7}, 1}]
```

Out[2]= $\frac{467}{100}$

정수를 자릿수로 나타내자.

```
In[3]:= IntegerDigits[3421]
Out[3]= {3, 4, 2, 1}
```

각 자릿수에 1을 더하자.

```
In[4]:= 1 + {3, 4, 2, 1}
Out[4]= {4, 5, 3, 2}
```

앞에서의 자릿수를 정수로 바꾸자.

```
In[5]:= FromDigits[{3, 4, 2, 1}]

Out[5]= 3421
```

정수 4321484를 소인수분해하자.

```
In[6]:= FactorInteger[4321484]

Out[6]= {{2, 2}, {61, 1}, {89, 1}, {199, 1}}
```

정수 4321484의 약수를 구하자.

```
In[7]:= Divisors[4321484]

Out[7]= {1, 2, 4, 61, 89, 122, 178, 199, 244, 356, 398, 796,
         5429, 10858, 12139, 17711, 21716, 24278, 35422,
         48556, 70844, 1080371, 2160742, 4321484}
```

48과 92의 최대공약수를 구하자.

```
In[8]:= Clear[a, b]; a = GCD[48, 92]

Out[8]= 4
```

48과 92의 최소공배수를 구하자.

```
In[9]:= b = LCM[48, 92]

Out[9]= 1104
In[10]:= 48 × 92 - a b

Out[10]= 0
```

48을 3으로 나누었을 때 나머지를 구하자.

```
In[11]:= Mod[48, 3]

Out[11]= 0
```

48을 3으로 나누었을 때 몫을 구하자.

```
In[12]:= Quotient[48, 3]

Out[12]= 16
```

48이 홀수인지 보자.

```
In[13]:= OddQ[48]

Out[13]= False
```

48이 짝수인지 보자.

```
In[14]:= EvenQ[48]

Out[14]= True
```

다음과 같이 하면 소수로 바뀌지 않는다.

```
In[15]:= √45

Out[15]= 3 √5
```

위의 수는 다음과 같이 소수로 바꿀 수 있다.

```
In[16]:= √45.

Out[16]= 6.7082
```

다음과 같이 하면 소수로 바뀌지 않는다.

```
In[17]:= 2 π

Out[17]= 2 π
```

위의 수는 다음과 같이 소수로 바꿀 수 있다.

```
In[18]:= 2 π + 0.

Out[18]= 6.28319
```

다항식, 분수식

식 $\sqrt{2x+3}+(2x+3)^2$ 에서 $2x+3$ 을 $3y+5$ 로 바꾸자.

```
In[1]:= √(2 x + 3) + (2 x + 3)^2 /. {2 x + 3 → 3 y + 5}

Out[1]= √(5 + 3 y) + (5 + 3 y)^2
```

모든 지수를 로그로 바꾸자.

```
In[2]:= 1 + x^p + x^q /. x^p_ → Log[p]

Out[2]= 1 + Log[p] + Log[q]
```

x^p 만 로그로 바꾸자.

```
In[3]:= 1 + x^p + x^q /. x^p → Log[p]

Out[3]= 1 + x^q + Log[p]
```

다음 식에서는 y 가 2 로 바뀌고, x 가 y 로 바뀐다.

```
In[4]:= x + y /. {x → y, y → 2}

Out[4]= 2 + y
```

다음 식에서는 x를 y로 바꾸고 y에 2를 대입한다.

```
In[5]:= x + y /. x → y /. y → 2
Out[5]= 4
```

다음 식에서는 처음의 곱셈만 덧셈으로 바뀐다.

```
In[6]:= a b c /. x_ * y_ → x + y
Out[6]= a + b c
```

다음 식에서는 모든 곱셈이 덧셈으로 바뀐다.

```
In[7]:= a b c //. x_ * y_ → x + y
Out[7]= a + b + c
```

인수분해, 전개 및 식 간단히 하기

In[1]에서는 분수 $\frac{bc+ad}{bd}$ 를 부분 분수로 만들자.

```
In[1]:= Clear[a, b, c, d, x, y]
        Apart[(b c + a d)/(b d)]
Out[2]= a/b + c/d
```

위에서 얻은 결과를 통분하자.

```
In[3]:= Together[%]
Out[3]= (b c + a d)/(b d)
```

In[3]에서 %는 In[3] 바로 전의 결과 $\frac{a}{b}+\frac{c}{d}$를 의미한다. 다음 예에서는 $ax+bx+cy+dy$ 에서 x를 가진 항들을 모으자.

```
In[4]:= Collect[a x + b x + c y + d y, x]

Out[4]= (a + b) x + c y + d y
```

다음에서는 식 $\frac{(x^2+2xy+y^2)(x^2-y^2)}{x-y}$를 간단히 하자.

```
In[5]:= m1 = (x^2 + 2 x y + y^2) * (x^2 - y^2) / (x - y);
        Simplify[m1]

Out[6]= (x + y)^3
```

식 $x^3+x^2y-xy^2-y^3$ 을 인수분해하자.

```
In[7]:= m2 = x^3 + x^2 * y - x * y^2 - y^3;
        Factor[m2]

Out[8]= (x - y) (x + y)^2
```

위의 값을 전개하자.

```
In[9]:= Expand[%]

Out[9]= x^3 + x^2 y - x y^2 - y^3
```

위의 값을

Mathematica를 사용할 때 입력하는 형태로 바꾸려면 InputForm

TeX의 형태로 바꾸려면 명령어 TeXForm

을 사용하여 바꿀 수 있다.

$x>0$ 일 때 $\sqrt{x^2}$ 을 간단히 하자.

```
In[1]:= Simplify[Sqrt[x^2], x > 0]
Out[1]= x
```

$x<0$ 일 때 $\sqrt{x^2}$ 을 간단히 하자.

```
In[2]:= Simplify[Sqrt[x^2], x < 0]
Out[2]= -x
```

Expand는 지수가 양수인 경우에 전개를 하며, ExpandAll은 지수가 음수인 경우에도 전개한다.

In[3]:= ExpandAll$\left[\frac{(x^2+1)^2}{(2+x)^3}\right]$

Out[3]= $\frac{1}{8+12x+6x^2+x^3}+\frac{2x^2}{8+12x+6x^2+x^3}+\frac{x^4}{8+12x+6x^2+x^3}$

$\frac{1}{8+12x+6x^2+x^3}+\frac{2x^2}{8+12x+6x^2+x^3}+\frac{x^4}{8+12x+6x^2+x^3}$

분수식 $\frac{(x+1)(x+2)}{(x+3)(x+4)}$ 의 분자를 전개하자.

In[4]:= expr = $\frac{(x+1)\ (x+2)}{(x+3)\ (x+4)}$;

ExpandNumerator[expr]

Out[5]= $\frac{2+3x+x^2}{(3+x)\ (4+x)}$

분수식 $\frac{(x+1)(x+2)}{(x+3)(x+4)}$ 의 분모를 전개하자.

In[6]:= ExpandDenominator[expr]

Out[6]= $\frac{(1+x)\ (2+x)}{12+7x+x^2}$

분수식 $\dfrac{(x+1)(x+2)}{(x+3)(x+4)}$ 의 분자, 분모를 모두 전개하자.

```
In[7]:= ExpandAll[expr]

Out[7]=     2              3 x             x^2
         ------------- + ------------- + -------------
         12 + 7 x + x^2  12 + 7 x + x^2  12 + 7 x + x^2

In[8]:= ExpandNumerator[ExpandDenominator[expr]]

Out[8]= 2 + 3 x + x^2
        --------------
        12 + 7 x + x^2
```

다항식 $6x^2y^3z^4 + 8x^3y^2z^5 + 10x^2y^4z^3$ 을 인수분해하자.

```
In[9]:= poly = 6 x^2 y^3 z^4 + 8 x^3 y^2 z^5 + 10 x^2 y^4 z^3;
        Factor[poly]

Out[10]= 2 x^2 y^2 z^3 (5 y^2 + 3 y z + 4 x z^2)
```

다항식에서 x 를 갖고 있지 않은 항으로 인수분해하자.

```
In[11]:= FactorTerms[poly, x]

Out[11]= 2 y^2 z^3 (5 x^2 y^2 + 3 x^2 y z + 4 x^3 z^2)
```

다항식에서 y 를 갖고 있지 않은 항으로 인수분해하자.

```
In[12]:= FactorTerms[poly, y]

Out[12]= 2 x^2 z^3 (5 y^4 + 3 y^3 z + 4 x y^2 z^2)
```

인수분해할 때 계수의 범위를 지정하려면

Extension→{extension1, extension2, …}

로 하면 된다. 또한

GaussianIntegers→True

는 계수를 정수와 i 를 포함하여 인수분해한다.

```
In[13]:= Factor[x^6 - 41 x^4 + 400]
Out[13]= (-2 + x) (2 + x) (-5 + x^2) (4 + x^2) (5 + x^2)
In[14]:= Factor[x^6 - 41 x^4 + 400, GaussianIntegers → True]
Out[14]= (-2 + x) (-2 i + x) (2 i + x) (2 + x) (-5 + x^2) (5 + x^2)
In[15]:= Factor[x^6 - 41 x^4 + 400, Extension -> √5]
Out[15]= -(√5 - x) (-2 + x) (2 + x) (√5 + x) (4 + x^2) (5 + x^2)
In[16]:= Factor[x^6 - 41 x^4 + 400, Extension → {i, √5}]
Out[16]= -(√5 - x) (√5 - i x) (√5 + i x) (-2 + x) (-2 i + x) (2 i + x) (2 + x) (√5 + x)
```

삼각함수 $\dfrac{\sin x}{1-\cos^2 x}$ 를 간단히 하자.

```
In[17]:= Cancel[Sin[x] / (1 - Cos[x]^2)]
Out[17]= -Sin[x] / (-1 + Cos[x]^2)
In[18]:= Simplify[Sin[x] / (1 - Cos[x]^2)]
Out[18]= Csc[x]
```

Cancel을 이용하여 간단히 하려면 삼각함수임을 알려주는

Trig→True

를 넣어 주어야 한다.

```
In[19]:= Cancel[Sin[x] / (1 - Cos[x]^2), Trig → True]
Out[19]= Csc[x]
```

식 $\dfrac{\cos x}{1-\sin^2 x}+\dfrac{\sin x}{1-\cos^2 x}$ 을 생각하자.

```
In[20]:= Together[Cos[x]^2/(1 - Sin[x]^2) + Sin[x]^2/(1 - Cos[x]^2)]
```

$$\text{Out[20]= } \frac{\text{Cos}[x]^2 - \text{Cos}[x]^4 + \text{Sin}[x]^2 - \text{Sin}[x]^4}{(-1 + \text{Cos}[x]^2)\,(-1 + \text{Sin}[x]^2)}$$

```
In[21]:= Simplify[Cos[x]^2/(1 - Sin[x]^2) + Sin[x]^2/(1 - Cos[x]^2)]

Out[21]= 2

In[22]:= Together[Cos[x]^2/(1 - Sin[x]^2) + Sin[x]^2/(1 - Cos[x]^2), Trig → True]

Out[22]= 2
```

식 $(\sin x + \cos x)^2$ 을 전개하자.

```
In[23]:= Expand[(Sin[x] + Cos[x])^2]

Out[23]= Cos[x]^2 + 2 Cos[x] Sin[x] + Sin[x]^2

In[24]:= TrigExpand[(Sin[x] + Cos[x])^2]

Out[24]= 1 + 2 Cos[x] Sin[x]
```

TrigReduce는 거듭제곱을 배각 공식을 이용하여 나타낸다.

```
In[25]:= TrigReduce[Sin[2 x]^2 + Sin[x] Cos[3 x]^2]

Out[25]= 1/4 (2 - 2 Cos[4 x] + 2 Sin[x] - Sin[5 x] + Sin[7 x])
```

TrigFactor는 삼각함수를 인수분해한다.

```
In[26]:= TrigFactor[Cos[x + y] + Sin[x] Sin[y]]

Out[26]= Cos[x] Cos[y]

In[27]:= TrigFactor[Sin[x] + Cos[x]]

Out[27]= √2 Sin[π/4 + x]
```

방정식의 해 구하기

x=1인 경우 x의 값이 2인가 하는 질문에 대한 답은 False이다. 이를 Mathematica에서 수행하자.

```
In[1]:= x =  1;
        x == 1
Out[2]= True
In[3]:= x == 2
Out[3]= False
```

In[3]에서 $x=2$? 이냐는 실문을 하기 위해 ==을 사용하었나. 또한 $x \neq 1$? 이나는 질문은 In[4]와 같다.

```
In[4]:= x ≠ 1
Out[4]= False
```

위에서 ≠을 입력하려면 !=를 입력하면 자동으로 ≠로 바뀐다.

이제 방정식의 해를 구하는 방법에 대하여 알아보자. 이는 명령어

Solve[equation==value, x]

로 방정식 equation=value에서 x의 해를 구하라는 것이다. 방정식 $2y-1=0$을 변수 y에 관하여 풀자. In[5]에서 방정식 $2y-1=0$을 표현하는 데 2y−1==0로 나타내었다. 이는 방정식 2y−1=0이 참인 경우 y에 관하여 해를 구하라는 의미에서 ==을 쓰는 것은 당연하다.

```
In[5]:= Clear[y, z];
        Solve[2 y - 1 == 0, y]
Out[6]= {{y → 1/2}}
```

다음은 변수를 y와 z로 갖는 연립방정식

equation1=value1,

equation2=value2

의 해를 구하자. 이는 명령어

Solve[{equation1==value1, equation2==value2}, {y, z}]

로 해를 구할 수 있다. 방정식

$$2y+z=1$$
$$y+z=2$$

의 해를 구하자.

```
In[7]:= Solve[{2 y + z == 1, y + z == 2}, {y, z}]

Out[7]= {{y → -1, z → 3}}
```

다음은 방정식 $\frac{x}{2}-\sin x=0$의 해를 구하자.

```
In[8]:= Clear[x];
        Solve[x/2 - Sin[x] == 0, x]

        Solve::tdep :
          The equations appear to involve the variables to be solved for in an essentially non-algebraic
             way. ≫

Out[9]= Solve[x/2 - Sin[x] == 0, x]
```

근사해 구하기

위에서 경고문과 함께 입력한 그대로 얻었다. 이와 같이, 즉 Solve를 이용하여 해를 구하지 못하는 경우

FindRoot[equation==value, {x, xvalue}]

로 방정식의 해를 수치적인 근삿값으로 구할 수 있다. 여기서 방정식 equation=

value를 x=xvalue라는 점에서 시작하여 Newton 방법으로 근사해를 구하는 것이다. 방정식 $\frac{x}{2} - \sin x = 0$ 에 대하여 xvalue를 택하기 위하여 $y = \frac{x}{2} - \sin x$ 의 그래프를 구간 [−5, 5]에서 그리자.

```
In[1]:= Plot[x/2 - Sin[x], {x, -5, 5}]
```

Out[1]=

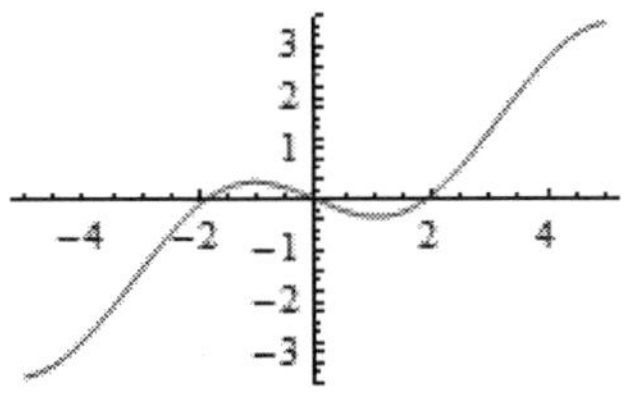

위의 그래프에서 보듯이 방정식의 해는 세 개가 존재하며 x−0.5를 시작점으로 하여 방정식의 해를 구하자.

```
In[2]:= FindRoot[{x/2 - Sin[x] == 0}, {x, 0.5}]

Out[2]= {x → 0.}
```

다음은 x=2를 시작점으로 하여 해를 구하자. 또 다른 해는 시작점을 x=−2 또는 −2보다 작은 수부터 시작하여 구할 수 있다.

```
In[3]:= FindRoot[{x/2 - Sin[x] == 0}, {x, 2}]

Out[3]= {x → 1.89549}
```

다음은 방정식의 해를 수치적으로 구하는 또 다른 방법에 대하여 알아보자. 명령어 NSolve를 사용할 수 있다. 이제 그 예를 두 가지 보자.

```
In[4]:= NSolve[x/2 - Sin[x] == 0, x]

        Solve::tdep :
          The equations appear to involve the variables to be solved for in an essentially non-algebra
                way. >>

Out[4]= NSolve[x/2 - Sin[x] == 0, x]

In[5]:= Clear[y];
        NSolve[2 y - 1 == 0, y]

Out[6]= {{y → 0.5}}
```

In[4]와 In[5]를 비교하자. In[4]에서는 해를 구하지 못했고 In[5]에서는 해를 구하였는데 그 결과는 소수로 나타났다. 명령어 NSolve[ ]는 N[Solve[ ]]와 같으며 따라서 Solve를 이용하여 방정식 $\frac{x}{2} - \sin x = 0$ 의 해를 구하지 못하므로 NSolve를 이용하여 해를 구할 수 없으며 방정식 $2y - 1 = 0$ 에 대해서는 해를 소수로 0.5라는 결과를 준다.

다음은 연립방정식에서의 근사해를 구하는 방법에 대하여 알아보자. 연립방정식

$$\sin x + y^2 = 7$$
$$3x + 2^y = -1$$

의 근사해를 명령어 NSolve를 이용하여 구하자.

```
In[1]:= Clear[eqn, x, y];
        eqn = {Sin[x] + y^2 == 7,  3 x + 2^y == -1};
        NSolve[eqn, {x, y}]

        Solve::tdep :
          The equations appear to involve the variables to be solved for in an essentially non-algebra
                way. >>

Out[3]= NSolve[{y^2 + Sin[x] == 7, 2^y + 3 x == -1}, {x, y}]
```

위에서 보듯이 명령어 NSolve로는 구할 수 없음을 알 수 있다. 다음은 Newton 방법에 의한 해를 구하자. 앞에서 설명한 바와 같이 명령어 FindRoot를 이용하여 구하는데 이때 변수가 두 개이므로 변수 x와 y의 초기값을 지정해 주어야

한다.

```
In[4]:= FindRoot[eqn, {x, 1}, {y, 1}]

Out[4]= {x → -2.56971, y → 2.74613}
```

위의 연립방정식의 근사해는 $x = -2.56971,\ y = 2.74613$ 이다.

다음 예에서는 연립방정식의 해를 구하고 그 해를 다른 식에 대입하여 값을 얻는 방법에 대하여 알아보자. 연립방정식

$$x^2 + y^2 = 16$$
$$x^2 - 4 = y$$

의 해를 구하자.

```
In[5]:= Clear[x, y];
        sol = Solve[{x^2 + y^2 == 16, x^2 - 4 == y}, {x, y}]

Out[6]= {{y → -4, x → 0}, {y → -4, x → 0}, {y → 3, x → -√7}, {y → 3, x → √7}}
```

위의 해를 표로 나타내자.

```
In[7]:= % // Grid

        y → -4    x → 0
        y → -4    x → 0
Out[7]= y → 3   x → -√7
        y → 3   x → √7
```

위의 각 해에 대하여 $x^2 + y$ 의 값을 구하자. 이는 1.1절에서 설명한 /.을 사용하여 수행할 수 있다.

```
In[8]:= x^2 + y /. sol

Out[8]= {-4, -4, 10, 10}
```

다음은 방정식 $x^2+x+1=0$ 의 해를 구하는 방법을 종합하자. (m[x]=x^2+x+1이라 하자.)

```
In[9]:= Clear[m];
        m[x_] = x^2 + x + 1;
        Solve[m[x] == 0, x]
Out[11]= {{x → -(-1)^(1/3)}, {x → (-1)^(2/3)}}
In[12]:= NSolve[m[x] == 0, x]
Out[12]= {{x → -0.5 - 0.866025 i}, {x → -0.5 + 0.866025 i}}
In[13]:= NRoots[m[x] == 0, x]
Out[13]= x == -0.5 - 0.866025 i || x == -0.5 + 0.866025 i
```

In[13]에서 명령어 NRoots는 N[Roots]와 같으며 이는 NSolve와 같이 다항식으로 이루어진 방정식의 해를 수치적으로 구하는 명령어이며 NSolve와는 다른 형태로 해를 준다. Out[13]에서 ||은 또는(or)을 나타낸다. &&는 그리고(and)를 나타내며 이에 관해서는 1.7절에서 자세히 알아본다.

명령어 Reduce

다음은 방정식의 해를 구하는 다른 방법에 대하여 알아보자. 방정식

$$ax^2+bx+c=0$$

의 해를 명령어 Solve를 이용하여 구하자.

```
In[1]:= Clear[a, b, c, x];
        Solve[a x^2 + b x + c == 0, x]
Out[2]= {{x → (-b - Sqrt[b^2 - 4 a c])/(2 a)}, {x → (-b + Sqrt[b^2 - 4 a c])/(2 a)}}
```

Out[2]에서 이차방정식에서의 근의 공식을 얻었는데 이때 조심해야 할 것이 있

는데 그것은 상수 a의 값이 0인 경우에는 Out[2]에서 얻은 해는 참 해가 아니라는 것이다. 이제 명령어 Reduce로 위의 이차방정식의 해를 구하자.

```
In[3]:= Reduce[a x^2 + b x + c == 0, x]

Out[3]= (a ≠ 0 && (x == (-b - Sqrt[b^2 - 4 a c])/(2 a) || x == (-b + Sqrt[b^2 - 4 a c])/(2 a))) ||
        (a == 0 && b ≠ 0 && x == -c/b) || (c == 0 && b == 0 && a == 0)
```

Out[3]은

$a \neq 0$ 이고 $x = \dfrac{-b - \sqrt{b^2 - 4ac}}{2a}$ 또는 $x = \dfrac{-b + \sqrt{b^2 - 4ac}}{2a}$

$a = 0$ 이고 $b \neq 0$ 이고 $x = -\dfrac{c}{b}$ 또는

$c = 0$ 이고 $b = 0$ 이고 $a = 0$

이며, 이는 Out[2]에서 구하지 못한 해를 얻음을 알 수 있다.

수식 줄이기

다음은 몇 개의 방정식들이 있을 때 변수를 소거하는 방법에 대하여 알아보자. 이는

Eliminate[{equation1==value1, equation2==value2, ...}, {x1, x2, ...}]

로 수행할 수 있는데, 이는 방정식

equation1=value1,

equation2=value2, ...

에서 변수 x1, x2, ...를 소거한다. 방정식 $ax + y = 0,\ 2x + (1-a)y = 1$ 에서 변수 y를 소거하자.

```
In[1]:= Clear[x, y];
        Eliminate[{a*x + y == 0, 2 x + (1 - a) y == 1}, y]

Out[2]= (2 - a + a^2) x == 1
```

다음의 예를 보자.

```
In[3]:= Clear[x, y, z , w];
        Eliminate[{x + y - z + w == 3, 2 x - 3 y == z + 2 - 3 w, x^2 == y,
          3 x - 5 y - z == 0}, {x, y}]

Out[4]= 23 w == 13 + 2 z && 1005 z + 256 z^2 == -742
```

1.4 극한과 미분, 적분

극한

극한 $\lim_{x\to1} x^2$ 을 구하자.

```
In[1]:= Limit[x^2, x → 1]
Out[1]= 1
```

다음은 극한 $\lim_{x\to0}\frac{1}{x}$ 을 구하자. 우선 $y=\frac{1}{x}$ 의 그래프를 구간 $[-1, 1]$ 에서 그리자.

```
In[2]:= Plot[1/x, {x, -1, 1}]
Out[2]=
```

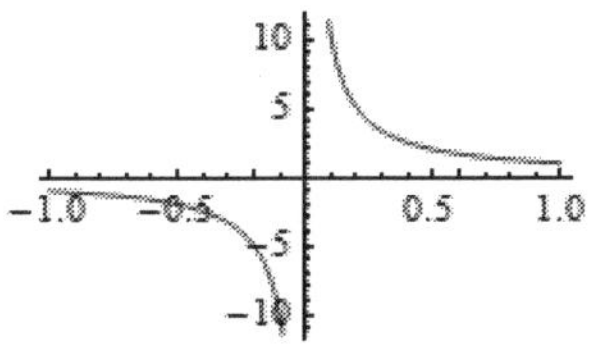

위의 그래프에서 보듯이 x 가 양의 방향에서 0으로 수렴할 때 $\frac{1}{x}$ 의 극한은 ∞ 이고 음의 방향에서 0으로 수렴할 때는 $-\infty$ 임을 알 수 있다. 즉, 좌극한과 우극한이 다르다. 이제 x 가 a 로 수렴할 때 $f(x)$ 의 좌극한 값은

Limit[f[x], x → a, Direction → 양수]

로 구할 수 있으며, 우극한 값은

Limit[f[x], x → a, Direction → 음수]

로 구할 수 있다.

```
In[3]:= Limit[1/x, x → 0]

Out[3]= ∞
In[4]:= Limit[1/x, x → 0, Direction → 1] (* Approach from x<0 *)

Out[4]= -∞
In[5]:= Limit[1/x, x → 0, Direction → -1]

Out[5]= ∞
```

In[4]에서 (*Approach from x〈0*)이 있는데, Mathematica에서 설명을 삽입할 때 (*와 *) 사이에 넣으면 된다. 이때 (*와 *) 사이에 있는 것들을 Mathematica는 수행하지 않는다. $\lim_{x \to \infty} \frac{1}{x}$를 구하자.

```
In[6]:= Limit[1/x, x → Infinity]

Out[6]= 0
```

따라서 $\lim_{x \to \infty} \frac{1}{x} = 0$ 이다.

미분

다음은 미분에 대하여 알아보자. 함수 $f(x)$를 x에 관하여 미분하려면 명령어

D[f[x], x] 또는 f [x]

로 할 수 있다.

```
In[1]:= k[x_] = x^2;
        D[k[x], x]

Out[2]= 2 x
```

```
In[1]:= k[x_] = x^2;
        D[k[x], x]
Out[2]= 2 x
In[3]:= k'[x]
Out[3]= 2 x
In[4]:= D[ArcTan[Sin[x]], x]
Out[4]= Cos[x]/(1 + Sin[x]^2)
```

2변수 함수 $f(x,y)$의 2계 도함수 $\dfrac{\partial^2 f}{\partial x^2}$은

D[f[x, y], x, x]　또는 D[f[x, y], {x, 2}]

로 구할 수 있으며 $\dfrac{\partial^2 f}{\partial y \partial x}$는 D[f[x, y], x, y]로 구할 수 있다. 3계 도함수 등 고계도함수도 같은 방법으로 구할 수 있다. 다음에서는 이변수 함수

$$f(x,\ y) = xe^y - \sin\frac{x}{y} + x^3 y^2$$

에서 2계 도함수를 구하자. $\dfrac{\partial^2 f}{\partial x^2}$는 다음과 같다.

```
In[5]:= Clear[f];
        f[x_, y_] = x e^y - Sin[x/y] + x^3 y^2;
        D[f[x, y], x, x]
Out[7]= 6 x y^2 + Sin[x/y]/y^2
In[8]:= D[f[x, y], {x, 2}]
Out[8]= 6 x y^2 + Sin[x/y]/y^2
```

$\dfrac{\partial^2 f}{\partial y \partial x}$를 구하자.

```
In[9]:= D[f[x, y], x, y]
```

$$\text{Out[9]= } e^y + 6x^2 y + \frac{\text{Cos}\left[\frac{x}{y}\right]}{y^2} - \frac{x\,\text{Sin}\left[\frac{x}{y}\right]}{y^3}$$

$\dfrac{\partial^2 f}{\partial y^2}$ 를 구하자.

```
In[10]:= D[f[x, y], y, y]
```

$$\text{Out[10]= } e^y x + 2x^3 - \frac{2x\,\text{Cos}\left[\frac{x}{y}\right]}{y^3} + \frac{x^2\,\text{Sin}\left[\frac{x}{y}\right]}{y^4}$$

미분값을 구하는 또 다른 방법은

Derivative[n1, n2, ...][f][x1, x2, ..]

인데 이는 함수 f[x1, x2, ...]를 변수 x1에 관하여 n1번 미분하고, 변수 x2에 관하여 n2번 ... 미분한 값을 준다. $\dfrac{d^2}{dx^2}x^3$과 $\dfrac{d^{10}}{dx^{10}}x^{10}$을 구하자.

```
In[13]:= Clear[g];
         g[x_] = x^10;
         Derivative[10][g][x]

Out[15]= 3628800
```

음함수의 미분

다음에서는 방정식

$$x^2 + y^2 = 1$$

에서 변수 y를 변수 x의 함수로 취급하여 y''을 구하자. 우선 y'을 구하기 위하여 위의 방정식의 양변을 x에 관하여 미분한 후 y'에 관하여 풀자.

```
In[1]:= firstdel = D[x^2 + y[x]^2 == 1, x]
Out[1]= 2 x + 2 y[x] y'[x] == 0
In[2]:= firstdy = Solve[firstdel, y'[x]]
Out[2]= {{y'[x] → - x/y[x]}}
```

따라서 $y' = -\dfrac{x}{y}$ 이다. 이제 y'' 을 구하자.

```
In[3]:= secondel = D[firstdy, x]
Out[3]= {{y''[x] → - 1/y[x] + x y'[x]/y[x]^2}}
```

$y'' = -\dfrac{1}{y} + \dfrac{xy'}{y^2}$ 이며 Out[2]에서 구한 $y' = -\dfrac{x}{y}$ 을 대입하자.

```
In[4]:= % /. firstdy
Out[4]= {{{y''[x] → - x^2/y[x]^3 - 1/y[x]}}}
```

다음은 전미분에 대하여 알아보자. 전미분을 구하는 명령어는

Dt[f, x]

이며 이는 함수 f 의 변수 x 에 관한 전미분을 구하는 것인데, 즉 x 가 아닌 모든 변수를 x 의 함수로 취급하여 미분하는 것이다. 또한 Dt[f, x, y]는 함수 f 의 x 에 관한 전미분값을 구한 후, 변수 y 에 관한 전미분값을 구하는 것이다. 다음에서는 $\sin xyz$ 에서 변수 y 와 z 를 변수 x 의 함수로 취급하여 미분하자.

```
In[5]:= Dt[Sin[x y z], x]
Out[5]= Cos[x y z] (y z + x z Dt[y, x] + x y Dt[z, x])
```

Out[5]에서 Dt[y, x]$=\dfrac{dy}{dx}$ 이고 Dt[z, x]$=\dfrac{dz}{dx}$ 이다. 다음은 함수 $\sin xyz$ 에서 변수 y 가 x 의 함수가 아닐 때, 즉 y 가 상수일 때 전미분을 구하자.

```
In[6]:= Dt[Sin[x y z], x, Constants → y]

Out[6]= Cos[x y z] (y z + x y Dt[z, x, Constants → {y}])
```

다음은 함수 sin xyz를 미분하는데 명령어 D를 이용하여 미분하자.

```
In[7]:= D[Sin[x y z], x]

Out[7]= y z Cos[x y z]
```

명령어 D에서는 y와 z를 상수로 취급함을 알 수 있다. 다음은 f를 상수로 지정한 후 전미분을 시행하자.

```
In[8]:= SetAttributes[f, Constant];
        Dt[f * g]

Out[9]= f Dt[g]
```

함수 $f(x)=x^2$에서 $f'(2)$는 다음과 같이 구할 수도 있다.

```
In[10]:= Clear[f];
         f[x_] = x^2;
         f'[2]

Out[12]= 4
```

적분

함수 $f(x)$의 부정적분을 구하려면

Integrate[f[x], x]

로 구할 수 있다. 결과에서 적분 상수 C는 나타나지 않는다. $\int x^2 dx$를 구하자.

```
In[1]:= Integrate[x^2, x]

Out[1]= x^3/3
```

다음은 함수 $f(x)$를 구간 $[a, b]$에서 적분하자. 즉 $\int_a^b f(x)dx$는

Integrate[f[x], {x, a, b}]

로 구할 수 있다. $\int_0^1 x^2 dx$를 구하자.

```
In[2]:= Integrate[x^2, {x, 0, 1}]

Out[2]= 1/3
```

다음의 예에서는 $F'(x) = x\cos x^2$이며 $F(0) = 2$인 함수 F를 구하자. 즉 $x\cos x^2$의 부정적분 중에서 $F(0) = 2$을 만족하는 함수를 찾아야 한다. In[3]에서 함수 G를 $x\cos x^2$의 부정적분+상수 C라 하여 In[5]에서 방정식 $G(0) = 2$를 만족시키는 상수 C를 sol이라 하여 상수 C를 구하자. 적분값은 (*와 *) 안에 있는 것과 같이 입력해도 된다.

```
In[3]:= Clear[F, G, sol];
        G[x_] = ∫x Cos[x^2] dx + C
        (*G[x_]=Integrate[x Cos[x^2],x]+C*)

Out[4]= C + Sin[x^2]/2

In[5]:= sol = Solve[G[0] == 2, C]

Out[5]= {{C → 2}}
```

상수 C는 2이고 이 값을 함수 G의 정의에 대입한 값을 함수 F라 하여 F를 구하면 다음과 같다.

```
In[6]:= F[x_] = G[x] /. sol
```

$$\text{Out[6]= } \left\{2 + \frac{\text{Sin}[x^2]}{2}\right\}$$

특이적분에 대하여 알아보자. 특이적분 $\int_a^\infty f(x)dx$ 는

Integrate[f[x], {x, a, Infinity}]

로 구할 수 있으며, 특이적분 $\int_{-\infty}^b f(x)dx$ 는

Integrate[f[x], {x, −Infinity, b}]

로 구할 수 있다. 이제 $\int_1^\infty \frac{x}{(2+x^2)^{3/2}}dx$ 를 구하자.

$$\text{In[7]:= } \int_1^\infty \frac{x}{(2+x^2)^{3/2}}\,dx$$

```
(*Integrate[x/(2+x^2)^(3/2), {x,1,Infinity}]*)
```

$$\text{Out[7]= } \frac{1}{\sqrt{3}}$$

적분값 $\int_1^\infty x^n dx$ 는 $n<-1$ 일 때 수렴하고 그렇지 않으면 수렴한다. 다음과 같이 적분에 조건을 줄 수 있다.

```
In[1]:= Integrate[x^n, {x, 1, ∞}, Assumptions → n < -1]
```

$$\text{Out[1]= } -\frac{1}{1+n}$$

```
In[2]:= Integrate[x^n, {x, 1, ∞}]
```

$$\text{Out[2]= If}\left[\text{Re}[n] < -1,\ -\frac{1}{1+n},\ \text{Integrate}\left[x^n, \{x, 1, \infty\}, \text{Assumptions} \to \text{Re}[n] \geq -1\right]\right]$$

함수 $f(x)=\begin{cases}\sqrt{nx}+1, & x\geq 0 \\ e^{-nx}, & x<0\end{cases}$ 의 적분을 구하자.

$$\text{In[1]:=}\ \int \begin{cases} \sqrt{n\,x}+1 & x \geq 0 \\ e^{-n\,x} & x < 0 \end{cases} dx$$

$$\text{Out[1]=}\ \begin{cases} -\frac{e^{-n\,x}}{n} & x \leq 0 \\ -\frac{1}{n}+x+\frac{2}{3}\,x\,\sqrt{n\,x} & \text{True} \end{cases}$$

적분 $\int \sqrt{t^4+2t^2+1}\,dt$ 를 구하자.

$$\text{In[2]:=}\ \int \sqrt{t^4+2\,t^2+1}\ dt$$

$$\text{Out[2]=}\ \frac{t\sqrt{\left(1+t^2\right)^2\ \left(3+t^2\right)}}{3\ \left(1+t^2\right)}$$

위의 값을 간단히 하자.

$$\text{In[3]:=}\ \text{Simplify}\left[\frac{t\sqrt{\left(1+t^2\right)^2\ \left(3+t^2\right)}}{3\ \left(1+t^2\right)},\ \text{Assumptions} \to t \in \text{Reals}\right]$$

$$\text{Out[3]=}\ t+\frac{t^3}{3}$$

아래와 같이 실행할 수 있다.

$$\text{In[4]:=}\ \text{Simplify}\left[\frac{t\sqrt{\left(1+t^2\right)^2\ \left(3+t^2\right)}}{3\ \left(1+t^2\right)},\ t \in \text{Reals}\right]$$

$$\text{Out[4]=}\ t+\frac{t^3}{3}$$

$$\text{In[5]:=}\ \text{Assuming}\left[t \in \text{Reals},\ \int \sqrt{t^4+2\,t^2+1}\ dt\right]$$

$$\text{Out[5]=}\ t+\frac{t^3}{3}$$

```
In[6]:= Integrate[Sqrt[t^4 + 2 t^2 + 1], t, Assumptions → t ∈ Reals]
Out[6]= t + t^3/3
```

구간 $[-n, n]$에서 $|x|$의 적분값을 구하자.

```
In[7]:= ∫_{-n}^{n} Abs[x] dx
Out[7]= ConditionalExpression[n^2, n > 0]
In[8]:= Assuming[n > 0, ∫_{-n}^{n} Abs[x] dx]
Out[8]= n^2
```

지수가 음수인 유리수의 경우 적분을 하자.

$\int_{-4}^{0} x^{-2/3} dx$ 을 구하자.

```
In[1]:= Integrate[x^(-2/3), {x, -4, 0}]
Out[1]= -3 (-1)^(1/3) 2^(2/3)
```

위의 값을 복소수로 쓰면 다음과 같다.

```
In[2]:= Integrate[x^(-2/3), {x, -4, 0}] // ComplexExpand
Out[2]= -3/2^(1/3) - (3 i Sqrt[3])/2^(1/3)
```

위와 같이 $\int_{-4}^{0} x^{-2/3} dx$ 의 값이 복소수로 나온다. 적분을 하기 위해 지수를 유리수로 갖는 경우 음의 값에 대하여 다음과 같이 정의하자. x가 음수이고 m, n이 정수인 경우

$x^{n/m}$은 m이 홀수이고, n이 홀수이면 $-(-x)^{n/m}$,

$x^{n/m}$은 m이 홀수이고, n이 짝수이면 $(-x)^{n/m}$

이다. 이를 이용하여 다음의 함수를 정의하고 적분을 구하자.

```
In[3]:= realPower[x_, p_] := If[x < 0 && Element[p, Rationals],
          If[OddQ[Denominator[p]],
           If[OddQ[Numerator[p]], -Power[-x, p], Power[-x, p]],
           Power[x, p]], Power[x, p]];
        realPower[-27, 3/5]
Out[4]= -3 3^(4/5)
In[5]:= realPower[-27, 2/3]
Out[5]= 9
In[6]:= Integrate[realPower[x, -2/3], {x, -4, 0}]
Out[6]= 3 2^(2/3)
```

중적분

중적분에 대하여 알아보자. $f(x,y)=x^2y^2$ 일 때 중적분

$$\int\int f(x,\ y)dxdy$$

를 구하자.

```
In[1]:= Integrate[x^2 y^2, x, y]
Out[1]= x^3 y^3 / 9
```

다음은 중적분 $\int_0^1\int_0^x f(x,\ y)dydx$ 를 구하자. 함수 $f(x,\ y)=xy$ 를 영역

$$R=\{(x,\ y)\,|\,0\le x\le 1,\ 0\le y\le x\}$$

에서 적분을 하여야 하는데, 우선 영역 R 을 xy 평면에 나타내면 다음과 같다.

```
In[2]:= Plot[x, {x, 0, 1}, Prolog → Line[{{1, 0}, {1, 1}}]]
Out[2]=
```

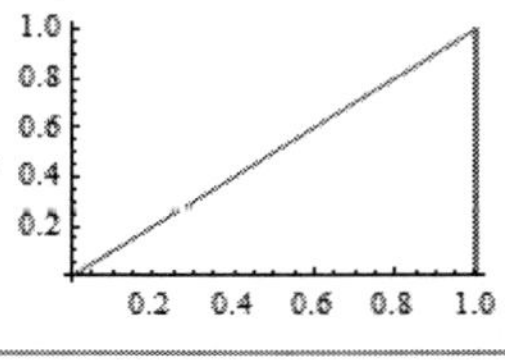

이제 $\int_0^1 \int_0^x xydydx$ 의 값을 구하자.

```
In[3]:= Clear[F]; F[x_] = Integrate[x*y, {y, 0, x}]

         x³
Out[3]= ──
         2
In[4]:= Integrate[F[x], {x, 0, 1}]

        1
```

따라서 $\int_0^1 \int_0^x xydydx = \frac{1}{8}$ 이다. 이제 중적분을 이용하자. 중적분을 이용하여 $\int_0^1 \int_0^x xydydx$ 을 구하기 위해서는 다음의 두 가지 방법을 생각해 볼 수 있다.

Integrate[x*y, {y, 0, x}, {x, 0, 1}]

Integrate[x*y, {x, 0, 1}, {y, 0, x}]

첫 번째 경우를 알아보자.

```
In[5]:= Integrate[x*y, {y, 0, x}, {x, 0, 1}]
         x²
Out[5]= ──
         4
```

위에서 보듯이 첫 번째 방법에서는 우리가 원하는 것을 얻지 못했다. 이제 두 번째 방법에 대하여 계산하자.

```
In[6]:= Integrate[x*y, {x, 0, 1}, {y, 0, x}]
        1
Out[6]= ─
        8
```

따라서 중적분 $\int_0^1 \int_0^x xydydx$ 은 In[6]에서와 같이 계산하여야 한다.

적분의 근삿값 구하기

다음은 적분의 근삿값을 구하는 방법에 대하여 알아보자. 함수 $f(x)=e^{-(x-2)^2}\cos\pi x$ 에 대하여 $\int_1^2 f(x)dx$ 의 값을 구하자. 우선 $y=f(x)$ 의 그래프를 구간 $[-2,\ 5]$ 에서 그리자.

```
In[1]:= Clear[f];
        f[x_] = e^-(x-2)^2 * Cos[π * x];
        Plot[f[x], {x, -2, 5}, PlotRange → {-0.5, 1}]
Out[3]=
```

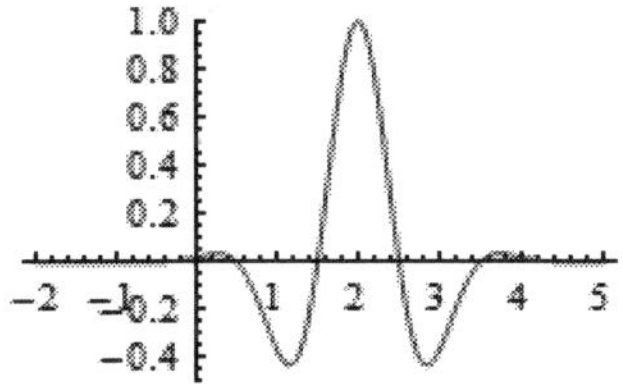

이제 명령어 Integrate를 이용하여 $\int_1^2 f(x)dx$ 의 값을 구하자.

```
In[4]:= Integrate[f[x], {x, 1, 2}]
```

Out[4]= $\frac{1}{4} e^{-\frac{\pi^2}{4}} \sqrt{\pi} \left(\text{Erf}\left[1-\frac{i\pi}{2}\right]+\text{Erf}\left[1+\frac{i\pi}{2}\right]\right)$

위의 값은 Erf라는 특수 함수로 표현되이 복잡하다. 이제 적분값의 근삿값을 명령어 NIntegrate를 이용하여 구하여 보면 Out[5]와 같다.

```
In[5]:= NIntegrate[f[x], {x, 1, 2}]
Out[5]= 0.140395
```

Taylor series

다음은 Taylor series에 대하여 알아보자. 함수 $f(x)$가 몇 번이고 미분가능할 때 $f(x)$의 $x=x_0$에서의 Taylor series는

$$f(x_0)+f'(x_0)(x-x_0)+\frac{f''(x_0)}{2!}(x-x_0)+\cdots+\frac{f^{(n)}(x_0)}{n!}(x-x_0)^n+\cdots$$

이며, 이제 $f(x)$의 $x=a$에서의 Taylor series에서 n번째 항까지는

Series[f[x], {x, a, n}]

으로 구할 수 있다. $\sin x$의 $x=0$에서 제 5항까지의 Taylor series를 구하자.

```
In[1]:= Series[Sin[x], {x, 0, 5}]
```

Out[1]= $x-\frac{x^3}{6}+\frac{x^5}{120}+O[x]^6$

Out[1]에서 우리는 $O[x]^6$이라는 항을 갖는데 이는 제6항 이후의 나머지 항들의 모든 합을 나타낸다. 즉 $O[x]^6$는 $R_6(x)$ (remainder)이다. 이제 제 5항까지의 Taylor series의 그래프를 그리려면 $O[x]^6$를 없애야 한다. 이는 Normal이라는 명령어로 $O[x]^6$를 없앨 수 있다.

```
In[2]:= Normal[Series[Sin[x], {x, 0, 5}]]
```

Out[2]= $x-\frac{x^3}{6}+\frac{x^5}{120}$

이제 구간 $[-2\pi, 4\pi]$에서 $y=\sin x$의 그래프와 제 5항까지의 Taylor series의 그래프를 그리자.

```
In[3]:= Clear[f];
        f[x_] = Normal[Series[Sin[x], {x, 0, 5}]];
        Plot[{Sin[x], f[x]}, {x, -2 π, 4 π},
          PlotStyle → {Thickness[0.015], Dashing[{0.04}]},
         PlotRange → {-4, 4}]
```

Out[5]=

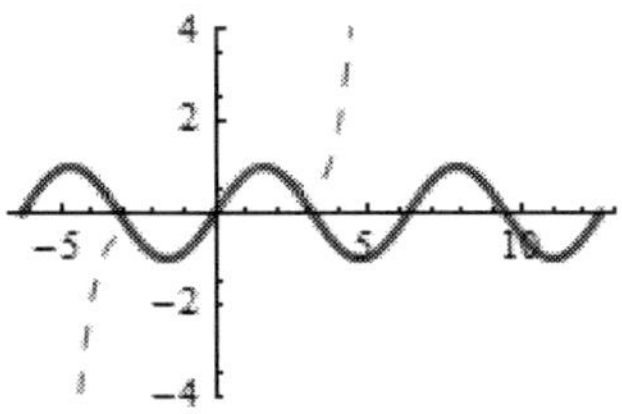

다음은 $\sin x$ 의 $x=1$ 에서의 Taylor series를 제 5항까지 구하자.

```
In[6]:= Series[Sin[x], {x, 1, 5}]
```

Out[6]= $\text{Sin}[1] + \text{Cos}[1]\,(x-1) - \frac{1}{2}\,\text{Sin}[1]\,(x-1)^2 - \frac{1}{6}\,\text{Cos}[1]\,(x-1)^3 + \frac{1}{24}\,\text{Sin}[1]\,(x-1)^4 + \frac{1}{120}\,\text{Cos}[1]\,(x-1)^5 + O[x-1]^6$

위의 값을 소수로 바꾸자.

```
In[7]:= % // N
```

Out[7]= $0.841471 + 0.540302\,(x-1.) - 0.420735\,(x-1.)^2 - 0.0900504\,(x-1$
$0.0350613\,(x-1.)^4 + 0.00450252\,(x-1.)^5 + O[x-1.]^6$

1.5 벡터와 리스트

벡터

벡터 $v=(v1,\ v2,\ v3)$는 Mathematica에서 v={v1, v2, v3}로 정의한다.

다음에서는 벡터

$$vector1=(1,\ 2,\ 3)\text{과 } vector2=(2,\ 3,\ 4)$$

에 대하여 vector1 + vector2의 값을 구하자.

```
In[1]:= Clear["v*"];
        vector1 =  {1, 2, 3};
        vector2 = {2, 3, 4};
        vector1 + vector2

Out[4]= {3, 5, 7}
```

vector1와 vector2의 내적을 구하자.

```
In[5]:= vector1 . vector2

Out[5]= 20
```

In[5]에서 vector1과 vector2 사이에 점을 첨가했는데 점이 없으면 벡터

{vector1의 첫 번째 성분* vector2의 첫 번째 성분,
vector1의 두 번째 성분* vector2의 두 번째 성분,
vector1의 세 번째 성분* vector2의 세 번째 성분}

이 된다.

```
In[6]:= vector1 vector2

Out[6]= {2, 6, 12}
```

벡터 vector1와 벡터 vector2의 외적(Cross Product)을 구하자. 명령어 Cross로 구할 수 있다.

```
In[7]:= Cross[vector1, vector2]

Out[7]= {-1, 2, -1}
```

벡터 (3, 1)을 나타내자.

```
In[1]:= a = {3, 1}; zero = {0, 0};
        Graphics[Arrow[{zero, a}], Axes → True]

Out[2]=
```

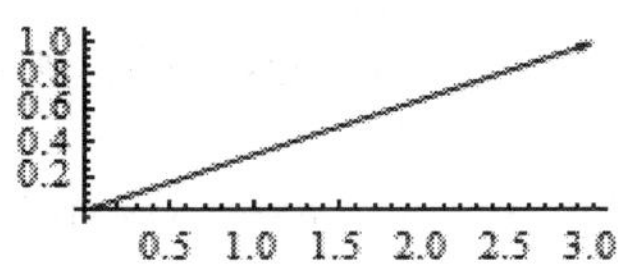

시점이 원점인 벡터 x를 나타내는 함수 f를 정의하자.

```
In[3]:= Clear[f]; f[x : {_, _}] := Graphics[Arrow[{{0, 0}, x}]]
In[4]:= f[{2, 1}]

Out[4]=
```

위의 결과를 이용하여 2차원에서의 벡터와 3차원에서의 벡터를 나타내는 함수 vector를 정의하자. 다음에서 style 다음의 밑줄은 세 개이며 이 경우 style에 대응되는 것이 없어도 되고, 몇 개가 있어도 된다.

vector[ini:{_, _}, vec:{_, _}, style___]:

시점이 ini, 종점이 vec인 2차원 벡터

vector[vec:{_, _}, style___]:

시점이 원점, 종점이 vec인 2차원 벡터

vector[ini:{_, _, _}, vec:{_, _, _}, style___]:

시점이 ini, 종점이 vec인 3차원 벡터

vector[vec:{_, _, _}, style___]:

시점이 원점, 종점이 vec인 3차원 벡터

시점이 (1, 2)이고 종점이 (2, 3)인 벡터를 나타내자.

```
In[5]:= vector[ini : {_, _}, vec : {_, _}, style___] :=
          Graphics[{style, Arrow[{ini, ini + vec}]}, Axes → True];
        vector[vec : {_, _}, style___] :=
          Graphics[{style, Arrow[{{0, 0}, vec}]}, Axes → True];
        vector[ini : {_, _, _}, vec : {_, _, _}, style___] :=
          Graphics3D[{style, Arrow[{ini, ini + vec}]}, Axes → True];
        vector[vec : {_, _, _}, style___] :=
          Graphics3D[{style, Arrow[{{0, 0, 0}, vec}]}, Axes → True];
        vector[{1, 2}, {2, 3}]
```

Out[9]=

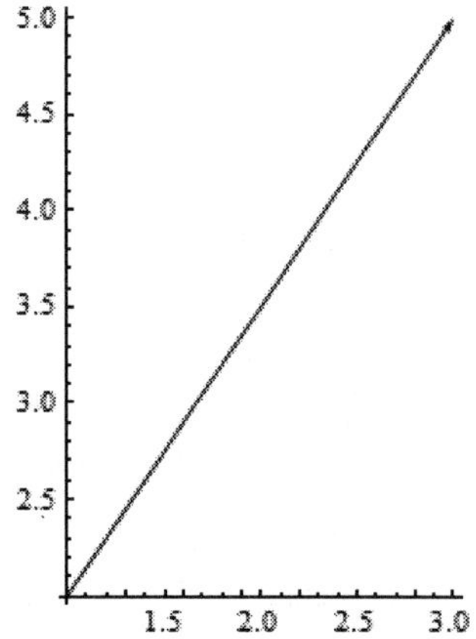

위의 벡터를 붉은색으로 나타내자.

```
In[10]:= vector[{1, 2}, {2, 3}, Red]
```

Out[10]=

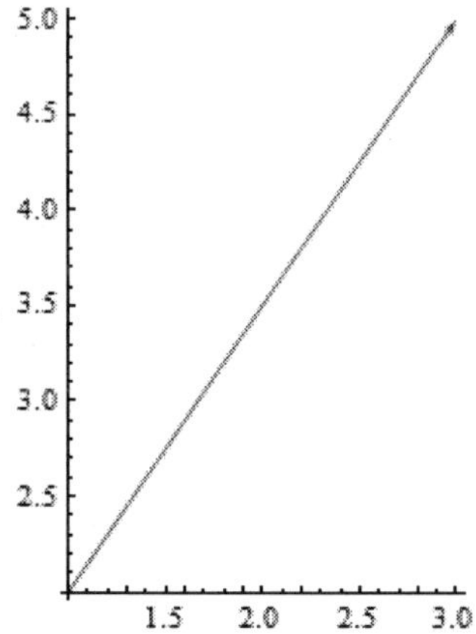

시점이 (1, 2, 3) 종점이 (2, 3, 4)인 벡터를 화살표를 중간 크기로 나타내자.

```
In[11]:= vector[{1, 2, 3}, {2, 3, 4}, Arrowheads[Medium]]
```

Out[11]=

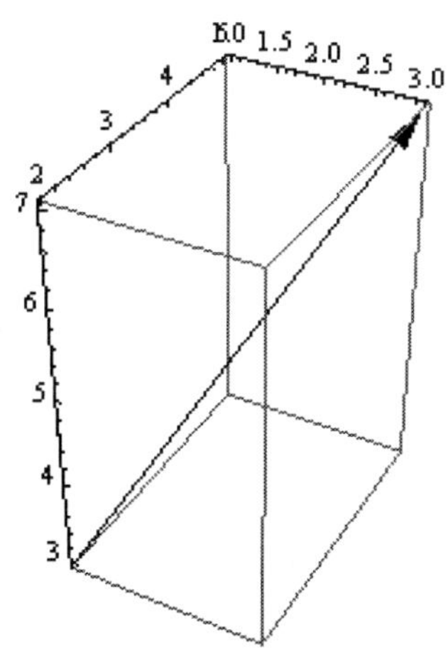

원점이 시점인 세 개의 벡터 (1, 0, 0), (0, 1, 0), (0, 0, 1)를 나타내자.

```
In[12]:= Show[vector[{1, 0, 0}], vector[{0, 1, 0}], vector[{0, 0, 1}]]
```

Out[12]=

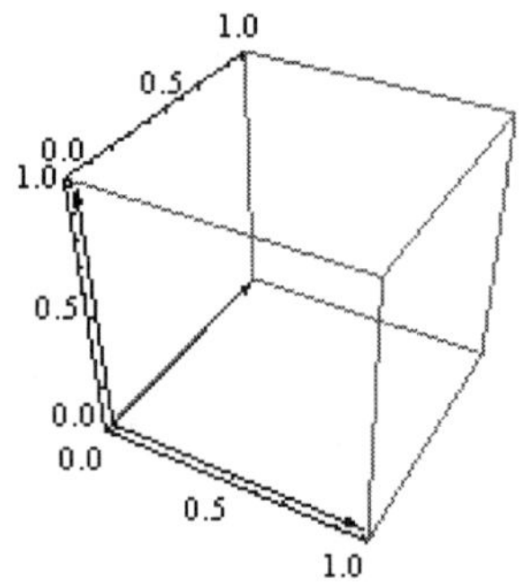

시점이 원점인 벡터 (1, 1), (−2, 3)과 두 벡터의 합을 나타내자.

```
In[13]:= Clear[a, b, c];
         a = {1, 1}; b = {-2, 3}; c = a + b;
         Show[vector[a], vector[b], vector[c, Red], vector[a, b, Dashed],
          vector[b, a, Dashed]]
```

Out[15]=

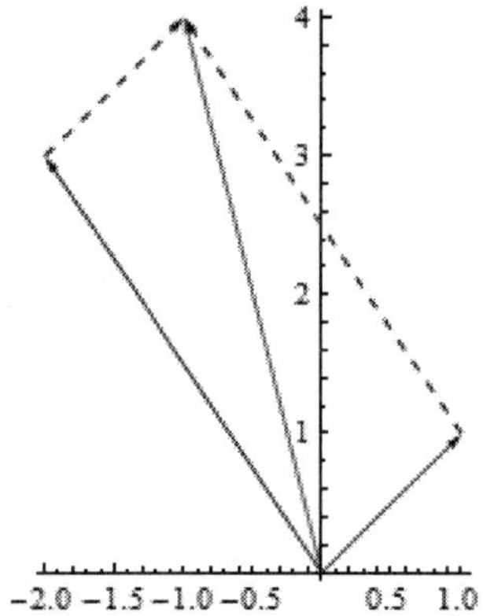

행렬

다음은 행렬에 대하여 알아보자. mat라는 행렬이

$$\begin{pmatrix} 1 & 2 & 3 \\ 1 & 3 & 2 \\ 2 & 3 & 4 \end{pmatrix}$$

일 때 In[1]에서와 같이 mat를 정의할 수 있다.

```
In[1]:= Clear[mat];
        mat = {{1, 2, 3}, {1, 3, 2}, {2, 3, 4}}

Out[2]= {{1, 2, 3}, {1, 3, 2}, {2, 3, 4}}
```

위 행렬을 일반적으로 사용하는 행렬의 형태로 바꾸자.

```
In[3]:= MatrixForm[mat]
```

Out[3]//MatrixForm=

$$\begin{pmatrix} 1 & 2 & 3 \\ 1 & 3 & 2 \\ 2 & 3 & 4 \end{pmatrix}$$

mat의 행렬식 값을 구하자.

```
In[4]:= Det[mat]

Out[4]= -3
```

mat의 역행렬을 구하자.

```
In[5]:= Inverse[mat]
```

Out[5]= $\left\{\left\{-2, -\frac{1}{3}, \frac{5}{3}\right\}, \left\{0, \frac{2}{3}, -\frac{1}{3}\right\}, \left\{1, -\frac{1}{3}, -\frac{1}{3}\right\}\right\}$

mat의 전치행렬(transpose)은 명령어 Transpose[mat]으로 구할 수 있다.

```
In[6]:= Transpose[mat]

Out[6]= {{1, 1, 2}, {2, 3, 3}, {3, 2, 4}}
```

성분이 1, 2, …, 25인 5×5 행렬을 구하자.

```
In[1]:= Clear[matrix];
        matrix = Table[5 i + j, {i, 0, 4}, {j, 1, 5}];
        matrix // MatrixForm
Out[3]//MatrixForm=
        1   2   3   4   5
        6   7   8   9   10
        11  12  13  14  15
        16  17  18  19  20
        21  22  23  24  25
```

3행 4열의 성분을 구하자.

```
In[4]:= matrix[[3, 4]]
Out[4]= 14
```

4행을 구하자.

```
In[5]:= matrix[[4]]
Out[5]= {16, 17, 18, 19, 20}
```

4열을 구하자.

```
In[6]:= matrix[[All, 4]]
Out[6]= {4, 9, 14, 19, 24}
```

1, 3, 5번째 행과 2, 4번째 열로 이루어진 부분행렬을 구하자.

```
In[7]:= matrix[[{1, 3, 5}, {2, 4}]] // MatrixForm
Out[7]//MatrixForm=
        2   4
        12  14
        22  24
```

1, 3, 5번째 행으로 이루어진 부분행렬을 구하자.

```
In[8]:= matrix[[{1, 3, 5}, All]] // MatrixForm
Out[8]//MatrixForm=
```

$$\begin{pmatrix} 1 & 2 & 3 & 4 & 5 \\ 11 & 12 & 13 & 14 & 15 \\ 21 & 22 & 23 & 24 & 25 \end{pmatrix}$$

2, 3, 4행과 3, 4, 5열로 이루어진 부분행렬을 구하자.

```
In[9]:= Take[matrix, {2, 4}, {3, 5}] // MatrixForm
Out[9]//MatrixForm=
```

$$\begin{pmatrix} 8 & 9 & 10 \\ 13 & 14 & 15 \\ 18 & 19 & 20 \end{pmatrix}$$

행렬을 정의할 때 행렬 형태로 정의를 해 보자.

```
In[1]:= m = {{1, 1}, {1, 2}} // MatrixForm
Out[1]//MatrixForm=
```

$$\begin{pmatrix} 1 & 1 \\ 1 & 2 \end{pmatrix}$$

다음의 행렬 연산을 해보면 위와 같이 행렬을 정의하면 안됨을 알 수 있다.

```
In[2]:= m + m
```

Out[2]= $2\begin{pmatrix} 1 & 1 \\ 1 & 2 \end{pmatrix}$

```
In[3]:= m.m
```

Out[3]= $\begin{pmatrix} 1 & 1 \\ 1 & 2 \end{pmatrix} . \begin{pmatrix} 1 & 1 \\ 1 & 2 \end{pmatrix}$

행렬 $m = \frac{1}{10}\begin{pmatrix} 1 & 2 & 7 \\ 3 & 3 & 4 \\ 5 & 4 & 1 \end{pmatrix}$이라 할 때 m^5을 구하자.

```
In[4]:= Clear[m, n];
```

$$m = \frac{1}{10}\begin{pmatrix} 1 & 2 & 7 \\ 3 & 3 & 4 \\ 5 & 4 & 1 \end{pmatrix};$$

```
In[6]:= MatrixPower[m, 5] // MatrixForm
```

```
Out[6]//MatrixForm=
```

$$\begin{pmatrix} \frac{3}{10} & \frac{3}{10} & \frac{2}{5} \\ \frac{5}{16} & \frac{49}{160} & \frac{61}{160} \\ \frac{13}{40} & \frac{5}{16} & \frac{29}{80} \end{pmatrix}$$

$\lim_{n\to\infty} m^n$ 을 구하자.

```
In[7]:= Clear[n];
        Limit[MatrixPower[m, n], n → ∞] // MatrixForm
Out[8]//MatrixForm=
```

$$\begin{pmatrix} \frac{47}{150} & \frac{23}{75} & \frac{19}{50} \\ \frac{47}{150} & \frac{23}{75} & \frac{19}{50} \\ \frac{47}{150} & \frac{23}{75} & \frac{19}{50} \end{pmatrix}$$

행렬의 합성

행렬 A, B 에 대하여

Join[A, B, 1], Join[A, B] 는 행렬 $\begin{pmatrix} A \\ B \end{pmatrix}$

Join[A, B, 2] 는 행렬 $\begin{pmatrix} A & B \end{pmatrix}$

ArrayFlatten[{{A, B}, {C, D}}]는 행렬 $\begin{pmatrix} A & B \\ C & D \end{pmatrix}$

를 준다.

```
In[1]:= m1 = (a b c
              d e f
              g h i);
        m2 = (aa bb cc
              dd ee ff
              gg hh ii);
        Join[m1, m2, 1] // MatrixForm
```

```
Out[3]//MatrixForm=
 ( a   b   c  )
 ( d   e   f  )
 ( g   h   i  )
 ( aa  bb  cc )
 ( dd  ee  ff )
 ( gg  hh  ii )

In[4]:= Join[m1, m2, 2] // MatrixForm
Out[4]//MatrixForm=
 ( a b c aa bb cc )
 ( d e f dd ee ff )
 ( g h i gg hh ii )

In[5]:= ArrayFlatten[{{m1, m2}, {m1, m1}}] // MatrixForm
Out[5]//MatrixForm=
 ( a b c aa bb cc )
 ( d e f dd ee ff )
 ( g h i gg hh ii )
 ( a b c a  b  c  )
 ( d e f d  e  f  )
 ( g h i g  h  i  )

In[6]:= ArrayFlatten[{{m1, m2}, {m2, m1}}] // MatrixForm
Out[6]//MatrixForm=
 ( a   b   c   aa  bb  cc )
 ( d   e   f   dd  ee  ff )
 ( g   h   i   gg  hh  ii )
 ( aa  bb  cc  a   b   c  )
 ( dd  ee  ff  d   e   f  )
 ( gg  hh  ii  g   h   i  )
```

행렬 $m = \begin{pmatrix} a[1, 1] & a[1,2] & a[1, 3] & a[1, 4] & a[1, 5] \\ a[2, 1] & a[2, 2] & a[2, 3] & a[2, 4] & a[2, 5] \\ a[3, 1] & a[3, 2] & a[3, 3] & a[3, 4] & a[3, 5] \\ a[4, 1] & a[4, 2] & a[4, 3] & a[4, 4] & a[4, 5] \\ a[5, 1] & a[5, 2] & a[5, 3] & a[5, 4] & a[5, 5] \end{pmatrix}$ 라 할 때

Take[m, {2, 3}, {2, 4}]

는 행렬 $\begin{pmatrix} a[2, 2] & a[2, 3] & a[2, 4] \\ a[3, 2] & a[3, 3] & a[3, 4] \end{pmatrix}$ 를 준다.

```
In[7]:= m = ( 1   2   3   4   5  )
            ( 6   7   8   9   10 )
            ( 11  12  13  14  15 ) ;
            ( 16  17  18  19  20 )

        Take[m, {1, 3}, {1, 5}] // MatrixForm
```

```
Out[8]//MatrixForm=
 1  2  3  4  5
 6  7  8  9 10
11 12 13 14 15

In[9]:= Take[m, {1, 4}, {3, 5}] // MatrixForm
Out[9]//MatrixForm=
 3  4  5
 8  9 10
13 14 15
18 19 20
```

행렬 $m=\begin{pmatrix} a & b & c & d & e \\ f & g & h & i & j \\ k & l & m & n & o \\ p & q & r & s & t \\ u & v & w & x & y \end{pmatrix}$ 4행과 3열을 뺀 행렬을 만들자. 행렬 m을 만들자.

```
In[10]:= Clear[temp, "m*"];
         temp = CharacterRange["a", "y"];
         m = Partition[temp, 5];
         m // MatrixForm
Out[13]//MatrixForm=
a b c d e
f g h i j
k l m n o
p q r s t
u v w x y
```

위의 행렬에서 4행을 뺀 행렬을 만들자.

```
In[14]:= m1 = Join[Take[m, {1, 3}, All], Take[m, {5}, All]];
         m1 // MatrixForm
Out[15]//MatrixForm=
a b c d e
f g h i j
k l m n o
u v w x y
```

위의 행렬에서 3열을 뺀 행렬을 만들자.

```
In[16]:= m2 = Join[Take[m1, All, {1, 2}], Take[m1, All, {4, 5}], 2];
         m2 // MatrixForm
```

```
Out[17]//MatrixForm=
  a b d e
  f g i j
  k l n o
  u v x y
```

성분이 모두 0인 $n \times n$ 행렬을 정의하고 성분이 모두 0인 2×2 행렬을 만들자.

```
In[18]:= zeromatrix[n_] := Table[0, {i, 1, n}, {j, 1, n}];
         zeromatrix[2] // MatrixForm
Out[19]//MatrixForm=
  0 0
  0 0
```

리스트

이제 리스트에 대하여 알아보자. 함수 $f(t)=t^2$ 에 대하여 $t=0, 2, 4, 6, 8, 10$ 에서의 f 의 값을 구하자. Table이라는 명령어로 구할 수 있는데

Table[expr, {i, imax}]

에서는 expr의 i=1, 2, …, imax에서의 값을 준다. 또

Table[expr, {i, imin, imax}]

에서는 expr의 i=imin, imin+1, …, imax에서의 값을 주며

Table[expr, {i, imin, imax,d}]

에서는 expr의 i=imin, imin+d, …, imaxnumber에서의 값을 준다. 여기서 imaxnumber는 imax보다 같거나 작은 imin+kd(k는 자연수)형태의 수 중에서 가장 큰 수이다. 그리고

Table[expr, {i, imin, imax},{j, jmin, jmax}]

에서는 정수 i와 j가 변할 때 expr의 값을 준다. In[1]에서 {t, f(t)} (t=0, 2, 4, 6, 8, 10)의 값을 구하자.

```
In[1]:= Clear[f, t, height];
        f[t_] = t^2;
        height = Table[{t, f[t]}, {t, 0, 10, 2}]

Out[3]= {{0, 0}, {2, 4}, {4, 16}, {6, 36}, {8, 64}, {10, 100}}
```

위의 값들을 표로 만들려면 명령어 TableForm을 사용할 수 있다. 표에 설명을 삽입하려면 다음의 명령어를 사용할 수 있다.

TableHeadings → {{"left1", "left2", ….}, {"upper1", "upper2", …}}

에서는 표의 좌측에 위에서부터 left1, left2, …라는 설명을 삽입하며 표의 위에 upper1, upper2, …라는 설명을 삽입해 준다.

```
In[4]:= TableForm[height, TableHeadings -> {None,
          {"time\nin seconds\n",
           "height\n in meter\n"}}]
Out[4]//TableForm=
          time          height
          in seconds     in meter

          ____________________
          0             0
          2             4
          4             16
          6             36
          8             64
          10            100
```

In[4]에서 In이 있는데 이는 텍스트에서 줄을 바꿀 때 사용한다. 이제 In[1]에서 구한 height의 두 번째 성분을 구하자.

```
In[5]:= height[[2]]

Out[5]= {2, 4}
```

위에서 height의 두 번째 성분은 height[[2]]로 구했는데 이제 height의 두 번째 성분에서 첫 번째 성분을 구하자. 이는 height[[2]][[1]]로 구할 수 있고 또한 In[6] 에서와 같이 구할 수도 있다.

```
In[8]:= height[[2, 1]]
Out[8]= 2
```

다음은 level에 대하여 알아보자. char를 {a, b, c, b, d}인 리스트라 하고 이 리스트의 FullForm을 구하자. FullForm은 어떤 표현에서 특별한 형태를 가지고 있지 않은 것인데, 예를 들어 a+b는 FullForm으로 Plus[a, b]이다.

```
In[7]:= Clear[char];
        char = {a, b, c, b, d};
        FullForm[char]
Out[9]//FullForm=
        List[a, b, c, b, d]
```

char의 FullForm(Out[9])에서 List는 0 level에 있다고 하며 a, b, c, b, d는 첫 번째 level에 있다고 한다. 다음은 리스트 char에서 b의 위치를 알아보자. 명령어 Position을 이용하여 얻을 수 있다.

```
In[10]:= Position[char, b]
Out[10]= {{2}, {4}}
```

위에서 {{2}, {4}}를 얻었는데 여기서 {2}, {4}는 첫 번째 level의 두 번째와 네 번째에 있다는 의미이다. 이제 리스트 char에서 List의 위치를 알아보자.

```
In[11]:= Position[char, List]
Out[11]= {{0}}
```

즉 List는 char에서 0 level에 있다는 것이다. char의 0 level에 있는 것을 구하자.

```
In[12]:= char[[0]]
Out[12]= List
```

다음은 char의 첫 번째 level에서 세 번째 성분을 찾자.

```
In[13]:= char[[3]]
Out[13]= c
```

위의 명령은 In[14]에서와 같이 수행할 수 있다.

```
In[14]:= Part[char, 3]
Out[14]= c
```

다음은 리스트 char의 첫 번째 level에서 두 번째 성분과 다섯 번째 성분을 찾자.

```
In[15]:= Part[char, {2, 5}]
Out[15]= {b, d}
```

리스트 char의 끝에 e를 첨가하여 그 리스트를 app라 하자(리스트 char의 처음 또는 중간에 성분을 삽입하는 방법에 대하여는 이 절의 끝에서 알아보자).

```
In[16]:= Clear[app];
         app = Append[char, e]
Out[17]= {a, b, c, b, d, e}
```

이제 리스트 app의 성분은 여섯 개이며 이 여섯 개의 성분을 둘씩 나누자.

```
In[18]:= Partition[app, 2]
Out[18]= {{a, b}, {c, b}, {d, e}}
```

다음은 matr을 행렬 $\begin{pmatrix} a & b \\ c & d \end{pmatrix}$라 할 때 행렬의 첫 번째 행을 구하자.

```
In[19]:= Clear[matr];
         matr = {{a, b}, {c, d}}

Out[20]= {{a, b}, {c, d}}

In[21]:= matr[[1]]

Out[21]= {a, b}
```

이제 첫 번째 행에서 두 번째 성분을 구하자.

```
In[22]:= matr[[1, 2]]

Out[22]= b
```

리스트를 이해하기 위해서 위에서 FullForm에 대해 알아보았는데 다음은 TreeForm에 대하여 알아보자. 리스트 {{a, b}, c, {d, {e, f}}}의 TreeForm을 구하면 다음과 같다.

```
In[1]:= TreeForm[{{a, b}, c, {d, {e, f}}}]

Out[1]//TreeForm=
```

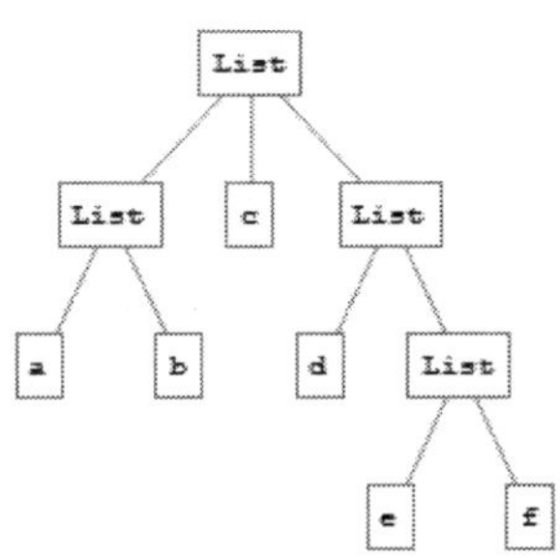

Out[1]에서 첫 번째 줄의 List는 0 level에 있으며 첫 번째 level에는 List[a, b] 즉 {a, b}가 있으며 또한 원소 c가 있고, List[d, List[e, f]] 즉 {d, {e, f}}가 있음을 알 수 있으며, 두 번째 level에는 원소 a와 b, d 그리고 List[e, f] 즉 {e, f}가 있음을 알 수 있으며, 세 번째 level에는 원소 e와 f가 있음을 알 수 있다. 또 Out[1]에서 첫 번째 줄에 있는 List는 0 level에 있는 Head라 하며, 두 번째 줄에 있는 List들을 첫 번째 level에 있는 Head라 하며, 세 번째 줄에 있는 List는 두 번째 level에 있는 Head라 한다. 이제 명령어 Level을 이용하여 첫 번째 level에 있는 원소들을 알아보자.

```
In[2]:= Level[{{a, b}, c, {d, {e, f}}}, {1}]
Out[2]= {{a, b}, c, {d, {e, f}}}
```

두 번째 level에 있는 원소들을 구하자.

```
In[3]:= Level[{{a, b}, c, {d, {e, f}}}, {2}]
Out[3]= {a, b, d, {e, f}}
```

세 번째 level에 있는 원소들을 구하자.

```
In[4]:= Level[{{a, b}, c, {d, {e, f}}}, {3}]
Out[4]= {e, f}
```

다음은 첫 번째와 두 번째 level에 있는 원소들을 모두 구하자.

```
In[5]:= Level[{{a, b}, c, {d, {e, f}}}, 2]
Out[5]= {a, b, {a, b}, c, d, {e, f}, {d, {e, f}}}
```

다음에서는 리스트 {{a, b}, c, {d, {e, f}}}에서 0이 아닌 모든 level에 있는 성분들을 첫 번째 level에 있는 성분으로 갖는 리스트로 만들자. 즉 0 level에 있는 Head를 제외한 모든 Head를 없앤다.

```
In[6]:= Flatten[{{a, b}, c, {d, {e, f}}}]
Out[6]= {a, b, c, d, e, f}
```

다음에서는 리스트 {{a, b}, c, {d, {e, f}}}에서 첫 번째 level에 있는 리스트들을 분해하자. 여기에서 성분 {d, {e, f}}는 첫 번째 level에 있으며 이를 분해한다는 말은 d, {e, f}로 만든다는 의미이다. 즉 첫 번째 level에 있는 head를 모두 없앤다. 따라서 두 번째 level까지 리스트 {d, {e, f}}를 분해하면 d, e, f가 될 것이다.

```
In[7]:= Flatten[{{a, b}, c, {d, {e, f}}}, 1]
Out[7]= {a, b, c, d, {e, f}}
```

리스트 {{a, b}, c, {d, {e, f}}}에서 두 번째 level까지 분해하자.

```
In[8]:= Flatten[{{a, b}, c, {d, {e, f}}}, 2]
Out[8]= {a, b, c, d, e, f}
```

다음은 f[a, b, f[c, d], f[e, f[g, h]]]]에 대하여 알아보자. TreeForm을 구하자.

```
In[9]:= TreeForm[f[a, b, f[c, d], f[e, f[g, h]]]]
Out[9]//TreeForm=
```

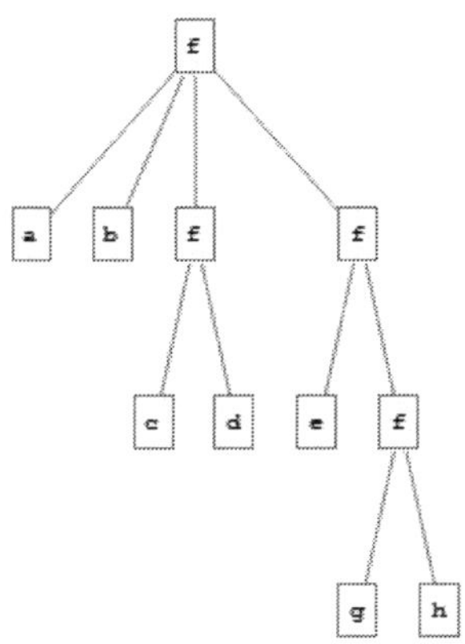

위에서 보듯이 f[a, b, f[c, d], f[e, f[g, h]]]]에서 0 level에 있는 성분(0 level에 있는 head)은 f이며 Flatten을 적용하자.

```
In[10]:= Flatten[f[a, b, f[c, d], f[e, f[g, h]]]]
Out[10]= f[a, b, c, d, e, g, h]
```

f[a, b, f[c, d], f[e, f[g, h]]]]의 첫 번째 level에서 분해하자. 즉 첫 번째 level에 있는 head를 모두 없애자.

```
In[11]:= Flatten[f[a, b, f[c, d], f[e, f[g, h]]], 1]

Out[11]= f[a, b, c, d, e, f[g, h]]
```

다음은 $g(a^2+b,\ c)$에 대하여 알아보자.

```
In[1]:= Clear[g];
        Part[g[a^2 + b, c], 1]

Out[2]= a^2 + b
```

g[a^2+b, c]에서 첫 번째 level에서 첫 번째 원소는 a^2+b임을 알 수 있으며 g[a^2 +b, c]의 FullForm과 TreeForm을 구함으로써 level을 이해하자.

```
In[3]:= FullForm[g[a^2 + b, c]]
   Out[3]//FullForm=
        g[Plus[Power[a, 2], b], c]
In[4]:= TreeForm[g[a^2 + b, c]]
   Out[4]//TreeForm=
```

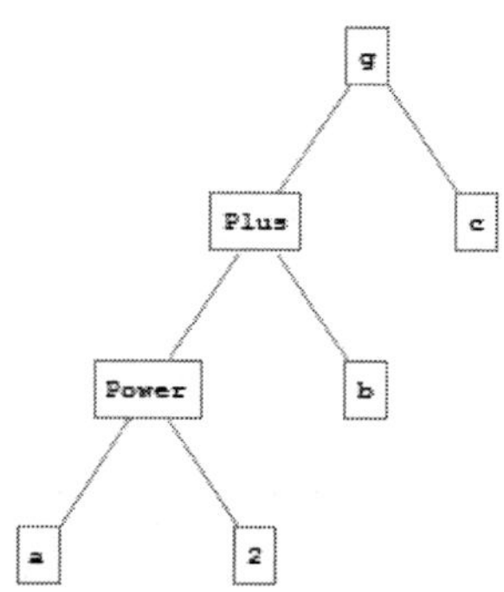

위에서 볼 수 있듯이 $g(a^2+b,\ c)$에서 첫 번째 level, 두 번째 level, 세 번째 level에 있는 원소는 다음과 같다.

첫 번째 level	Plus[Power[a, 2], b]](a^2+b), c
두 번째 level	Power[a, 2](a^2), b
세 번째 level	a, 2

이제 이를 확인하자. 첫 번째 level에 있는 원소들을 구하자.

```
In[5]:= Level[g[a^2 + b, c], {1}]
Out[5]= {a^2 + b, c}
```

두 번째 level에 있는 원소들을 구하자.

```
In[6]:= Level[g[a^2 + b, c], {2}]
Out[6]= {a^2, b}
```

세 번째 level에 있는 원소들을 구하자.

```
In[7]:= Level[g[a^2 + b, c], {3}]
Out[7]= {a, 2}
```

$g(a^2+b,\ c)$의 첫 번째 level의 첫 번째 원소에서 두 번째 원소를 구하자.

```
In[8]:= Part[g[a^2 + b, c], 1, 2]
Out[8]= b
```

다음은 $g(a^2+b,\ c)$의 첫 번째 level에서 두 번째 원소를 구하자.

```
In[9]:= Part[g[a^2 + b, c], 2]
Out[9]= c
```

$g(a^2+b,\ c)$의 첫 번째에서 세 번째 level에 있는 원소를 모두 구하자.

```
In[10]:= Level[g[a^2 + b, c], 3]
Out[10]= {a, 2, a^2, b, a^2 + b, c}
```

다음에서 명령어 Depth로 level의 수를 구할 수 있는데 이는 가장 높은 level, 즉 $g(a^2+b,\ c)$ 에서는 3이고 0 level이 있기 때문에 Depth를 구하면 다음과 같다.

```
In[11]:= Depth[g[a^2 + b, c]]

Out[11]= 4
```

다음에서는 value를 식 $1+ax+\dfrac{b}{x^2}$ 이라 할 때 x 의 위치를 알아보자.

```
In[1]:= value = 1 + a x + b/x^2;
        pos = Position[value, x]

Out[2]= {{2, 2, 1}, {3, 2}}
```

value를 TreeForm으로 나타내자.

```
In[3]:= TreeForm[value]
Out[3]//TreeForm=
```

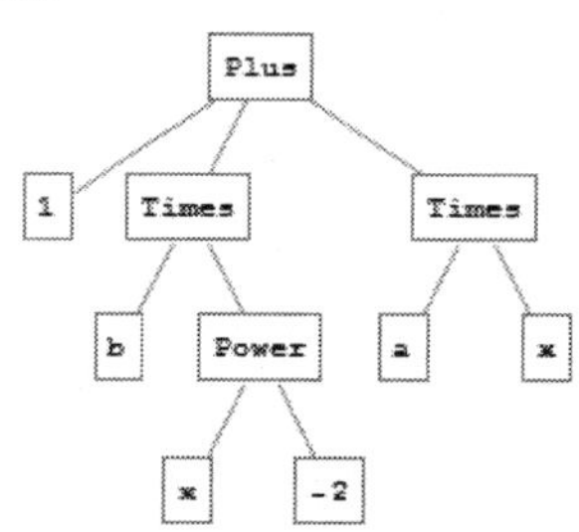

다음은 식 value에서 x 를 e^x 으로 바꾸자. 명령어

ReplacePart[expr, new, n]

는 expr에서 위치 n에 있는 것을 new로 바꾼다.

```
In[4]:= ReplacePart[value, e^x, pos]

Out[4]= 1 + b e^(-2 x) + a e^x
```

다음의 명령어

Map[f, expr]   또는 f/@ expr

은 expr의 첫 번째 level에 있는 모든 원소들에 f를 적용시킨다. 리스트 {a, b, c}의 각 원소에 f를 적용하자.

```
In[5]:= Clear[f];
        f /@ {a, b, c}

Out[6]= {f[a], f[b], f[c]}
```

a+b+c를 f[a]+f[b]+f[c]로 바꾸자.

```
In[7]:= Clear[listplus, list, f];
        listplus = a + b + c;
        f /@ listplus

Out[9]= f[a] + f[b] + f[c]
```

다음은 list={a, {b, {c, d}}, {e, f}}의 첫 번째 level의 각 성분에 f를 적용하자.

```
In[10]:= list = {a, {b, {c, d}}, {e, f}};
         f /@ list

Out[11]= {f[a], f[{b, {c, d}}], f[{e, f}]}
```

list의 두 번째 level의 모든 성분에 f를 적용하자.

```
In[12]:= Map[f, list, {2}]

Out[12]= {a, {f[b], f[{c, d}]}, {f[e], f[f]}}
```

list의 모든 level의 모든 성분에 f를 적용하자.

```
In[13]:= MapAll[f, list]

Out[13]= f[{f[a], f[{f[b], f[{f[c], f[d]}]}], f[{f[e], f[f]}]}]
```

다음은 명령어 Apply에 대하여 알아보자.

Apply[f, expr]　또는 f@@ expr

은 expr의 0 level의 head을 f로 바꾼다.

```
In[14]:= TreeForm[list]
Out[14]//TreeForm=
```

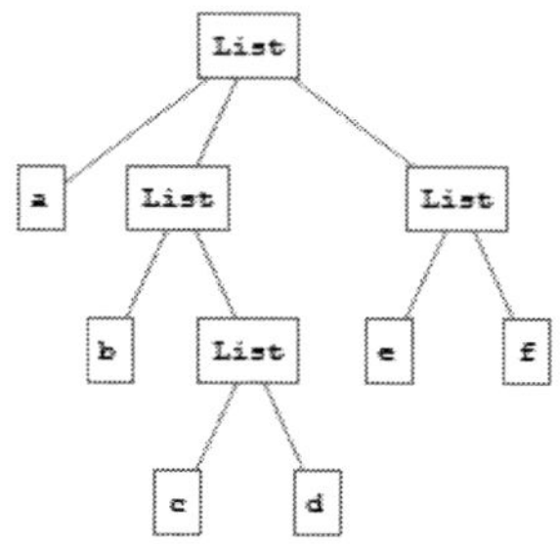

Out[14]에서 head는 첫 번째, 두 번째, 세 번째 줄에 있는 List이며

첫 번째 줄에 있는 List는 0 level의 head이며
두 번째 줄에 있는 List는 첫번째 level의 head이며
세 번째 줄에 있는 List는 두 번째 level의 head이다.

다음에서는 0 level의 head(List)를 f로 바꾸자.

```
In[15]:= Apply[f, list]
Out[15]= f[a, {b, {c, d}}, {e, f}]
```

다음에서는 $g(a, b)$를 $f(a, b)$로 바꾸자.

```
In[16]:= Apply[f, g[a, b]]
Out[16]= f[a, b]
```

Map과 Apply를 비교하자.

```
In[17]:= Map[f, g[a, b]]
Out[17]= g[f[a], f[b]]
```

첫번째 level에 있는 Head를 바꾸자. In[18]에서 f[a+b, c+d]를 f[a*b, c*d]로 바꾸자.

```
In[18]:= Apply[Times, f[a + b, c + d], {1}]

Out[18]= f[a b, c d]

In[19]:= TreeForm[f[a + b, c + d]]
Out[19]//TreeForm=
```

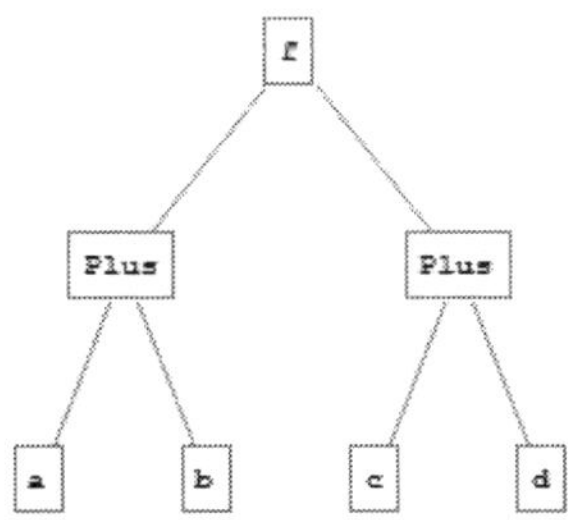

In[14]에서는 첫 번째 level에 있는 head, Plus를 Times로 바꾸었다. 다음은 0 level에 있는 head와 첫 번째 level에 있는 head를 Times로 바꾸자.

```
In[20]:= Apply[Times, f[a + b, c + d], {0, 1}]

Out[20]= a b c d
```

앞에서 정의한 리스트 height에 대하여 height의 첫번째 level의 각 원소의 첫 번째 원소를 x에 그리고 첫 번째 level의 각 원소의 두 번째 원소를 y에 대입했을 때 $k(x, y) = x^2 + y$ 값을 구하자.

```
In[1]:= Clear[k];
        k[{x_, y_}] = x^2 + y;
        f[t_] = t^2;
        height = Table[{t, f[t]}, {t, 0, 10, 2}];
        Map[k, height]

Out[5]= {0, 8, 32, 72, 128, 200}
```

다음 예에서는 방정식의 해를 택하는 방법에 대하여 알아보자. $x^2 - 1 = 0$ 의 해를

sol이라 하자.

```
In[6]:= Clear[sol];
        sol = Solve[x^2 == 1, x]

Out[7]= {{x → -1}, {x → 1}}
```

이제 sol의 첫 번째 level의 첫 번째 원소를 구하자.

```
In[8]:= sol[[1]]

Out[8]= {x → -1}
```

리스트 sol[[1]]의 첫 번째 level의 첫 번째 원소를 구하자.

```
In[9]:= sol[[1, 1]]

Out[9]= x → -1

In[10]:= TreeForm[sol[[1, 1]]]
```

Out[10]//TreeForm=

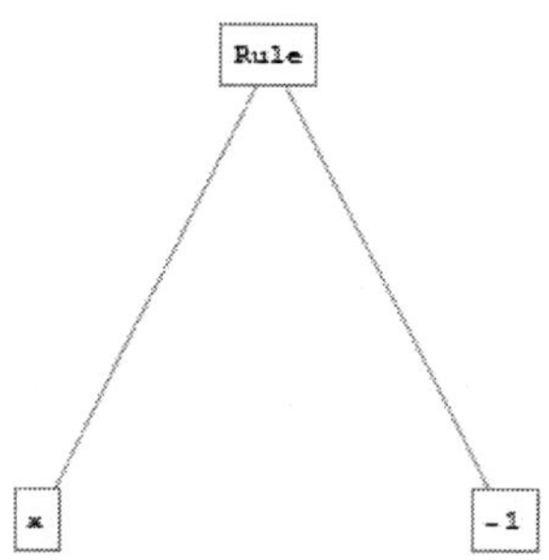

다음은 리스트 sol[[1, 1]]의 첫 번째 level의 두 번째 원소를 구하면 이는 방정식 $x^2-1=0$ 의 해이다.

```
In[11]:= sol[[1, 1, 2]]

Out[11]= -1
```

이제 또 다른 해는 sol[[2, 1, 2]]임을 알 수 있다.

```
In[12]:= sol[[2, 1, 2]]
Out[12]= 1
```

다음은 리스트에서 몇 개의 성분을 택하는 방법에 대하여 알아보자. 명령어 Part 외에 Take를 사용할 수 있는데

$$\text{Take[list, n]}$$

은 리스트 list에서 처음 n개의 성분을 택하며

$$\text{Take[list, -n]}$$

은 리스트 list에서 끝에서부터 n개의 성분을 택하며

$$\text{Take[list, \{m, n\}]}$$

은 m번째 성분에서 n번째 성분까지 택한다. 이제 리스트 {a, b, c, d, e}에서 처음 세 개의 성분을 택하자.

```
In[1]:= Take[{a, b, c, d, e}, 3]
Out[1]= {a, b, c}
```

리스트 {a, b, c, d, e}에서 끝에서부터 세 개의 성분을 택하자.

```
In[2]:= Take[{a, b, c, d, e}, -3]
Out[2]= {c, d, e}
```

리스트 {a, b, c, d, e}에서 두 번째 성분에서 네 번째 성분까지를 택하자.

```
In[3]:= Take[{a, b, c, d, e}, {2, 4}]
Out[3]= {b, c, d}
```

f[a, b, c, d]에서 처음 세 개의 성분을 택하자.

```
In[4]:= Take[f[a, b, c, d], 3]

Out[4]= f[a, b, c]
```

다음은 In[5]에서 정의된 list에서 두 번째, 네 번째, 여섯 번째 성분을 택하자.

```
In[5]:= Clear[list];
        list = {a, b, c, d, e, f, g, h, i, j, k, l, m, n, o, p, q, r, s, t};
        Part[list, {2, 4, 6}]

Out[7]= {b, d, f}
```

In[5]에서 정의한 리스트 list는 성분을 20개 가지며 짝수 번째 성분만을 택하기 위하여

Part[list, {2, 4, 6, 8, 10, 12, 14, 16, 18, 20}]

으로 구할 수 있겠지만 만일 list의 성분이 많으면 예를 들어 100개의 성분을 갖는다면

Part[list, {2, 4, …, 100}]

을 입력하여야 하는데, 이를 간단히 처리하기 위하여 리스트 {2, 4, ..., 100}을 얻는 방법에 대하여 알아보자. 그 명령어는 Range인데

Range[imax]

로 리스트 {1, 2, …, imax}를 얻을 수 있으며

Range[imin, imax]

로 리스트 {imin, imin+1, …, imax}를 얻을 수 있으며

Range[imin, imax, di]

로 리스트 {imin, imin+di, …, imin+k*di}를 얻을 수 있는데, 여기서 k는

imin+k*di ≤ imax

를 만족하는 최대 정수이다. 리스트 {2, 4, ..., 100}을 구하자.

```
In[8]:= Range[2, 20, 2]
Out[8]= {2, 4, 6, 8, 10, 12, 14, 16, 18, 20}
```

이제 list에서 짝수 번째 성분을 모두 구하자.

```
In[9]:= Part[list, Range[2, 20, 2]]
Out[9]= {b, d, f, h, j, l, n, p, r, t}
```

리스트 {5, 6, ..., 15}를 구하자.

```
In[10]:= Range[5, 15]
Out[10]= {5, 6, 7, 8, 9, 10, 11, 12, 13, 14, 15}
```

list에서 다섯 번째 성분에서 열다섯 번째 성분을 구하자.

```
In[11]:= Part[list, Range[5, 15]]
Out[11]= {e, f, g, h, i, j, k, l, m, n, o}
```

앞에서 리스트의 끝에 성분을 첨가하는 방법에 대하여 알아보았는데 다음에서는 리스트의 처음 또는 중간에 성분을 첨가하는 방법에 대하여 알아보자. 명령어

Prepend[listexpr, elem]

는 리스트 listepxr의 처음에 성분elem을 첨가하며

Insert[listexpr, elem, n]

은 리스트 listexpr의 n번째에 성분 elem을 첨가한다. 이 절의 앞에서 정의한 리스트 char의 처음에 성분 A를 첨가하자.

```
In[1]:= Clear[char];
        char = {a, b, c, b, d};
        Prepend[char, A]
Out[3]= {A, a, b, c, b, d}
```

리스트 char의 두 번째에 성분 A를 첨가하자.

```
In[4]:= Insert[char, A, 2]

Out[4]= {a, A, b, c, b, d}
```

리스트 char의 끝에서 두 번째에 성분 A를 첨가한 리스트 newchar를 구하자.

```
In[5]:= Clear[newchar];
        newchar = Insert[char, A, -2]

Out[6]= {a, b, c, b, A, d}
```

명령어 Drop은 리스트에서 몇 개의 성분을 없애는 명령어이다.

Drop[listexpr, n]

는 리스트 listexpr의 처음 n개의 성분을 없앤다.

Drop[listexpr, −n]

는 리스트 listexpr의 끝에서 n개의 성분을 없앤다.

Drop[listexpr, {m, n}]

는 리스트 listexpr의 m번째 성분에서 n번째 성분까지를 없앤다. 이제 Out[6]에서 얻은 리스트 newchar에서 끝에서 두 번째 성분을 없애자.

```
In[7]:= Drop[newchar, {-2}]

Out[7]= {a, b, c, b, d}
```

리스트 newchar에서 두 번째에서 네 번째 성분까지를 없애자.

```
In[8]:= Drop[newchar, {2, 4}]

Out[8]= {a, A, d}
```

Array

Array[f, n]은 {f[1], f[2], ..., f[n]}을 주며

Array[f, n, r]은 {f[r], f[r+1], ..., f[n+r−1]}을 준다.

```
In[1]:= Clear[f];
        Array[f, 5]

Out[2]= {f[1], f[2], f[3], f[4], f[5]}
In[3]:= Array[f, 5, 3]

Out[3]= {f[3], f[4], f[5], f[6], f[7]}
In[4]:= f[x_] = x^2 + x + 1;
        Array[f, 5]

Out[5]= {3, 7, 13, 21, 31}
```

Array[f, {m, n}]은

{{f[1, 1], ..., f[1, n]}, {f[2, 1], ..., f[2, n]}, {f[m, 1], ...f[m, n]}},

Array[f, {m, n}, {r, s}]는

{{f[r, s], ..., f[r, s+n−1]},
{f[r+1, s], ..., f[r+1, s+n−1]},
{f[r+m−1, s], ...f[r+m−1, s+n−1]}}

을 준다.

```
In[6]:= Clear[f];
        Array[f, {2, 3}]

Out[7]= {{f[1, 1], f[1, 2], f[1, 3]}, {f[2, 1], f[2, 2], f[2, 3]}}
In[8]:= Array[f, {2, 3}, {3, 4}]

Out[8]= {{f[3, 4], f[3, 5], f[3, 6]}, {f[4, 4], f[4, 5], f[4, 6]}}
```

$g(x,\ y) = x^2 + 3y$ 일 때

{{g(1, 1), g{1, 2}, g(1, 3), g(1, 4)},

{g(2, 1), g{2, 2}, g(2, 3), g(2, 4)},
{g(3, 1), g{3, 2}, g(3, 3), g(3, 4)}

을 구하자.

```
In[9]:= g[x_, y_] = x^2 + 3 y;
        Array[g, {3, 4}]

Out[10]= {{4, 7, 10, 13}, {7, 10, 13, 16}, {12, 15, 18, 21}}
```

{{g(0, 1), g{0, 2}, g(0, 3), g(0, 4)},
{g(1, 1), g{1, 2}, g(1, 3), g(1, 4)},
{g(2, 1), g{2, 2}, g(2, 3), g(2, 4)}}

을 구하자.

```
In[11]:= Array[g, {3, 4}, {0, 0}]

Out[11]= {{0, 3, 6, 9}, {1, 4, 7, 10}, {4, 7, 10, 13}}
```

표 정돈

앞에서 TableForm과 TableHeadings를 이용하여 표를 정돈하는 방법에 대하여 알아 보았다. 다른 방법인 Grid를 이용하여 표를 정돈하는 방법에 대하여 알아 보자.

$x=1, 2, 3, 4, 5$ 에 대하여 (x, x^2) 의 표를 만들자.

```
In[1]:= Clear[f];
        f[x_] = x^2;
        data = Table[{x, f[x]}, {x, 5}]

Out[3]= {{1, 1}, {2, 4}, {3, 9}, {4, 16}, {5, 25}}
```

위의 데이터를 표로 만들자.

```
In[4]:= Grid[data]

        1 1
        2 4
Out[4]= 3 9
        4 16
        5 25
```

표의 내용을 오른쪽에 맞추자.

```
In[5]:= Grid[data, Alignment → Right]

        1  1
        2  4
Out[5]= 3  9
        4 16
        5 25
```

1행에 $(x,\ x^2)$을 삽입하자. 데이터의 맨 앞에 $\{x,\ x^2\}$을 넣자.

```
In[6]:= tableContents = Prepend[data, {x, x^2}]

Out[6]= {{x, x^2}, {1, 1}, {2, 4},
         {3, 9}, {4, 16}, {5, 25}}
```

위의 데이터를 표로 만들고, 내용을 오른쪽에 맞추고, 가운데에 세로줄을 넣고, 위에서 두 번째 줄에 가로줄을 긋자. 명령어 Spacings로 두 열 사이의 간격을 조절할 수 있다.

```
In[7]:= Grid[tableContents, Alignment → Right,
          Dividers → {Center, {False, True}},
          Spacings → 2]
```

세로줄을 모두 긋고, 두 번째 세 번째 줄에 가로줄을 긋자.

```
In[8]:= Grid[tableContents, Alignment → Right,
          Dividers → {All, {False, True, True}},
          Spacings → 2]
```

x	x^2
1	1
2	4
3	9
4	16
5	25

(Out[8]=)

세로줄과 가로줄을 모두 긋자.

```
In[9]:= Grid[tableContents, Alignment → Right,
          Dividers → All, Spacings → 2]
```

Out[9]=

x	x^2
1	1
2	4
3	9
4	16
5	25

집합 연산

다음은 집합에서의 연산에 대하여 알아보자. firstlist 와 secondlist 를 In[1]에서 정의된 리스트라 할 때

$$\text{firstlist-secondlist=firstlist} \cap \text{secondlist}^C$$

를 구하자. 여기서 secondlist^C 는 secondlist 의 여집합(complement)를 의미한다.

```
In[1]:= Clear[firstlist, secondlist];
        firstlist = {a, b, c, d, e, f, g, h};
        secondlist = {e, f, g, h, i, j, k, l};
        Complement[firstlist, secondlist]

Out[4]= {a, b, c, d}
```

$\text{firstlist} \cap \text{secondlist}$를 구하자.

```
In[5]:= Intersection[firstlist, secondlist]

Out[5]= {e, f, g, h}
```

firstlist ∪ secondlist를 구하자.

```
In[6]:= Union[firstlist, secondlist]

Out[6]= {a, b, c, d, e, f, g, h, i, j, k, l}
```

firstlist에 secondlist의 모든 원소를 첨가하자.

```
In[7]:= Join[firstlist, secondlist]

Out[7]= {a, b, c, d, e, f, g, h, e, f, g, h, i, j, k, l}
```

집합 {2, 4, 6, 8, 10, 12}와 집합 {3, 6, 9, 12, 15}의 합집합을 구하자.

```
In[1]:= Clear["m*"];
        multipleof2 = {2, 4, 6, 8, 10, 12};
        multipleof3 = {3, 6, 9, 12, 15};
        Union[multipleof2, multipleof3]

Out[4]= {2, 3, 4, 6, 8, 9, 10, 12, 15}
```

교집합을 구하자.

```
In[5]:= Intersection[multipleof2, multipleof3]

Out[5]= {6, 12}
```

첫 번째 집합 뒤에 두 번째 집합을 붙이자.

```
In[6]:= Join[multipleof2, multipleof3]

Out[6]= {2, 4, 6, 8, 10, 12, 3, 6, 9, 12, 15}
```

200보다 작은 수 중 6의 배수, 9의 배수, 15의 배수를 구하고, 6, 9, 15의 공배수를 모두 구하자.

```
In[7]:= 200 / 6 // N

Out[7]= 33.3333
In[8]:= 200 / 9 // N

Out[8]= 22.2222
In[9]:= 200 / 15 // N

Out[9]= 13.3333
In[10]:= multipleof6 = Table[6 * n, {n, 1, 33}];
         multipleof9 = Table[9 * n, {n, 1, 22}];
         multipleof15 = Table[15 * n, {n, 1, 13}];
         Intersection[multipleof6, multipleof9,
           multipleof15]

Out[13]= {90, 180}
```

200보다 작은 수 중 6의 배수 또는 9의 배수 또는 15의 배수인 수로 이루어진 집합을 구하자.

```
In[14]:= Union[multipleof6, multipleof9,
           multipleof15]

Out[14]= {6, 9, 12, 15, 18, 24, 27, 30, 36, 42, 45, 48, 54, 60,
          63, 66, 72, 75, 78, 81, 84, 90, 96, 99, 102, 105, 108,
          114, 117, 120, 126, 132, 135, 138, 144, 150, 153, 156,
          162, 165, 168, 171, 174, 180, 186, 189, 192, 195, 198}
```

{1, 4, 0, 2, 6, 6, 4, 7, 2, −2, 0, 1, 2}에서 원소가 겹치지 않도록 집합으로 나타내자.

```
In[15]:= Union[{1, 4, 0, 2, 6, 6, 4, 7, 2, -2, 0, 1, 2}]

Out[15]= {-2, 0, 1, 2, 4, 6, 7}
```

1250의 약수를 모두 구하자.

```
In[16]:= Divisors[1250]

Out[16]= {1, 2, 5, 10, 25, 50, 125, 250, 625, 1250}
```

6500의 약수를 모두 구하자.

```
In[17]:= Divisors[6500]

Out[17]= {1, 2, 4, 5, 10, 13, 20, 25, 26, 50, 52, 65, 100, 125,
          130, 250, 260, 325, 500, 650, 1300, 1625, 3250, 6500}
```

1250과 6500의 공약수를 구하자.

```
In[18]:= commondiv = Intersection[Divisors[1250],
              Divisors[6500]]

Out[18]= {1, 2, 5, 10, 25, 50, 125, 250}
```

1250과 6500의 최대공약수를 구하자.

```
In[19]:= Take[commondiv, -1]

Out[19]= {250}
```

리스트에서의 순서

다음에서는 명령어 Random, Sort, Reverse에 대하여 알아보자. 구간 [0, 1]에서 실수를 임의로 택하자.

```
In[1]:= Random[Real, {0, 1}]

Out[1]= 0.617746
```

$n=1,\ 2,\ \cdots,\ 10$ 에 대하여 구간 $[n,\ n+1]$ 에서 임의의 실수를 택하여 리스트를 만들자.

```
In[2]:= Table[Random[Real, {n, n + 1}], {n, 1, 10}]

Out[2]= {1.56995, 2.6086, 3.80896, 4.71363,
         5.08119, 6.40405, 7.28086, 8.86383, 9.0816, 10.2789}
```

다음은 구간 [0, 10] 에서 임의로 10개의 실수를 택하자.

```
In[3]:= Clear[num];
        num = Table[Random[Real, {0, 10}], {n, 1, 10}]

Out[4]= {4.83679, 5.92879, 8.97459, 0.951826,
         1.22195, 4.71668, 8.63905, 2.25425, 9.11764, 4.66865}
```

위의 수를 작은 수부터 큰 수로 정렬하자.

```
In[5]:= Sort[num]

Out[5]= {0.951826, 1.22195, 2.25425, 4.66865,
         4.71668, 4.83679, 5.92879, 8.63905, 8.97459, 9.11764}
```

위의 수를 큰 수부터 작은 수로 정렬하자.

```
In[6]:= Reverse[Sort[num]]

Out[6]= {9.11764, 8.97459, 8.63905, 5.92879, 4.83679,
         4.71668, 4.66865, 2.25425, 1.22195, 0.951826}
```

1.6 3 차원에서의 그래픽과 2 차원에서 그 외의 그래픽

음함수의 그래프

음함수 $F(x, y)=0$에서의 그래프를 그리기 위하여 명령어 ContourPlot을 이용하여 그릴 수 있다.

```
In[1]:= ContourPlot[(x^2 + y^2)^2 == (x^2 - y^2), {x, -1, 1}, {y, -1, 1}]
Out[1]=
```

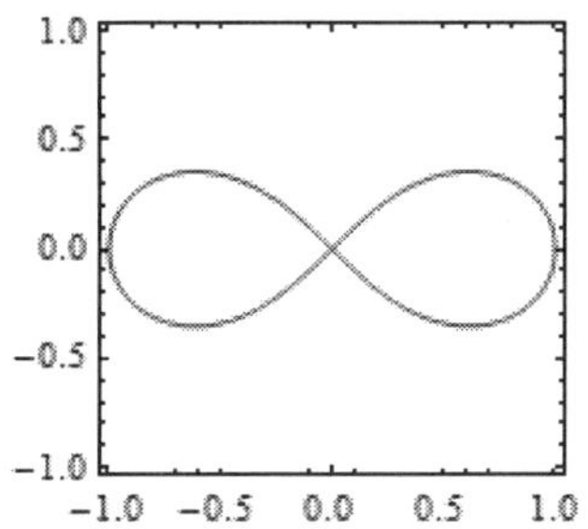

방정식 $(x^2+y^2)^2 = x^2-y^2$에서 $x=r\cos t,\ y=r\sin t$를 대입하여 간단히 하자.

```
In[2]:= (x^2 + y^2)^2 == (x^2 - y^2) /. {x → r Cos[t], y → r Sin[t]}
Out[2]= (r^2 Cos[t]^2 + r^2 Sin[t]^2)^2 == r^2 Cos[t]^2 - r^2 Sin[t]^2
In[3]:= Simplify[%]
Out[3]= r^3 == r Cos[2 t]
```

따라서 방정식 $(x^2+y^2)^2 = x^2-y^2$은 극좌표에서 $r^2 = r\cos 2t$와 같음을 알 수 있다.

등고선 그리기

이변수 함수 $z = x^2 + y^2 - 4x - 5$ 의 등고선($x^2 + y^2 - 4x - 5 =$상수가 되는 곡선)들을 구간 $x \in [-1,\ 5],\ y \in [-5,\ 5]$ 에서 그리자.

```
In[1]:= ContourPlot[x^2 + y^2 - 4 x - 5, {x, -1, 5}, {y, -5, 5}]
```

Out[1]=

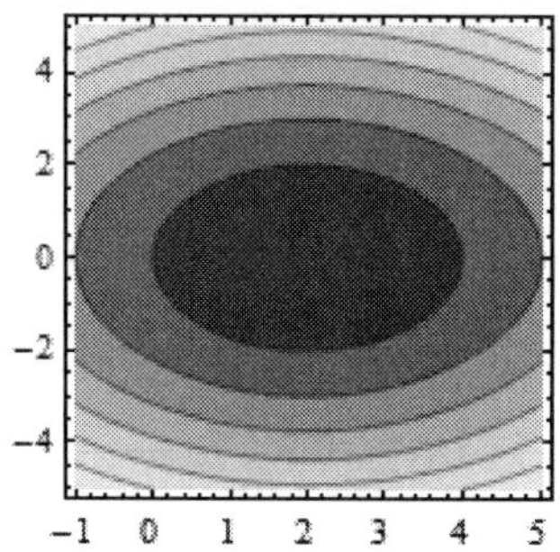

위의 그래프에서 명암을 없애자. 이에 대한 명령어는

$$\text{ContourShading} \to \text{False}$$

이다.

```
In[2]:= ContourPlot[x^2 + y^2 - 4 x - 5, {x, -1, 5}, {y, -5, 5},
          ContourShading → False]
```

Out[2]=

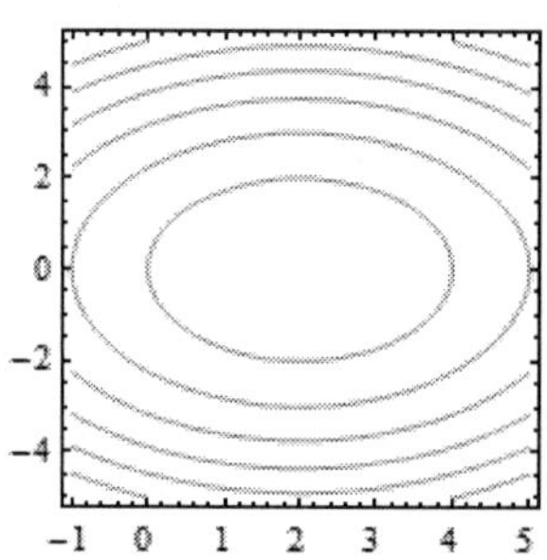

위의 그래프에서 좀더 많은 상수에 대한 등고선을 그리자. 이에 대한 명령어는

$$\text{Contours} \to \text{number}$$

이다.

```
In[3]:= ContourPlot[x^2 + y^2 - 4 x - 5, {x, -1, 5}, {y, -5, 5},
          Contours → 20,
          ContourShading → False]
```

Out[3]=

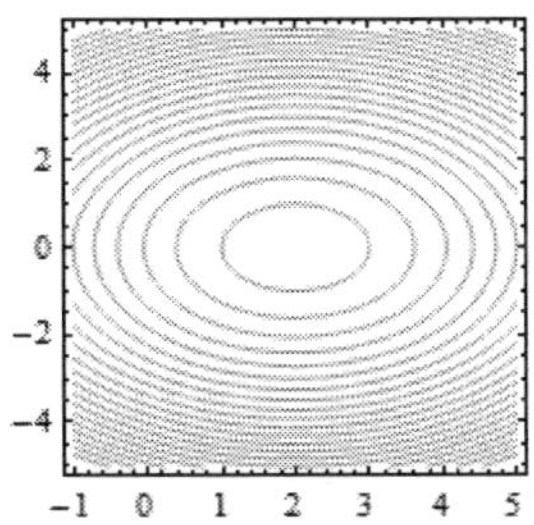

이제 $x^2+y^2-4x-5=0$ 의 그래프를 그리자. 이 경우 Contours→{0}을 삽입하면 된다. 만일 $x^2+y^2-4x-5=3$ 의 그래프를 그리려면 Contours→{3}을 삽입하면 된다.

```
In[4]:= ContourPlot[x^2 + y^2 - 4 x - 5, {x, -1, 5}, {y, -5, 5},
          Contours → {0}, AspectRatio → Automatic,
          ContourShading → False]
```

Out[4]=

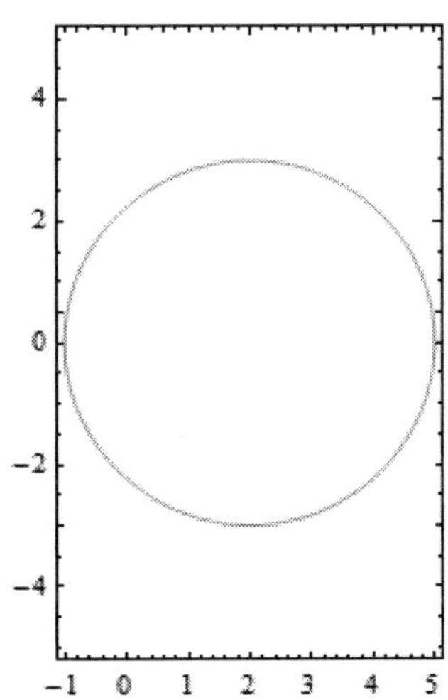

이제 $x^2+y^2-4x-5=0,\ 5,\ 10$ 의 그래프를 그리자(등고선의 형태를 바꾸려면 명령어 ContourStyle을 사용하면 된다. 예를 들어 등고선의 색을 파란색으로 그리려면 ContourStyle→Blue로 하면 된다.).

```
In[5]:= ContourPlot[x^2 + y^2 - 4 x - 5, {x, -1, 5}, {y, -5, 5},
         Contours → {0, 5, 10},
         ContourShading → False]
```

Out[5]=

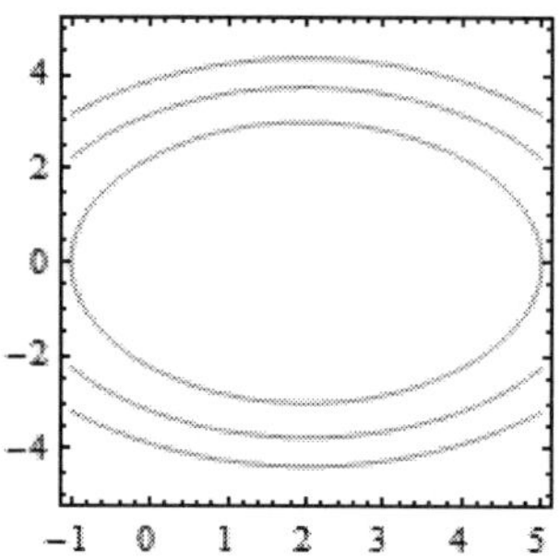

극좌표에서의 그래프

다음은 극좌표에서의 함수 $r = f(\theta),\ \theta_1 \le \theta \le \theta_2$ 의 그래프에 대하여 알아보자. 이는

$$\text{PolarPlot}[\ f(\theta),\ \{\theta,\ \theta_1,\ \theta_2\}\ ]$$

로 그릴 수 있다. $r = \cos t - 3,\ 0 \le t \le 2\pi$ 의 그래프를 그리자.

```
In[1]:= PolarPlot[Cos[t] - 3, {t, 0, 2 Pi}, ImageSize → 150]
```

Out[1]=

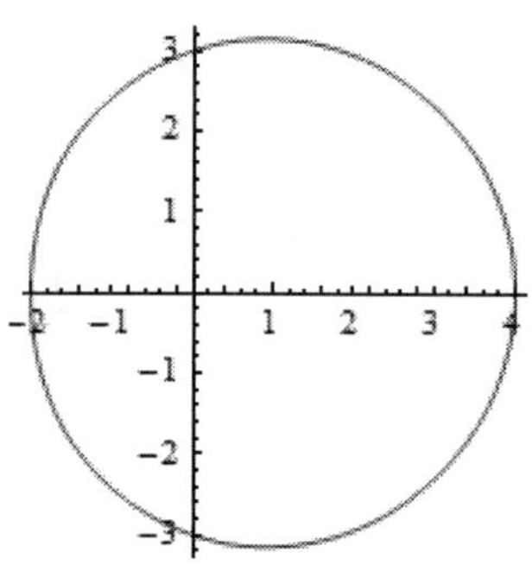

극좌표로 나타낸 것을 직교좌표로 바꾸고, 직교좌표로 나타낸 것을 극좌표로 바

꾸자. 점(1, 1), (−1, 1), (−1, −1), (1, −1)의 극좌표에서의 각도를 구하자.

```
In[1]:= {ArcTan[1, 1], ArcTan[-1, 1], ArcTan[-1, -1], ArcTan[1, -1]}
```

Out[1]= $\left\{\frac{\pi}{4}, \frac{3\pi}{4}, -\frac{3\pi}{4}, -\frac{\pi}{4}\right\}$

직교좌표에서의 점 (a, b)에 대하여 원점에서 점까지의 길이를 구하자.

```
In[2]:= Norm[{a, b}]
```

Out[2]= $\sqrt{\text{Abs}[a]^2 + \text{Abs}[b]^2}$

```
In[3]:= Norm[{1, -1}]
```

Out[3]= $\sqrt{2}$

직교좌표에서의 점 (x, y)를 극좌표로 바꾸자. 또한 극좌표에서의 점 (r, θ)를 직교좌표로 바꾸자.

```
In[4]:= toPolar[x_, y_] := {Norm[{x, y}], ArcTan[x, y]} // Simplify;
        toCartesian[r_, θ_] := {r*Cos[θ], r*Sin[θ]} // Simplify;
        toPolar[-1, √3]
```

Out[6]= $\left\{2, \frac{2\pi}{3}\right\}$

```
In[7]:= toPolar[-1, -√3]
```

Out[7]= $\left\{2, -\frac{2\pi}{3}\right\}$

```
In[8]:= toCartesian[10, π/12]
```

Out[8]= $\left\{\frac{5\left(1+\sqrt{3}\right)}{\sqrt{2}}, \frac{5\left(-1+\sqrt{3}\right)}{\sqrt{2}}\right\}$

직교좌표에서 $x^2 + y^2 = 2cx$를 극좌표로 바꾸자.

```
In[9]:= x^2 + y^2 == 2 c x /. {x → r Cos[θ], y → r Sin[θ]} // Simplify
Out[9]= r^2 == 2 c r Cos[θ]
```

ListPlot

다음은 점들을 찍고 또 그 점들을 직선으로 연결하는 ListPlot에 대하여 알아보자

ListPlot[{y1, y2, ...}]

는 점 (1, y1), (2, y2), ... 들을 찍는다. 또

ListPlot[{{x1, y1}, {x2, y2}, ...}]

는 점 (x1, y1), (x2, y2), ... 를 찍는다.

```
In[1]:= ListPlot[{0, 1, 2, 2, 4, 1}, PlotStyle -> PointSize[0.02]]
Out[1]=
```

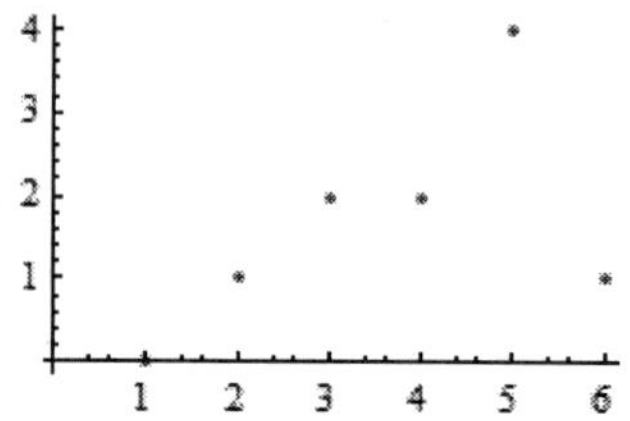

선택사항에서 명령어 PlotJoined는 다음과 같이 사용하여

ListPlot[{{x1, y1}, {x2, y2}, ...}, PlotJoined → True]

점 (x1, y1), (x2, y2), ...을 연결하는 직선들을 그린다.

```
In[2]:= ListPlot[{{0, 0}, {1, 1}, {2, 1},
          {2, 2}, {1.5, 2}},
         PlotJoined → True]
```

Out[2]=

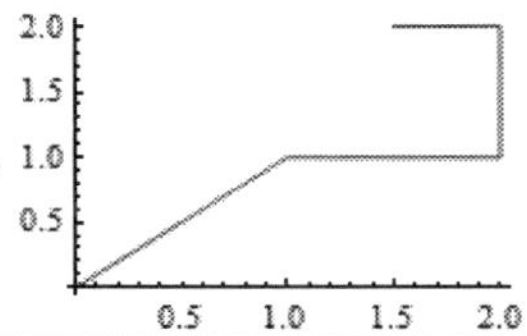

선택사항에서 PlotStyle을 이용하여 점의 크기와 색 등을 조절할 수 있다.

```
In[3]:= ListPlot[{0, 0.1, 0.4, 0.8, 1.5},
         PlotStyle → {PointSize[0.05],
           Red}]
```

Out[3]=

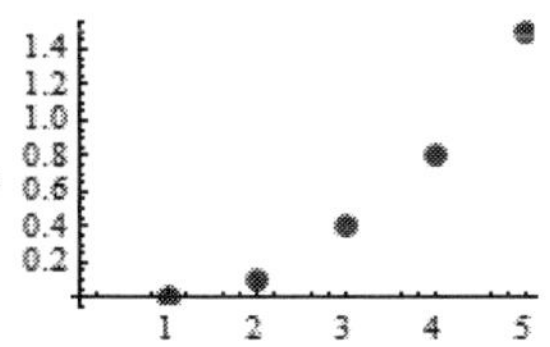

매개방정식에서의 그래프

다음은 매개방정식

$$x = f(t),\ \ y = g(t),\ \ t \in [a,\ b]$$

의 그래프에 대하여 알아보자.

위 매개방정식의 그래프는

ParametricPlot[{f[t], g[t]}, {t, a, b}]

로 그릴 수 있는데 물론 PlotStyle을 이용하여 그래프의 굵기나 색 등을 조절할 수 있다.

$$x = 8(t - \sin t),\ \ y = 8(1 - \cos t),\ \ t \in [0,\ 4\pi]$$

의 그래프를 그리자.

```
In[1]:= ParametricPlot[{8 (t - Sin[t]), 8 (1 - Cos[t])}, {t, 0, 4 π},
         PlotStyle → Thickness[0.01]]
```

Out[1]=

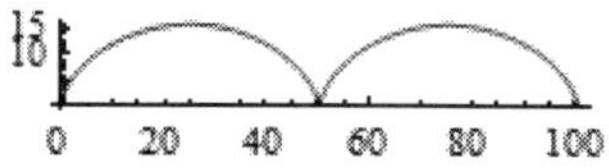

다음은 매개방정식

$$x = f(t),\ \ y = g(t),\ \ z = h(t),\ \ t \in [a,\ b]$$

의 그래프에 대하여 알아보자. 위의 매개방정식의 그래프는

ParametricPlot3D[{f[t], g[t], h[t]}, {t, a, b}]

로 그릴 수 있다.

$$x = 2\cos t,\ y = 2\sin t,\ \ z = t,\ t \in [0,\ 2\pi]$$

의 그래프를 그리자.

```
In[2]:= ParametricPlot3D[{2 Cos[t], 2 Sin[t], t}, {t, 0, 2 π}]
```

Out[2]=

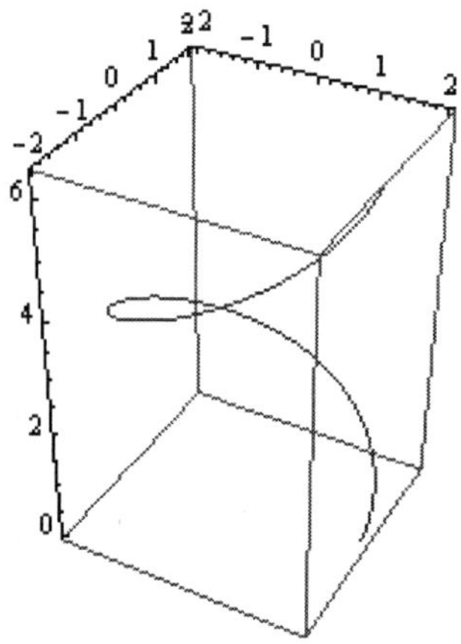

매개방정식

$$x = f(t,\ s),\ \ y = g(t,\ s),\ \ z = h(t,\ s),\ \ t \in [a,\ b],\ \ s \in [c,\ d]$$

의 그래프를 그리자. 이는

ParametricPlot3D[{f[t, s], g[t, s], h[t, s]}, {t, a, b}, {s, c, d}]

로 그릴 수 있으며 선택사항은 {s, c, d} 뒤에 삽입하면 된다.

매개방정식

$$x = \cos s \cos t,\ \ y = \cos s \sin t,\ \ z = \sin s,\ \ s \in [-\frac{\pi}{2},\ \frac{\pi}{2}],\ t \in [-\pi,\ \pi]$$

의 그래프를 그리자.

```
In[3]:= ParametricPlot3D[{Cos[s] * Cos[t], Cos[s] * Sin[t], Sin[s]},
          {s, -π/2, π/2}, {t, -π, π}]
```

Out[3]=

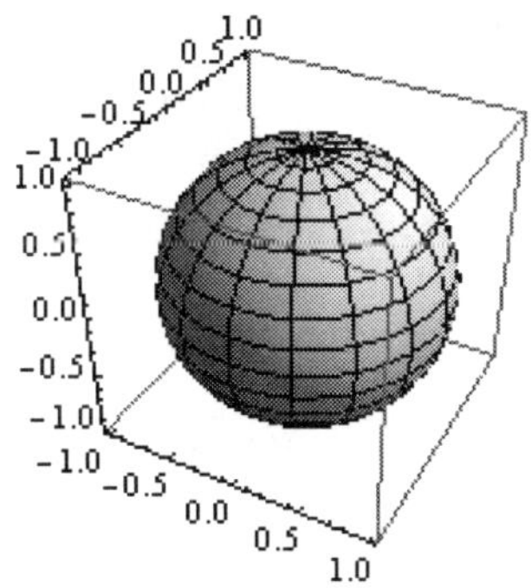

3 차원에서의 그래픽 Plot3D

3차원에서의 그래프에 대하여 좀 더 알아보자. 이변수함수

$$z = f(x,\ y),\ \ x \in [a,\ b],\ \ y \in [c,\ d]$$

의 그래프는

Plot3D[f[x, y], {x, a, b}, {y, c, d}]

로 그릴 수 있으며 선택사항은 {y, a, b} 뒤에 삽입하면 된다. $z = \sin xy$ 의 그래프를 구간 $x \in [-\pi,\ \pi]$, $y \in [-\pi,\ \pi]$ 에서 그리자.

```
In[1]:= Plot3D[Sin[x y], {x, -π, π}, {y, -π, π}]
```

Out[1]=

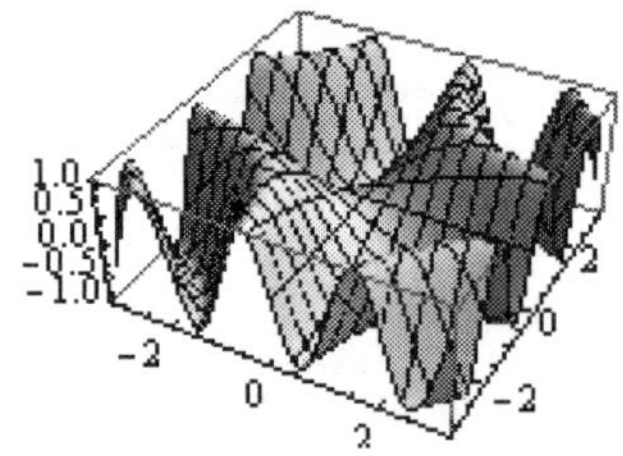

다음은 위의 그래프에 좌표축을 표시하여 주고 그래프가 그려져 있는 박스의 크기를 조절하자. 다음의 그래프에서는 박스의 크기를

$$x:y:z=1:1:1$$

로 하였다.

```
In[2]:= Plot3D[Sin[x y], {x, -π, π}, {y, -π, π},
         AxesLabel → {"x", "y", "z"},
         BoxRatios → {1, 1, 1}]
```

Out[2]=

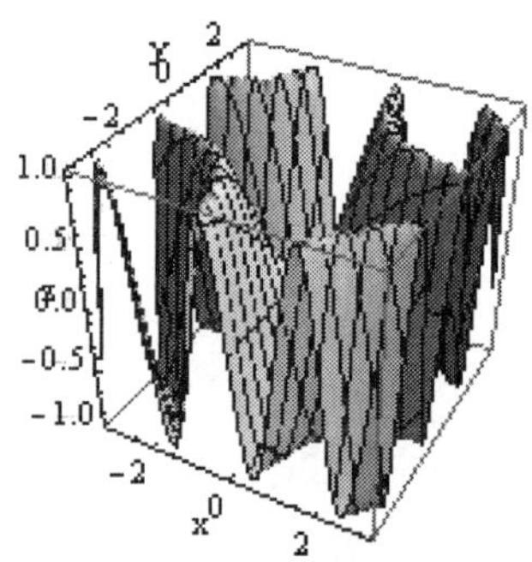

x축, y축, z축에서의 한 단위의 크기를 모두 같게 하려면

$$\text{BoxRatios} \rightarrow \text{Automatic}$$

을 입력하면 된다.

```
In[3]:= Plot3D[Sin[x y], {x, -π, π}, {y, -π, π},
         AxesLabel → {"x", "y", "z"},
         BoxRatios → Automatic]
```

Out[3]=

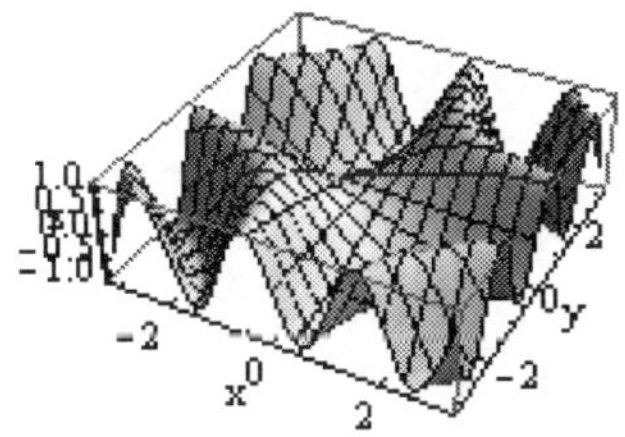

다음은 박스의 크기를 2:2:1로 그리자.

```
In[4]:= Plot3D[Sin[x y], {x, -π, π}, {y, -π, π},
         AxesLabel → {"x", "y", "z"},
         BoxRatios → {2, 2, 1}]
```

Out[4]=

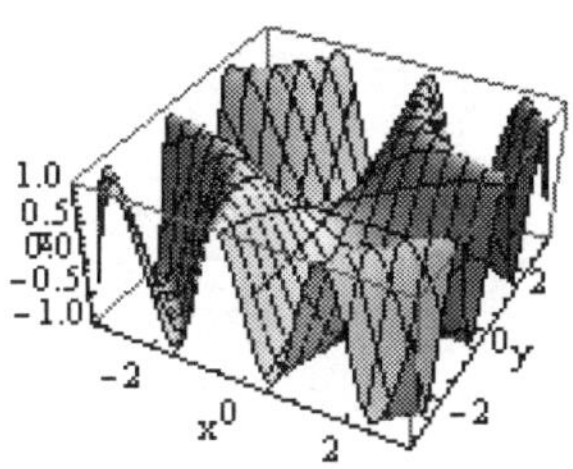

위의 그래프에서 보면 곡면에 선(mesh)이 있는데 이 선들을 없애자. 이는 명령어

$$\text{Mesh} \to \text{False}$$

로 수행할 수 있다.

```
In[5]:= Plot3D[Sin[x y], {x, -π, π}, {y, -π, π},
        Mesh → False,
        AxesLabel → {"x", "y", "z"},
        BoxRatios → {2, 2, 1}]
```

Out[5]= 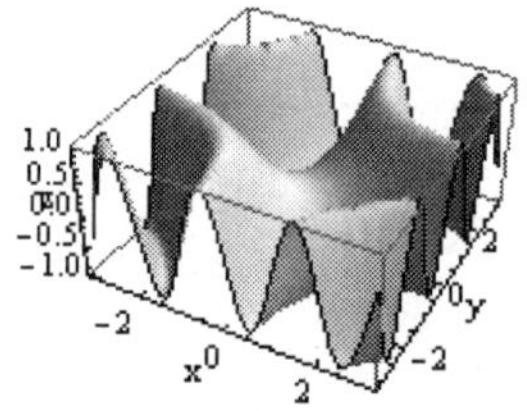

곡면의 투명도를 조절하려면

PlotStyle→Opacity[r]

로 할 수 있으며, 여기서 r은 0과 1 사이의 수이다.

```
In[6]:= Plot3D[Sin[x y], {x, -π, π}, {y, -π, π},
        PlotStyle → Opacity[0.5],
        AxesLabel → {"x", "y", "z"},
        BoxRatios → {2, 2, 1}]
```

Out[6]= 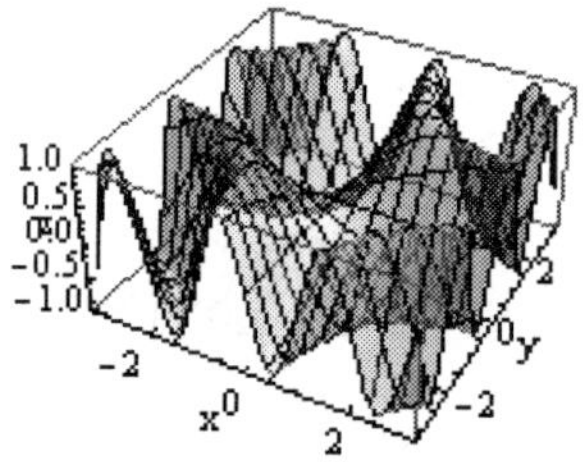

다음에서는 위의 그래프에서 축을 없애자. 이는 명령어

Axes → False

로 수행할 수 있다. 아래 그림에서는 박스만이 남고 축은 없어진다.

```
In[7]:= Plot3D[Sin[x y], {x, -π, π}, {y, -π, π},
          Axes → False]
```

Out[7]=

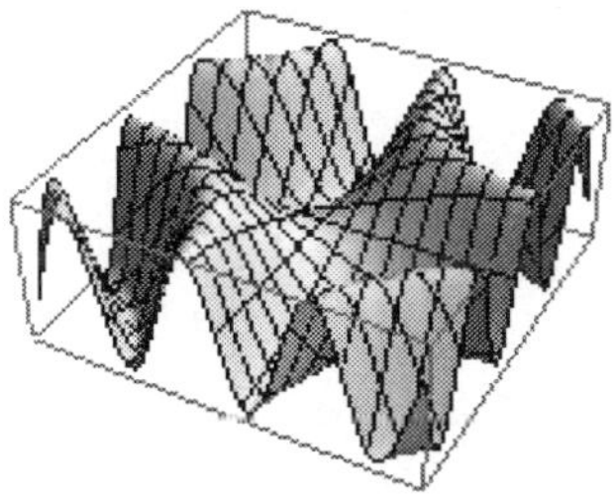

다음은 축과 박스를 모두 없애자. 이는

Axes → False,   Boxed → False

로 수행할 수 있다.

```
In[8]:= Plot3D[Sin[x y], {x, -π, π}, {y, -π, π},
            Boxed → False, Axes -> False,
            BoxRatios → {2, 2, 1}]
```

Out[8]=

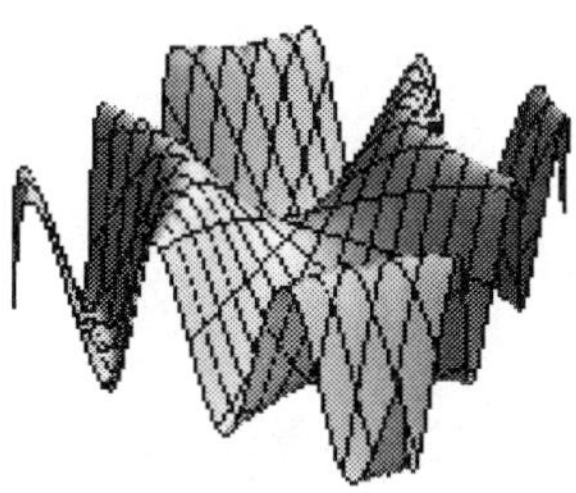

다음은 그래프를 보는 위치를 바꾸자. 위치를 바꾸는 방법은 선택 사항

ViewPoint→Top, Front, Bottom

으로 바꿀 수 있으며, 그림을 클릭한 후 마우스를 누른 채 원하는 위치로 바꿀 수도 있다.

```
In[9]:= Plot3D[Sin[x y], {x, -π, π}, {y, -π, π},
          AxesLabel → {"x", "y", "z"},
          ViewPoint → Front]
```

Out[9]=

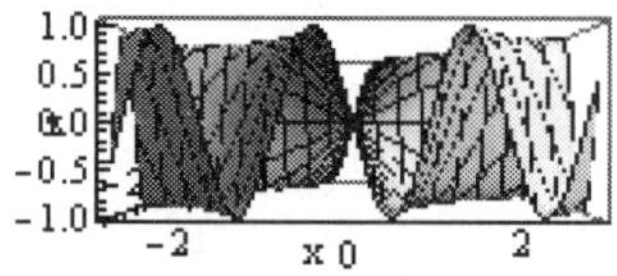

```
In[10]:= Plot3D[Sin[x y], {x, -π, π}, {y, -π, π},
           ViewPoint → Top]
```

Out[10]=

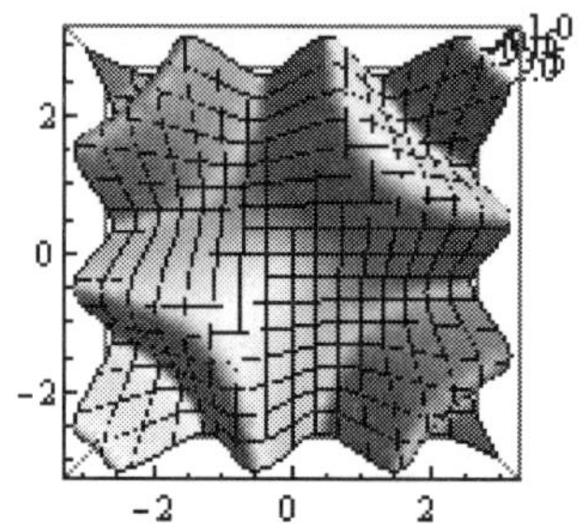

영역 나타내기

영역 $x^2 + y^2 + z^2 < 4$ 을 x, y, z 를 이용하여 나타내자.

```
In[1]:= CylindricalDecomposition[x² + y² + z² < 4, {z, y, x}]
```

Out[1]= $-2 < z < 2$ && $-\sqrt{4 - z^2} < y < \sqrt{4 - z^2}$ && $-\sqrt{4 - y^2 - z^2} < x < \sqrt{4 - y^2 - z^2}$

영역 $x^2 + y^2 < 4$ 을 x, y 를 이용하여 나타내자.

```
In[2]:= CylindricalDecomposition[x² + y² < 4, {y, x}]
```

Out[2]= $-2 < y < 2$ && $-\sqrt{4 - y^2} < x < \sqrt{4 - y^2}$

영역 $-\sqrt{4-y^2} \le x \le \sqrt{4-y^2}$ 을 그리자.

```
In[3]:= RegionPlot[-√(4 - y²) ≤ x ≤ √(4 - y²), {x, -2, 2}, {y, -2, 2}]
```

Out[3]=

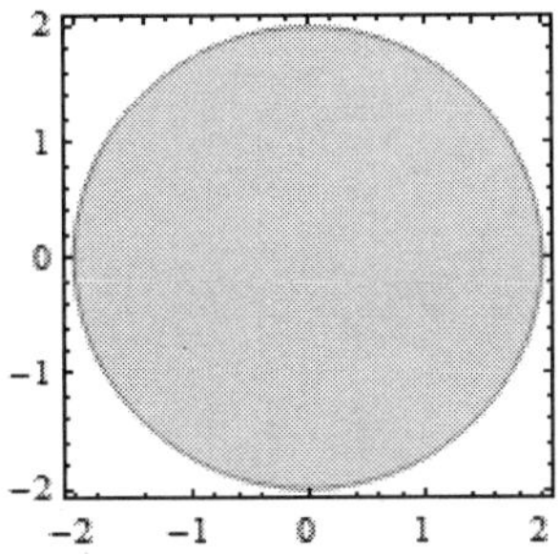

곡면 $z = 5 - x^2y^2$ 와 평면 $z = 0$ 으로 둘러사인 영역을 나타내자.

```
In[4]:= Plot3D[5 - x² y², {x, -2, 2}, {y, -2, 2}, Mesh → None,
         PlotRange → {0, 5}, Filling → Axis,
         RegionFunction → Function[{x, y}, -√(4 - y²) ≤ x ≤ √(4 - y²)]]
```

Out[4]=

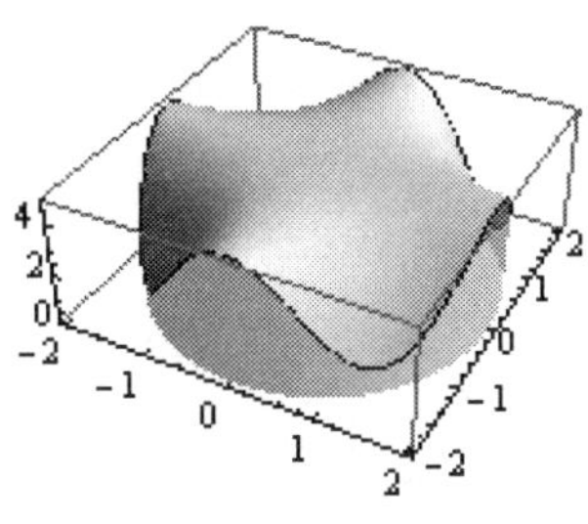

$-\sqrt{4-z^2} \le y \le \sqrt{4-z^2}$ 와 $-\sqrt{4-y^2-z^2} \le x \le \sqrt{4-y^2-z^2}$ 을 만족시키는 영역을 그리자.

```
In[5]:= RegionPlot3D[-√(4 - z²) < y < √(4 - z²) &&
    -√(4 - y² - z²) < x < √(4 - y² - z²), {x, -2, 2}, {y, -2, 2},
    {z, -2, 2}]
```

Out[5]=

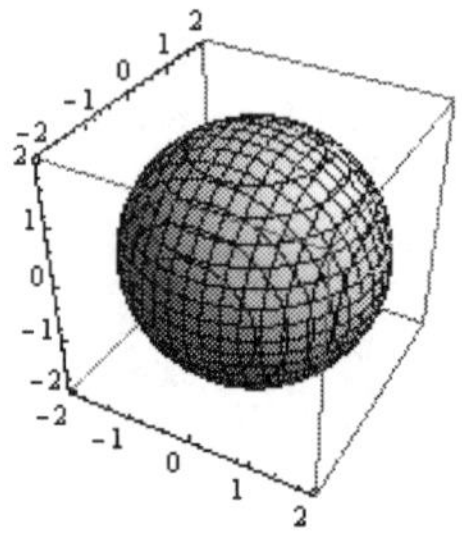

3 차원에서의 그래프의 합성

다음은 3차원에서의 그래프의 합성에 대하여 알아보자. 그 예로서

$$z=\frac{x^2+4y^2}{4},\ z=\frac{-x^2-4y^2+48}{8},\ x\in[-5,\ 5],\ y\in[-5,\ 5]$$

의 그래프를 한 공간에 그리자.

```
In[1]:= Clear[f, "g*"];
    f[x_, y_] := (x² + 4 y²)/4;
    g[x_, y_] := (-x² - 4 y² + 48)/8;
    fgraf = Plot3D[f[x, y], {x, -5, 5}, {y, -5, 5}];
    ggraf = Plot3D[g[x, y], {x, -5, 5}, {y, -5, 5}];
    Show[fgraf, ggraf]
```

Out[6]=

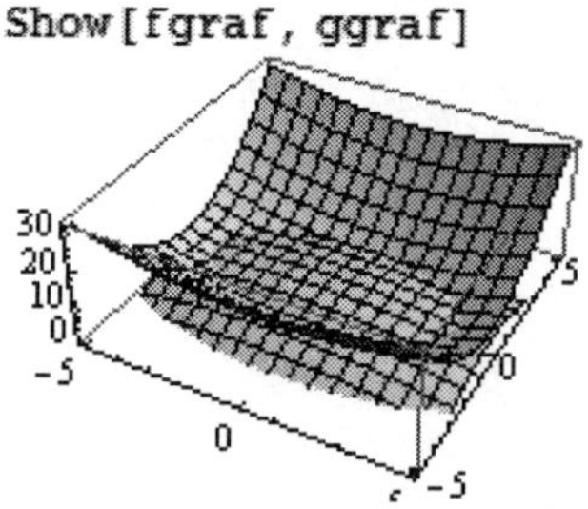

회전체

$z=x^2$ 을 z 축을 중심으로 회전시킨 그래프를 그리자.

```
In[1]:= RevolutionPlot3D[x^2, {x, 0, 2}, AxesLabel → {x, y, z}]
```

Out[1]=

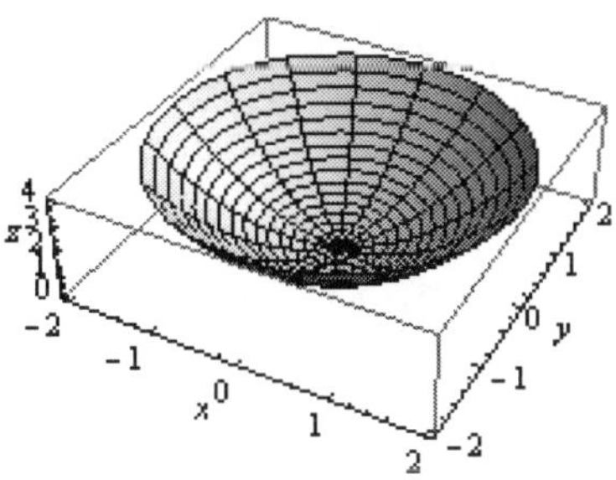

원점과 점 (1, 1, 1)을 잇는 직선을 회전축으로 하여 $z=\sqrt{x}$ 를 회전시킨 그래프를 그리자.

```
In[2]:= RevolutionPlot3D[√x , {x, 0, 4}, RevolutionAxis → {1, 1, 1},
         AxesLabel → {x, y, z}]
```

Out[2]=

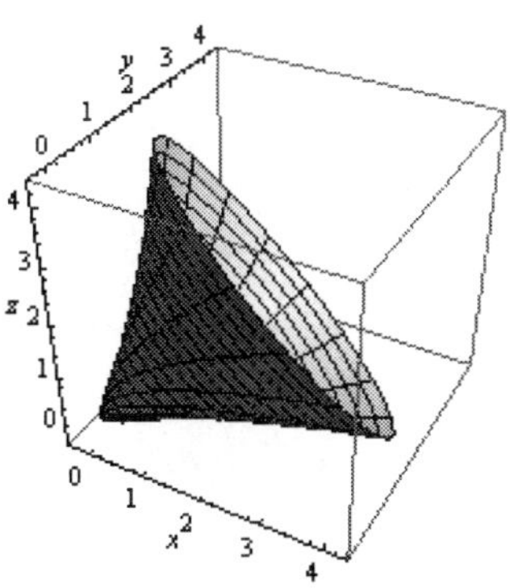

z 축을 중심으로 $z=\sqrt{x}$ 와 $z=x^2$ 을 각도를 0 에서 $\frac{3\pi}{2}$ 까지 회전시킨 그래프를 그리자.

```
In[4]:= RevolutionPlot3D[{{√x}, {x^2}}, {x, 0, 1}, {θ, 0, 3π/2},
    AxesLabel → {x, y, z}]
```

Out[4]= 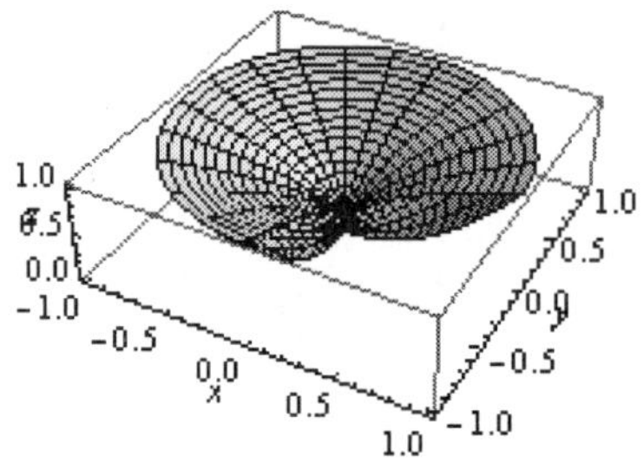

$z=\begin{cases} x, & 0\le x\le 1 \\ \sqrt{2-x}, & 1<x<2 \end{cases}$ 를 z 축을 회전축으로 하여 회전시킨 그래프를 그리자.

```
In[5]:= RevolutionPlot3D[{ x        0 ≤ x ≤ 1
                          √(2 - x)  1 < x < 2 , {x, 0, 2}, {θ, 0, 3π/2},
    BoxRatios → 1]
```

Out[5]= 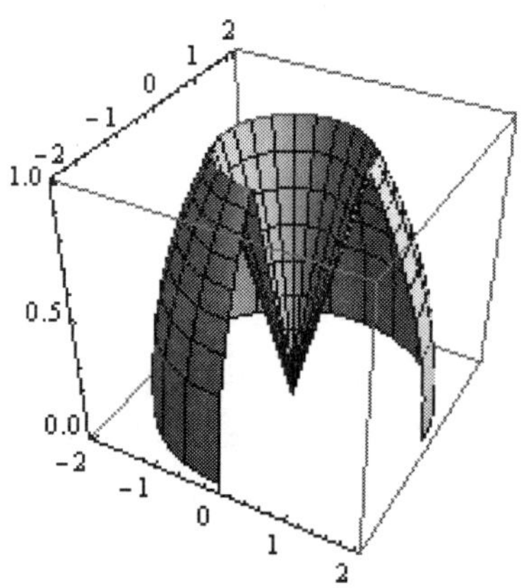

xz −평면에서 매개방정식 $x=2+\cos t,\ z=\sin t,\ 0\le t\le 2\pi$ 로 주어지는 곡선을 z 축을 중심으로 회전시킨 그래프를 그리자.

```
In[6]:= RevolutionPlot3D[{2 + Cos[t], Sin[t]}, {t, 0, 2 π}]
```

Out[6]=

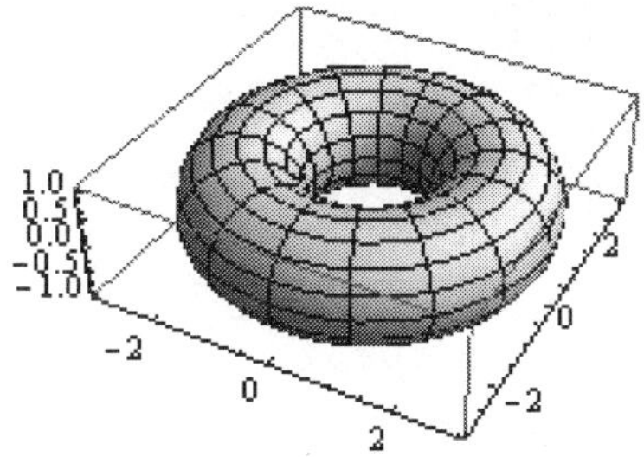

그래프의 배열

다음은 $z = \sin xy$ 의 그래프를 구간

$$x \in (-(1+0.2\times n),\ 1+0.2\times n)),$$
$$y \in (-(1+0.2\times n),\ 1+0.2\times n)),$$
$$n = 1,\ 2,\ \cdots,\ 6$$

에서 그리는데 여섯 개의 그래프를 얻을 것이며 이 여섯 개의 그래프를 한 줄에 두 개씩 그리자. 이는 앞 절에서 설명한 리스트에서의 분할을 하는 명령어 Partition을 이용하여 리스트를 분할한 후

GraphicsGrid

로 그릴 수 있다.

```
In[1]:= Clear[h];
        h[n_] := Plot3D[Sin[x y], {x, -(1 + 0.2 * n), 1 + 0.2 * n},
                  {y, -(1 + 0.2 * n), 1 + 0.2 * n}];
        tablegraph = Table[h[n], {n, 1, 6}];
        GraphicsGrid[Partition[tablegraph, 2]]
```

Out[4]=

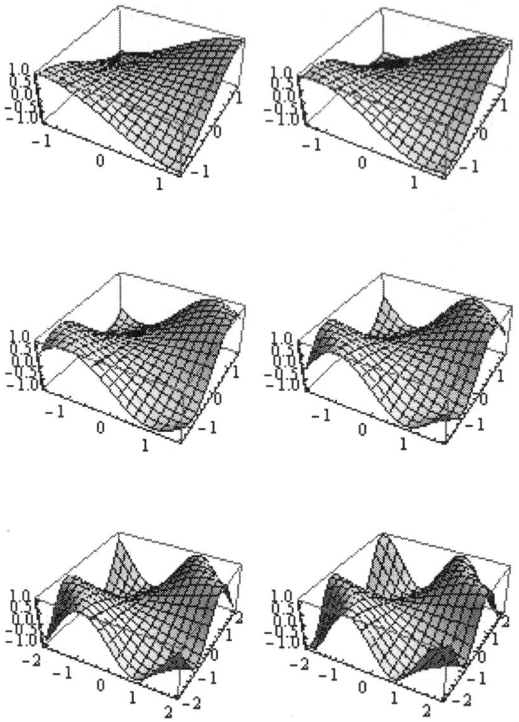

$y=\sin x+\cos x$의 그래프와 $y=\sin x-\cos x$의 그래프를 옆으로 함께 그리고, 몇 개의 예를 보자.

```
In[1]:= Clear["p*"];
        p1 = Plot[Sin[x] + Cos[x], {x, -π, π}];
        p2 = Plot[Sin[x] - Cos[x], {x, -π, π}];
        GraphicsRow[{p1, p2}]
```

Out[4]=

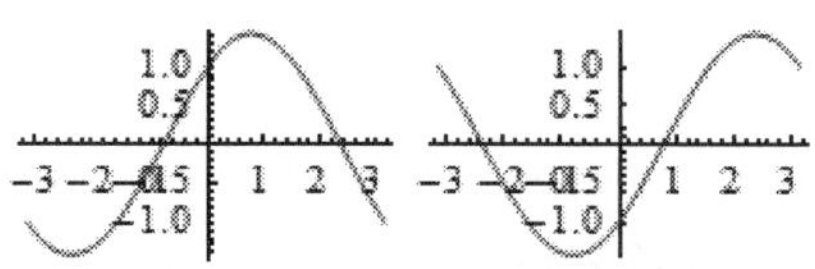

```
In[5]:= GraphicsRow[Table[Plot[Sin[m * x], {x, 0, 2 π}], {m, 3}],
         Frame → All, FrameStyle → Dashed]
```

Out[5]=

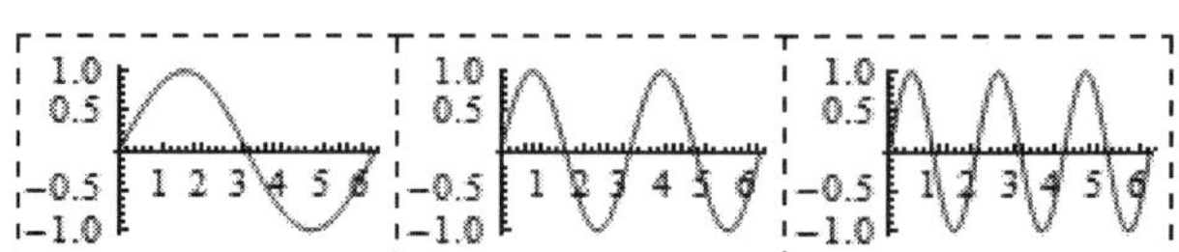

```
In[6]:= GraphicsRow[Table[Plot[Sin[m * x], {x, 0, 2 π}], {m, 3}],
         Frame → None]
```

Out[6]=

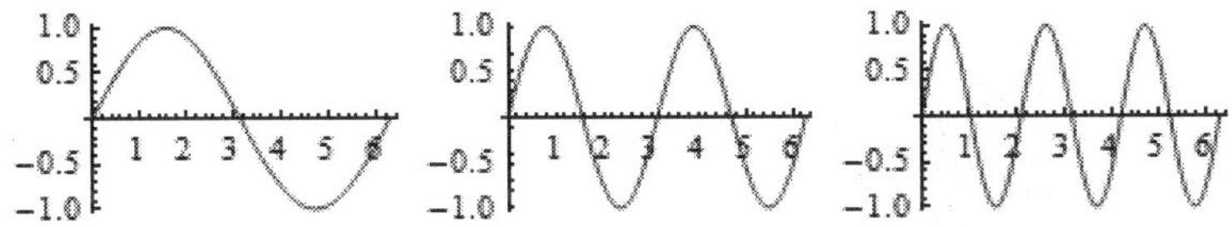

3 차원에서의 그래픽 ContourPlot 3D

변수 x, y, z 의 방정식으로 주어지는 곡면은 명령어

ContourPlot3D

를 이용하여 그릴 수 있다.

$x^2+y^2+z^2=1$의 그래프를 그리자.

```
In[1]:= ContourPlot3D[x^2 + y^2 + z^2 == 1, {x, -1, 1},
         {y, -1, 1}, {z, -1, 1}]
```

Out[1]=

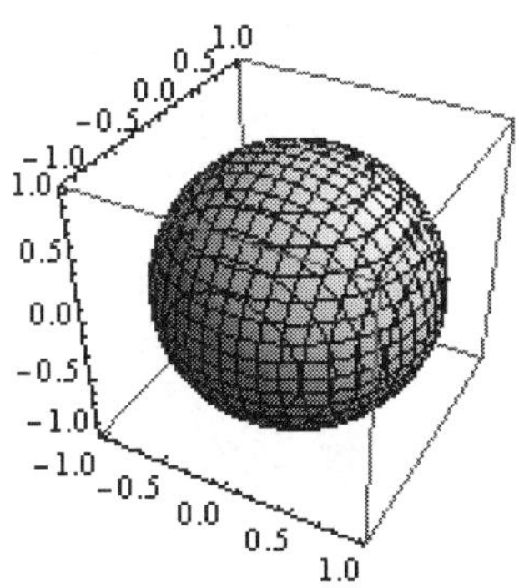

$x^2+y^2-z^2=0$의 그래프를 그리자.

```
In[2]:= ContourPlot3D[x^2 + y^2 - z^2 == 0, {x, -1, 1},
        {y, -1, 1}, {z, -1, 1}]
```

Out[2]=

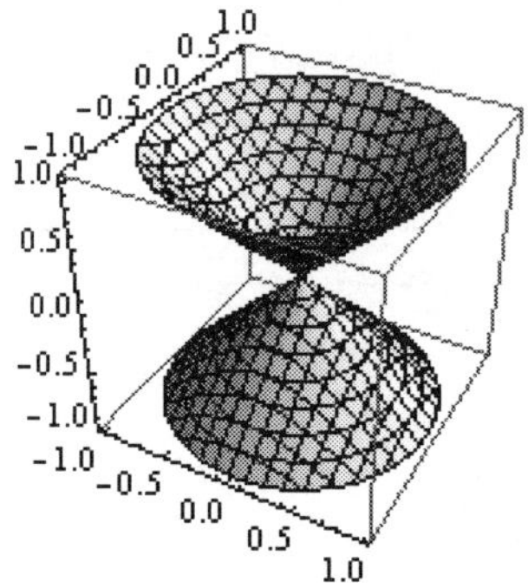

$x^2 + y^2 - z^2 = -1$ 의 그래프를 그리자.

```
In[3]:= ContourPlot3D[x^2 + y^2 - z^2 == -1, {x, -5, 5},
        {y, -5, 5}, {z, -3, 3}]
```

Out[3]=

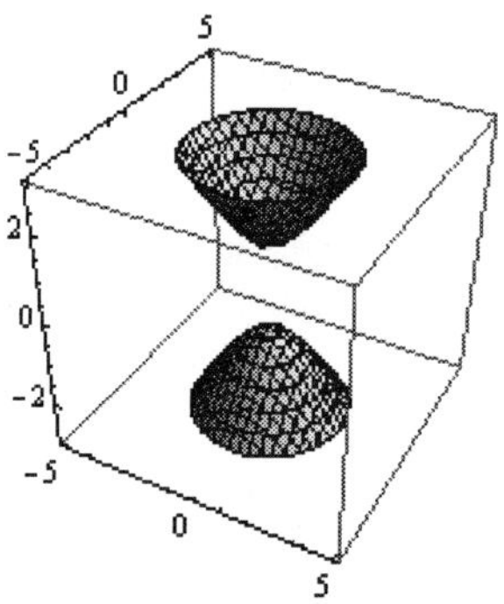

1.7 논리와 데이터

논리와 진리표

다음은 논리(Logic)와 진리표에 대하여 알아보자. 1.1절과 1.5절에서 =와 ==에 대하여 알아보았는데 다시 한 번 언급하여 보면 In[1]에서와 같이 =는 수학에서의 =와 같은 역할을 하며 Mathematica에서 ==, !=, 〉, 〉=, 〈, 〈=는 다음을 의미한다.

Mathematica에서의 명령어	수학에서의 의미
x==1	$x=1$?
x!=1	$x\neq1$?
x〉1	$x>1$?
x〉=1	$x\geq1$?
x〈1	$x<1$?
x〈=1	$x\leq1$?

```
In[1]:= Clear[x];
        x = 1

Out[2]= 1
In[3]:= x == 1

Out[3]= True
In[4]:= x != 1

Out[4]= False
In[5]:= x > 1

Out[5]= False
```

```
In[6]:= x ≥ 1 (*x>=1*)
Out[6]= True
In[7]:= x < 1
Out[7]= False
In[8]:= x ≤ 1 (*x<=1*)
Out[8]= True
```

In[9]에서 사용한 &&은 논리에서 그리고(and)를 의미하며 In[10]에서 사용한 ||은 또는(or)을 의미한다.

```
In[9]:= True && False
Out[9]= False
In[10]:= True || False
Out[10]= True
```

∧(and)에 대한 진리표를 만들어 보면 Out[16]과 같다.

```
In[11]:= land[a_, b_] := a && b;
         lor[a_, b_] := a || b;
         tr = True;
         fa = False;
         truthand = Table[{
                  {land[tr, tr], land[tr, fa]},
                  {land[fa, tr], land[fa, fa]}}];
         TableForm[truthand, TableHeadings → {{"T", "F"},
                         {"T", "F"}}]
         Out[16]//TableForm=
                  | T      F
                 -+-------------
                 T| True   False
                 F| False  False
```

∨(or)에 대한 진리표를 만들어 보면 Out[18]과 같다.

```
In[17]:=
     truthor = Table[{{lor[tr, tr], lor[tr, fa]},
            {lor[fa, tr], lor[fa, fa]}}];
     TableForm[truthor, TableHeadings → {{"T", "F"},
                 {"T", "F"}}]
     Out[18]//TableForm=
             |T    F
            T|True True
            F|True False
```

데이터 선택

명령어	expr이 다음을 만족하는 경우에 True가 된다.
IntegerQ[expr]	정수
EvenQ[expr]	짝수
OddQ[expr]	홀수
PrimeQ[expr]	소수
NumericQ[expr]	수
VectorQ[expr]	벡터
MatrixQ[expr]	행렬
VectorQ[expr, NumberQ]	벡터이며 벡터의 모든 성분이 수인 경우
MatrixQ[expr, NumberQ]	행렬이며 행렬의 모든 성분이 수인 경우

다음의 예를 보자.

```
In[1]:= NumericQ[1]
Out[1]= True
```

```
In[2]:= NumericQ[a]
Out[2]= False
In[3]:= VectorQ[{{a, b}, {c, d}}]
Out[3]= False
In[4]:= VectorQ[{a, b}]
Out[4]= True
In[5]:= IntegerQ[1]
Out[5]= True
In[6]:= IntegerQ[1.5]
Out[6]= False
In[7]:= PrimeQ[1]
Out[7]= False
```

홀수에 대하여 값을 1로 주고, 짝수에 대하여 값을 0으로 주는 함수 oddness를 정의하고 1, 0에서의 값을 구하자.

```
In[8]:= Clear[oddness];
        oddness[x_?OddQ] := 1;
        oddness[x_?EvenQ] := 0;
        oddness[1]
Out[11]= 1
In[12]:= oddness[0]
Out[12]= 0
```

Positive[x]는 x가 양수일 때 True값을 준다.

```
In[13]:= Positive[1.5]
Out[13]= True
```

NonNegative[x]는 x가 음이 아닌 실수일 때 True값을 준다.

```
In[14]:= NonNegative[0]
Out[14]= True
```

Negative[x]는 x가 음수일 때 True 값을 준다.

```
In[15]:= Negative[0]
Out[15]= False
```

양수에 대하여 값을 1로 주고, 음수에 대하여 값을 –1로 주는 함수 sgn은 다음과 같이 정의할 수 있다.

```
In[16]:= Clear[sgn];
         sgn[x_?Positive] := 1;
         sgn[x_?Negative] := -1;
         sgn[1]
Out[19]= 1
In[20]:= sgn[-1]
Out[20]= -1
```

Mathematica에 내장되어 있는 함수 Sign은 양수에 대하여 값을 1로 주고, 0에 대하여 0, 그리고 음수에 대하여 값을 –1로 주는 함수이다.

```
In[21]:= Sign[-5]
Out[21]= -1
In[22]:= Sign[-∞]
Out[22]= -1
In[23]:= Sign[0]
Out[23]= 0
```

TrueQ[expr]은 expr이 참인 경우 True 값을 준다. 다음과 같은 방법으로 $x = x^2$ 이 참인지를 알아보자.

```
In[1]:= x == x^2

Out[1]= x == x^2
```

다음과 같이 하면 원하는 결과를 얻을 수 있다.

```
In[2]:= TrueQ[x == x^2]

Out[2]= False
```

다음의 두 결과를 비교하자.

```
In[3]:= 2 === 2.

Out[3]= False
In[4]:= 2 == 2.

Out[4]= True
```

위에서 보는 바와 같이 ==과 ===는 다르다는 것을 알 수 있다. 2의 Head는 정수이고 2.의 Head는 실수이기 때문에 ===를 한 경우에 False가 나온다.

다음은 집합 내에 원하는 원소가 존재하는지 알아보자.

명령어	expr이 다음을 만족하는 경우에 True가 된다.
MemberQ[list, form]	list에 form에 해당되는 원소가 있을 때
MemberQ [list, form, levelspec]	list의 levelspec까지 level의 원소 중 form에 해당되는 원소가 있을 때
MatchQ[expr, form]	expr이 form에 해당될 때

리스트 {a, b, c, d, e}에 원소 d가 있는지 알아보자.

```
In[5]:= MemberQ[{a, b, c, d, e}, d]

Out[5]= True
```

리스트 {a, b, c, d, e}에 원소 f가 있는지 알아보자.

```
In[6]:= MemberQ[{a, b, c, d, e}, f]

Out[6]= False
```

a+b+c에 원소 b가 있는지 알아보자.

```
In[7]:= MemberQ[a + b + c, b]

Out[7]= True
```

리스트 $\{\sin x^3,\ 2x\}$의 원소 중 지수가 3인 원소가 있는지 알아보자.

```
In[8]:= MemberQ[{Sin[x^3], 2 x}, _^3]

Out[8]= False
```

위에서 보듯이 $\{\sin x^3,\ 2x\}$에는 지수가 3인 원소가 없다. 이는 첫 번째 level에 지수가 3인 원소가 없다는 것이다. 이제 $\sin x^3$의 TreeForm을 보자.

```
In[9]:= TreeForm[Sin[x^3]]
Out[9]//TreeForm=
```

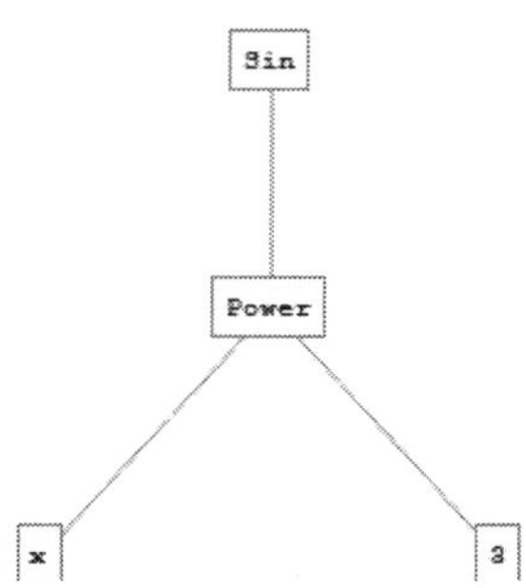

위에서 알 수 있듯이 $\sin x^3$의 두 번째 level은 Power[x, 3], 즉 x^3이다. 이제 두 번째 level까지 조사하여 지수가 3인 원소가 있는지 알아보자.

```
In[10]:= MemberQ[{Sin[x^3], 2 x}, _^3, 2]
Out[10]= True
```

세 번째 level까지 조사하여 지수가 3인 원소가 있는지 알아보자.

```
In[11]:= MemberQ[{Sin[x^3], 2 x}, _^3, 3]
Out[11]= True
```

모든 level을 모두 조사하여 지수가 3인 원소가 있는지 알아보자.

```
In[12]:= MemberQ[{Sin[x^3], 2 x}, _^3, ∞]
Out[12]= True
```

x^2 이 밑이 x 이고 지수가 정수인지 알아보자. (*와 *)안에 있는 것같이 입력해도 된다.

```
In[13]:= MatchQ[x^2, x_^Integer]
Out[13]= True
```

x^2 이 지수가 실수인지 알아보자.

```
In[14]:= MatchQ[x^2, x_^Real]
Out[14]= False
```

x^2 의 밑이 x 인 지수 형태인지 알아보자.

```
In[15]:= MatchQ[x^2, x^_]
Out[15]= True
```

x^2 이 밑이 심벌(변수)이고 지수가 2인지 알아보자.

```
In[17]:= MatchQ[x^2, _Symbol^2]
Out[17]= True
```

x^2 의 밑이 리스트인지 보자.

```
In[18]:= MatchQ[x^2, _List^2]
Out[18]= False
```

x^2 의 밑이 심벌(변수)이고 지수가 정수인지 알아보자.

```
In[19]:= MatchQ[x^2, _Symbol^_Integer]
Out[19]= True
```

{a, b, c}가 리스트인지 보자.

```
In[20]:= MatchQ[{a, b, c}, _?ListQ]
Out[20]= True
```

{a, b, c}가 수인지 보자.

```
In[21]:= MatchQ[{a, b, c}, _?NumberQ]
Out[21]= False
```

{a, b, c}가 길이(Length)가 2보다 큰지 알아보자.

```
In[22]:= MatchQ[{a, b, c}, _List?(Length[#1] > 2 &)]
Out[22]= True
```

{a}가 길이(Length)가 2보다 큰지 알아보자.

```
In[23]:= MatchQ[{a}, _List?(Length[#1] > 2 &)]
Out[23]= False
```

x^2 이 지수가 짝수인지 알아보자.

```
In[24]:= MatchQ[x^2, _^y_ /; EvenQ[y]]

Out[24]= True
```

x^2 이 지수가 홀수인지 알아보자.

```
In[25]:= MatchQ[x^2, _^y_ /; OddQ[y]]

Out[25]= False
```

2^x 가 밑이 홀수인 지수 형태인지 알아보자.

```
In[26]:= MatchQ[2^x, (y_ /; OddQ[y])^_]

Out[26]= False
```

2^x 가 밑이 짝수인 지수 형태인지 알아보자.

```
In[27]:= MatchQ[2^x, (y_ /; EvenQ[y])^_]

Out[27]= True
```

x^2 이 밑이 x 이고 지수가 실수이거나 정수인지 알아보자.

```
In[28]:= MatchQ[x^2, x^_Real | x^_Integer]

Out[28]= True
```

아래와 같이 입력해도 된다.

```
In[29]:= MatchQ[x^2, x^(_Real | _Integer)]

Out[29]= True
```

x^{1+i} 가 밑이 x 이고 지수가 실수이거나 정수인지 알아보자.

```
In[30]:= MatchQ[x^(1+ⅈ), x^(_Real | _Integer)]

Out[30]= False
```

FreeQ[list, form]은 list에 form을 만족시키는 원소가 없으면 True이고 원소가 있으면 False를 준다.

```
In[1]:= FreeQ[x^3 + 3 x^2 - 5, x^_Real]

Out[1]= True
In[2]:= FreeQ[x^3 + 3 x^2 - 5, x^_Integer]

Out[2]= False
```

Select[list, Form]은 list의 원소 e_i 중 Form[e_i]가 True가 되는 원소를 모두 선택하여 출력해 준다.

$t = \{\alpha,\ \beta,\ 3,\ 4,\ 5,\ 6,\ 7.8\}$ 중 숫자를 모두 선택하자.

```
In[1]:= t = {α, β, 3, 4, 5, 6, 7.8};
        Select[t, NumericQ]

Out[2]= {3, 4, 5, 6, 7.8}
```

t 에서 정수만을 선택하자.

```
In[3]:= Select[t, IntegerQ]

Out[3]= {3, 4, 5, 6}
```

위에서 처음 두 원소를 선택하자.

```
In[4]:= Select[t, IntegerQ, 2]

Out[4]= {3, 4}
```

Cases[list, form]은 list의 원소를 form에 해당되는 모든 원소를 출력한다.

x^3+3x^2-5 에서 x 를 선택하자.

```
In[5]:= Cases[x^3 + 3 x^2 - 5, x]
Out[5]= {}
```

x^3+3x^2-5 에서 밑을 x, 지수를 정수로 갖는 원소를 모두 선택하자.

```
In[6]:= Cases[x^3 + 3 x^2 - 5, x^_Integer]
Out[6]= {x^3}
```

x^3+3x^2-5 에서 3곱하기 밑을 x, 지수를 정수로 갖는 원소를 모두 선택하자.

```
In[7]:= Cases[x^3 + 3 x^2 - 5, 3 x^_Integer]
Out[7]= {3 x^2}
```

$\{1, 2.2, \{a, b\}, x^2+3, x+y+z\}$의 원소 중 두 개의 합으로 이루어진 원소를 모두 선택하자.

```
In[8]:= Cases[{1, 2.2, {a, b}, x^2 + 3, x + y + z}, a_ + b_]
Out[8]= {3 + x^2, x + y + z}
```

$\{3, 5.5, 3+4i, 22i\}$의 원소 중 r, s 가 존재하여 $r+is$ 인 형태로 이루어진 원소를 모두 선택하자.

```
In[9]:= Cases[{3, 5.5, 3 + 4 i, 22 i}, r_ + i s_]
Out[9]= {}
```

위에서 $3+4i$는 $r+is$ 형태로 받아들여지지 않았다. $3+4i$의 FullForm을 보자.

```
In[10]:= FullForm[3 + 4 i]
Out[10]//FullForm=
        Complex[3, 4]
```

$3+4i$ 의 Head는 Complex이므로 $\{3, 5.5, 3+4i, 22i\}$ 에서 복소수인 원소를 모두 선택하자.

```
In[11]:= Cases[{3, 5.5, 3 + 4 i, 22 i}, x_Complex]
Out[11]= {3 + 4 i, 22 i}
```

$\{1,\ 2.2,\ 1+i,\ \pi,\ \{a,\ b\},\ x^2+5\}$ 의 원소 중 수를 모두 선택하자.

```
In[12]:= Cases[{1, 2.2, 1 + i, π, {a, b}, x^2 + 5}, x_?NumberQ]
Out[12]= {1, 2.2, 1 + i}
```

위에서 볼 수 있듯이 π는 수로 받아들이지 않고 심벌(symbol)로 받아 들인다. 위의 결과는 다음과 같은 방법으로 얻을 수 있다.

```
In[13]:= Select[{1, 2.2, 1 + i, π, {a, b}, x^2 + 5}, NumberQ]
Out[13]= {1, 2.2, 1 + i}
```

명령어 Count[list, pattern]은 list의 원소 중 pattern을 만족시키는 원소의 수를 준다. {1, 2, e, e, 4} 에서 정수의 개수를 구하자.

```
In[1]:= Count[{1, 2, e, e, 4}, _Integer]
Out[1]= 3
```

$\{x,\ x^2,\ y,\ y^3,\ \sqrt{z}\}$ 에서 지수 형태인 원소의 개수를 모두 구하자.

```
In[2]:= Count[{x, x^2, y, y^3, √z}, _^_]
Out[2]= 3
```

$\{1,\ 2.5,\ \mathrm{e},\ e,\ \frac{1}{4}\}$ 에서 숫자의 수를 구하자.

```
In[3]:= Count[{1, 2.5, e, e, 1/4}, _?NumberQ]
Out[3]= 3
```

$\{\sin 2, 3, 3^n\}$ 에서 정수의 개수를 구하자.

```
In[4]:= Count[{Sin[2], 3, 3^n}, _Integer]
Out[4]= 1
```

위의 결과는 다음과 같이 구할 수 있다.

```
In[5]:= Count[{Sin[2], 3, 3^n}, _?IntegerQ]
Out[5]= 1
```

Count[list, pattern, L]은 list의 원소 중 L level까지의 원소 중 pattern을 만족시키는 원소의 수를 준다. $\{\sin 2, 3, 3^n\}$ 에서 모든 level까지 조사하여 정수의 수를 구하자.

```
In[6]:= Count[{Sin[2], 3, 3^n}, _Integer, ∞]
Out[6]= 3
```

$\{\sin 2, 3\}$ 에서 Sin에 해당하는 원소의 수를 구하자.

```
In[7]:= Count[{Sin[2], 3}, Sin, ∞]
Out[7]= 0
```

Sin2 에서 Sin 은 Sin2 의 Head이므로 위에서 원소의 수를 0으로 준다. Head를 포함하여 모든 level의 원소 중 Sin에 해당하는 원소의 수를 구하자.

```
In[8]:= Count[{Sin[2], 3}, Sin, ∞, Heads → True]
Out[8]= 1
```

1.8 극값. 근사다항식

극값

FindMaximum: 극댓값

FindMinimum: 극솟값

으로 극값을 구한다.

$y = \frac{\pi}{2} - \pi x^3 + x^5$ 의 극값을 구하기 위하여 그래프를 그리자.

```
In[1]:= Plot[x/2 - π x^3 + x^5, {x, -1, 1}]
```

Out[1]=

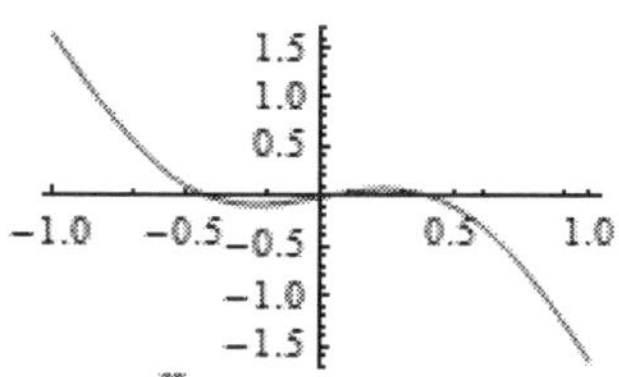

```
In[2]:= Plot[x/2 - π x^3 + x^5, {x, -2, 2}]
```

Out[2]=

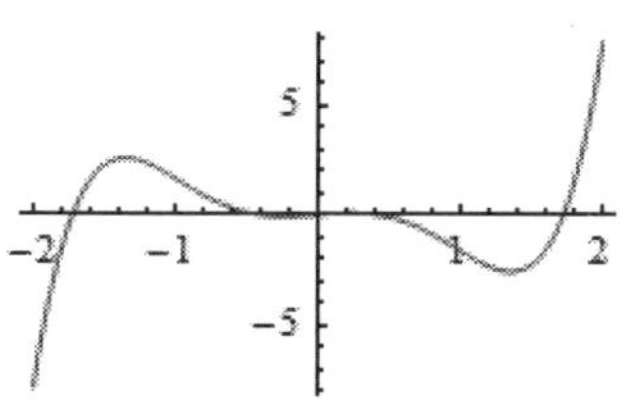

$x = 0.2$ 에서 시작하여 극댓값을 구하자.

```
In[3]:= FindMaximum[x/2 - π x^3 + x^5, {x, 0.2}]

Out[3]= {0.0774488, {x → 0.233742}}
```

$x=-1$ 에서 시작하여 극댓값을 구하자.

```
In[4]:= FindMaximum[x/2 - π x^3 + x^5, {x, -1}]

Out[4]= {2.57056, {x → -1.35289}}
```

$x=0$ 에서 시작하여 극솟값을 구하자.

```
In[5]:= FindMinimum[x/2 - π x^3 + x^5, {x, 0}]

Out[5]= {-0.0774488, {x → -0.233742}}
```

$x=1$ 에서 시작하여 극솟값을 구하자.

```
In[6]:= FindMinimum[x/2 - π x^3 + x^5, {x, 1}]

Out[6]= {-2.57056, {x → 1.35289}}
```

$x=5$ 에서 시작하여 극댓값을 구하면 x가 커짐에 따라 함수값이 ∞ 로 가므로 값이 존재하지 않는다.

```
In[7]:= FindMaximum[x/2 - π x^3 + x^5, {x, 5}]

        FindMaximum::cvmit :
          Failed to converge to the requested accuracy or precision within 100 iterations. ≫
Out[7]= {3.864549113782018×10^524, {x → 8.26837×10^104}}
```

최댓값과 최솟값은

Miaximize, Minimize

로 구한다. $y=x^3-9x+5$ 의 최댓값을 구하자.

```
In[1]:= Clear[f, x];
        f[x_] = x^3 - 9 x + 5;
        Maximize[f[x], x]
Maximize::natt : The maximum is not attained at any point satisfying the given constraints.
Out[3]= {∞, {x → ∞}}
```

구간 $[-4, 0]$ 에서 $y = x^3 - 9x + 5$ 의 최댓값과 최솟값을 구하자.

```
In[4]:= Maximize[{f[x], -4 ≤ x ≤ 0}, x]
Out[4]= {5 + 6 √3 , {x → -√3 }}
In[5]:= Minimize[{f[x], -4 ≤ x ≤ 0}, x]
Out[5]= {-23, {x → -4}}
```

$2x + y = 1000$ 일 때, $x\,y$ 의 최댓값을 구하자.

```
In[6]:= Maximize[{x * y, 2 x + y == 1000}, {x, y}]
Out[6]= {125000, {x → 250, y → 500}}
```

$-85 + 16x - 4x^2 - 4y - 4y^2 + 40z - 4z^2$ 의 최댓값을 구하자.

```
In[7]:= Maximize[-85 + 16 x - 4 x^2 - 4 y - 4 y^2 + 40 z - 4 z^2, {x, y, z}]
Out[7]= {32, {x → 2, y → -1/2, z → 5}}
```

$-85 + 16x - 4x^2 - 4y - 4y^2 + 40z - 4z^2$ 의 최솟값을 구하자.

```
In[8]:= Minimize[-85 + 16 x - 4 x^2 - 4 y - 4 y^2 + 40 z - 4 z^2, {x, y, z}]
Minimize::natt : The minimum is not attained at any point satisfying the given constraints. :
Out[8]= {-∞, {x → -∞, y → 33/10, z → 8/5}}
```

영역 $x^2 + y^2 \le 1$ 에서 $12y^3 + 4x^2 - 10xy$ 의 최솟값을 구하자.

```
In[9]:= NMinimize[{12 y^3 + 4 x^2 - 10 x y, x^2 + y^2 ≤ 1}, {x, y}]

Out[9]= {-0.251173, {x → 0.434028, y → 0.347222}}
```

영역 $2x+y\le 2,\ x-y\ge -\dfrac{1}{2},\ x+2y\le 2$ 에서 $x+y$ 의 최댓값을 구하자.

```
In[10]:= Maximize[{x + y, 2 x + y ≤ 2, x - y ≥ -1/2, x + 2 y ≤ 2}, {x, y}]

Out[10]= {4/3, {x → 2/3, y → 2/3}}
```

x와 y가 정수일 때 영역 $2x+y\le 2,\ x-y\ge -\dfrac{1}{2},\ x+2y\le 2,\ x\ge 0,\ y\ge 0$에서 $x+y$ 의 최댓값을 구하자.

```
In[11]:= Maximize[{x + y, 2 x + y ≤ 2, x - y ≥ -1/2, x + 2 y ≤ 2 x, x ≥ 0, y ≥ 0}
           {x, y}, Integers]

Out[11]= {1, {x → 1, y → 0}}
```

근사다항식

점 $(a_1,\ b_1),\ \cdots,\ (a_n,\ b_n)$ 에 대하여 k 차 근사다항식이란 $\sum_{i=1}^{n}(f(a_i)-b_i)^2$ 의 값이 최소가 되게 하는 다항식 $f(x)=c_0+c_1x+\cdots+c_kx^k$ 이다. 명령어는

Fit[data, {1, x, x^2, ..., x^k}, x]

이다. 점 (30, 40), (34, 47.2), (35, 49), (37, 50), (42, 54), (49, 56), (50, 59), (55, 62.5), (61, 74)에 대하여 1차 근사다항식을 구하자.

```
In[1]:= Clear[data, li];
        data = {{30, 40}, {34, 47.2}, {35, 49}, {37, 50}, {42, 54},
           {49, 56}, {50, 59}, {55, 62.5}, {61, 74}};
        li[x_] = Fit[data, {1, x}, x]

Out[3]= 15.2169 + 0.902667 x
```

1차 근사다항식의 그래프와 점들을 함께 그리자.

```
In[4]:= dplot = ListPlot[data];
        graf = Plot[li[x], {x, 30, 65}];
        Show[dplot, graf]
```

Out[6]=

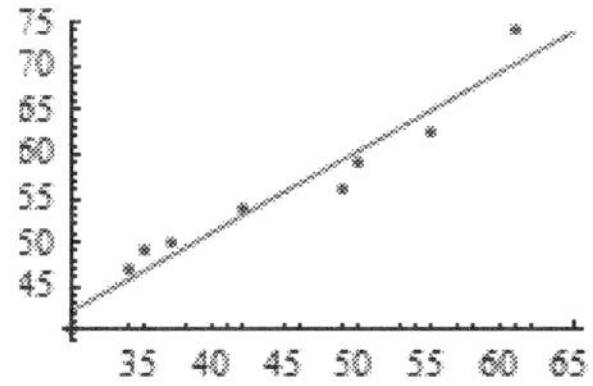

오차 $\sum_{i=1}^{n}(f(a_i)-b_i)^2$ 을 구하자.

```
In[7]:= Length[data]

Out[7]= 9
In[8]:= Sum[(li[data[[i, 1]]] - data[[i, 2]])^2, {i, 1, 9}]

Out[8]= 47.5536
```

2차 근사다항식을 구하자.

```
In[9]:= Clear[li2]; li2[x_] = Fit[data, {1, x, x^2}, x]

Out[9]= 33.2332 + 0.062386 x + 0.00930643 x^2
```

2차 근사다항식의 그래프와 점들을 함께 그리자.

```
In[10]:= graf2 = Plot[li2[x], {x, 30, 65}];
         Show[dplot, graf2]
```

Out[11]=

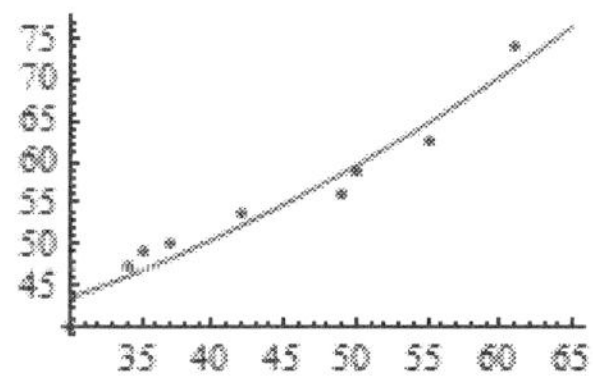

2차 근사다항식에 대하여, 오차 $\sum_{i=1}^{n}(f(a_i)-b_i)^2$을 구하자.

```
In[12]:= Sum[(li2[data[[i, 1]]] - data[[i, 2]])^2, {i, 1, 9}]

Out[12]= 42.1357
```

오차를 표로 만들자.

```
In[13]:= tab = Table[{data[[i, 1]], Abs[li2[data[[i, 1]]] - data[[i, 2]]],
             Abs[li[data[[i, 1]]] - data[[i, 2]]]}, {i, 1, 9}];
         Grid[Prepend[tab, {"x-value", "square", "linear"}],
          Dividers → All]
```

Out[14]=

x-value	square	linear
30	3.48058	2.29689
34	1.08743	1.29244
35	2.1829	2.18978
37	1.71801	1.38444
42	1.73004	0.871111
49	2.63486	3.44756
50	0.618581	1.35022
55	2.31638	2.36356
61	2.33203	3.72044

점 $(a_1, b_1), \cdots, (a_n, b_n)$을 지나는 최소다항식은

InterpolatingPolynomial[{a1, b1}, …{an, bn}, x}

로 구한다.

```
In[15]:= int[x_] = InterpolatingPolynomial[data, x] // Expand

Out[15]= 2.26168×10^6 - 434541. x + 36257.3 x^2 - 1715.94 x^3 + 50.3806 x^4 -
          0.939663 x^5 + 0.0108723 x^6 - 0.0000713484 x^7 + 2.03318×10^-7 x^8
In[16]:= graf3 = Plot[int[x], {x, 30, 65}];
         Show[dplot, graf3]
```

Out[17]=

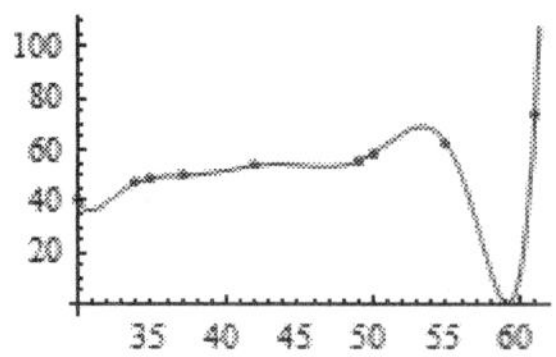

최소다항식

a를 근으로 하는 변수를 x로 갖고, 계수를 정수로 갖는 최소다항식은

MinimalPolynomial[a, x]

로 구한다. $\sqrt{2}+\sqrt{5}$ 를 근으로 갖는 최소다항식을 구하자.

```
In[1]:= poly = MinimalPolynomial[√2 + √5 , x]
Out[1]= 9 - 14 x^2 + x^4
In[2]:= Solve[poly == 0, x] // Simplify
Out[2]= {{x → -√(7 - 2 √10)}, {x → √(7 - 2 √10)},
         {x → -√(7 + 2 √10)}, {x → √(7 + 2 √10)}}
In[3]:= Solve[poly == 0, x] // FullSimplify
Out[3]= {{x → √2 - √5}, {x → -√2 + √5}, {x → -√2 - √5}, {x → √2 + √5}}
```

$4+i$ 를 근으로 갖는 최소다항식을 구하자.

```
In[4]:= MinimalPolynomial[4 + I, x]
Out[4]= 17 - 8 x + x^2
```

π 를 근으로 갖는 최소다항식을 구하자. π 는 대수적 수가 아니기 때문에 π 를 근으로 갖는 최소다항식은 없다.

```
In[5]:= MinimalPolynomial[π, x]
        MinimalPolynomial::nalg : π is not an explicit algebraic number. ≫
Out[5]= MinimalPolynomial[π, x]
```

1.9 그 밖의 명령어

속성(Attributes)

정수 x, 복소수 y, 실수 z에 대하여 함수 $f(x, y, z) = (xy, z)$로 정의하고 $f(2, 3+2i, 5.)$를 구하자. (아래에서 2는 정수로 받아들이지만 2.을 실수로 받아들인다. Mathematica에서 정수와 실수는 구별을 하며 정수를 실수로 취급하지 않는다.)

```
In[1]:= Clear[f];
        f[x_Integer, y_Complex, z_Real] := {x y, z};
        f[2, 3 + 2 i, 5.]

Out[3]= {6 + 4 i, 5.}
```

이제 $f(5., 3+2i, 2)$를 구하자.

```
In[4]:= f[5., 3 + 2 i, 2]

Out[4]= f[5., 3 + 2 i, 2]
```

위에서 5.은 정수가 아닌 실수이며 2는 실수가 아닌 정수이므로 값을 주지 못한다. 만일 함수 f의 값을 계산 하는데 x, y, z의 순서에 관계없다면 $f(5., 3+2i, 2)$의 값을 구할 수 있다. 이제 함수 g를 위의 f와 같이 정의하고 x, y, z의 순서에 관계 없게 정의하려면 다음과 같이 명령어 Attributes를 사용하면 된다.

```
In[5]:= Clear[g];
        g[x_Integer, y_Complex, z_Real] := {x y, z};
        SetAttributes[g, Orderless];
        g[5., 3 + 2 i, 2]

Out[8]= {6 + 4 i, 5.}
```

다음은 함수 Log의 2에서의 값을 구하고 2, 3, 4의 값을 함께 구하자.

```
In[9]:= Log[2]

Out[9]= Log[2]
In[10]:= Log[{2, 3, 4}]

Out[10]= {Log[2], Log[3], Log[4]}
```

위에서 보듯이 2, 3, 4에서의 Log의 값을 함께 구했다. 이는 Log의 속성(Attributes)이 Listable이기 때문이다.

```
In[11]:= Attributes[Log]

Out[11]= {Listable, NumericFunction, Protected}
```

위에서 Protected는 사용자가 Log라는 함수를 다른 함수로 정의할 수 없음을 의미한다.

다음은 함수 $F(x)=x^2$를 정의하고 $x=2,\ 3,\ 4$에서의 값을 함께 구하자.

```
In[12]:= Clear[F]; F[x_] := x^2;
         F[{2, 3, 4}]

Out[13]= {4, 9, 16}
```

식 간단히 하기

$\log 4 - \log 2$ 의 값을 구하면 $\log 2$ 이다. 이제 $\log 4 - \log 2$ 값을 구하자.

```
In[1]:= Log[4] - Log[2]
Out[1]= -Log[2] + Log[4]
```

위에서 원하는 값을 얻지 못한다. $\log 2$ 가 나오게 하려면 다음과 같이 하면 된다.

```
In[2]:= Log[4] - Log[2] /. {Log[a_] - Log[b_] → Log[a/b]}
Out[2]= Log[2]
```

$(\log 4 + \log 2)(\log 4 - \log 2) = \log 8 \cdot \log 2$ 이다. 이 값을 구하자.

```
In[3]:= (Log[4] + Log[2]) (Log[4] - Log[2])
Out[3]= (-Log[2] + Log[4]) (Log[2] + Log[4])
```

원하는 값을 얻으려면 다음과 같이 입력하면 된다.

```
In[4]:= (Log[4] + Log[2]) (Log[4] - Log[2]) /.
         {Log[a_] - Log[b_] → Log[a/b],
          Log[a_] + Log[b_] → Log[a b]}
Out[4]= Log[2] Log[8]
```

$(\log x - \log y)(\log x + \log y)$ 의 값을 간단히 하자.

```
In[5]:= (Log[x] - Log[y]) (Log[x] + Log[y]) /.
         {Log[a_] - Log[b_] → Log[a/b],
          Log[a_] + Log[b_] → Log[a b]}
Out[5]= Log[x/y] Log[x y]
```

수열

관계식

$$a_{n+2} - 2a_{n+1} + 2a_n = 2$$

를 만족하는 수열 a_n을 구하자. 명령어 Rsolve를 사용하면 된다.

```
In[1]:= RSolve[a[n + 2] - 2 a[n + 1] + 2 a[n] == 2, a[n], n]
Out[1]= {{a[n] → 2 + (1 - i)^n C[1] + (1 + i)^n C[2]}}
```

관계식

$$a_{n+2} - 2a_{n+1} + 2a_n = 2, \quad a_0 = 1, \ a_1 = 4$$

를 만족하는 수열 a_n을 구하자.

```
In[2]:= RSolve[{a[n + 2] - 2 a[n + 1] + 2 a[n] == 2, a[0] == 1, a[1] == 4}, a[n],
          n]
Out[2]= {{a[n] → (1/2 + i/2) ((2 - 2 i) + (1 + 2 i) (1 - i)^n - (2 + i) (1 + i)^n)}}
Out[4]= Log[2] Log[8]
```

$a_{n+2} - \sqrt{4a_{n+1}a_n} = 2, \ a_0 = 1, \ a_1 = 4$를 만족하는 수열을 구하자.

```
In[3]:= Clear[s, n];
        s[n_Integer] := {  s[0] = 1                                n == 0
                           s[1] = 4                                n == 1
                           s[n] = N[√(4 s[n - 1] s[n - 2]) + 2]    n > 1
In[5]:= s[4]
Out[5]= 18.8271
In[6]:= s[30] // N
Out[6]= 3.47731×10^6
```

다음과 같이 구할 수도 있다.

```
In[7]:= Clear[s, n];
      s[n_Integer] :=
       Piecewise[{{s[0] = 1, n == 0}, {s[1] = 4, n == 1},
         {s[n] = N[√(4 s[n - 1] s[n - 2]) + 2], n > 1}}]
In[9]:= s[4]
Out[9]= 18.8271
In[10]:= s[100]
Out[10]= 3.88427 × 10^20
```

$a_1 = 1,\ a_2 = 1,\ a_n = a_{n-1} + a_{n-2}\ (n > 1)$ 을 만족하는 수열에서 a_{200} 을 구하자.

```
In[11]:= Clear[f]; f[1] = 1; f[2] = 1; f[n_] := f[n] = f[n - 1] + f[n - 2];
       f[200]
Out[11]= 280 571 172 992 510 140 037 611 932 413 038 677 189 525
```

다음과 같이 하는 경우 구할 수 없다.

```
h[n_] = h[n - 1] + h[n - 2]
g[n_] := g[n - 1] + g[n - 2]
```

곱 $\prod_{k=1}^{n} k$ 을 구하자. 명령어 Product를 사용하면 된다.

```
In[1]:= Product[k, {k, 1, n}]
Out[1]= n!
```

곱 $\prod_{k=1}^{n} \frac{1}{k^2}$ 을 구하자.

```
In[2]:= Product[1/k^2, {k, 1, n}]
Out[2]= 1/(n!)^2
```

곱 $\prod_{k=2}^{n} (1 - \frac{1}{k^2})$ 을 구하자.

```
In[3]:= Product[1 - 1/k^2, {k, 2, n}]

Out[3]= (1 + n)/(2 n)
```

위의 값을 부분 분수로 나타내자.

```
In[4]:= % // Apart

Out[4]= 1/2 + 1/(2 n)
```

따라서 $n \to \infty$ 일때 위의 값은 $\frac{1}{2}$ 이다. 즉 $\prod_{k=2}^{\infty}(1-\frac{1}{k^2}) = \frac{1}{2}$ 이다. $\prod_{k=2}^{\infty}(1-\frac{1}{k^2})$ 의 값을 직접 구하자.

```
In[5]:= Product[1 - 1/k^2, {k, 2, ∞}]

Out[5]= 1/2
```

무한 곱 $\prod_{k=1}^{\infty}(1-\frac{z^2}{k^2\pi^2})$ 를 구하자.

```
In[6]:= Product[1 - z^2/(k^2 π^2), {k, 1, ∞}]

Out[6]= Sinc[z]
```

무한 곱 $\prod_{k=1}^{\infty}(1-\frac{4z^2}{(2k-1)^2\pi^2})$ 을 구하자.

```
In[7]:= Product[1 - 4 z^2/((2 k - 1)^2 π^2), {k, 1, ∞}]

Out[7]= Cos[z]
```

$z = \pi$ 일 때 위의 값을 수로 구하자.

```
In[8]:= NProduct[1 - 4 z^2/((2 k - 1)^2 π^2) /. {z → π}, {k, 1, ∞}]

Out[8]= -1.
```

지수, 로그 전개

$(a^b)^c$ 를 전개하자.

```
In[1]:= PowerExpand[(a^b)^c]

Out[1]= a^(b c)
In[2]:= (a^b)^c // PowerExpand

Out[2]= a^(b c)
```

$(ab)^x$ 를 전개하자.

```
In[3]:= PowerExpand[(a b)^x]

Out[3]= a^x b^x
```

$a=-1,\ b=-1$ 일 때 $\sqrt{ab}$ 를 전개하자.

```
In[4]:= √(a b) /. {a → -1, b → -1}

Out[4]= 1
In[5]:= PowerExpand[√(a b)]

Out[5]= √a √b
In[6]:= PowerExpand[√(a b)] /. {a → -1, b → -1}

Out[6]= -1
```

위에서 보듯이 음수에 대하여는 지수 전개를 할 때 조심해야 한다. $\left(\frac{a}{b}\right)^x$ 를 전개하자

```
In[7]:= (a / b)^x // PowerExpand

Out[7]= a^x b^-x
```

$\log xy$ 를 전개하자.

```
In[8]:= Log[x y] // PowerExpand

Out[8]= Log[x] + Log[y]
```

$\log\frac{x}{y}$ 를 전개하자.

```
In[9]:= Log[x / y] // PowerExpand

Out[9]= Log[x] - Log[y]
```

$\log x^y$ 를 전개하자.

```
In[10]:= Log[x^y] // PowerExpand

Out[10]= y Log[x]
```

다차원에서의 연산

$\mathbb{R}^3$ 에서 정의되어 $\mathbb{R}$ 로 가는 함수 $F(x, y, z)$ 의 그레디언트(Gradient)는 다음과 같이 정의 된다.

$$\nabla F(x, y, z) = (\frac{\partial F}{\partial x}, \frac{\partial F}{\partial y}, \frac{\partial F}{\partial z})$$

$F(x, y, z) = x^4 + y^4 + z^4$ 에 대하여 그레디언트를 구하자. 그레디언트를 구하는

명령어는 **Grad**이며 다음과 같이 패키지를 읽어 들여야 한다.

```
In[1]:= << "VectorAnalysis`";
        SetCoordinates[Cartesian[x, y, z]];
In[3]:= Clear[F];
        F[x_, y_, z_] = x^4 + y^4 + z^4;
In[5]:= u = Grad[F[x, y, z]]
Out[5]= {4 x^3, 4 y^3, 4 z^3}
```

$\mathbb{R}^3$ 에서 정의되어 $\mathbb{R}^3$ 에서 함수값을 갖는

$$f(x, y, z) = (f_1(x, y, z), f_2(x, y, z), f_3(x, y, z))$$

에 대하여 divergence 다음과 같이 정의된다.

$$\operatorname{div} f = \frac{\partial f_1}{\partial x} + \frac{\partial f_2}{\partial y} + \frac{\partial f_3}{\partial z}$$

$f(x, y, z) = (xy, yz, zx)$ 일 때 divergence를 구하자. 명령어는 Div이다.

```
In[6]:= Clear[f];
        f[x_, y_, z_] = {x y, y z, z x};
        Div[f[x, y, z]]
Out[8]= x + y + z
```

위의 함수 f 에 대하여 f 의 curl은 다음과 같이 정의된다.

$$\operatorname{curl} f = (\frac{\partial f_3}{\partial y} - \frac{\partial f_2}{\partial z}, \frac{\partial f_1}{\partial z} - \frac{\partial f_3}{\partial x}, \frac{\partial f_2}{\partial x} - \frac{\partial f_1}{\partial y})$$

위의 함수에 대하여 curl을 구하자. 명령어는 Curl이다.

```
In[9]:= v = Curl[f[x, y, z]]
Out[9]= {-y, -z, -x}
```

위의 벡터 u, v에 대하여 두 벡터의 외적을 구하자. 명령어는 Cross이다.

```
In[10]:= Cross[u, v]

Out[10]= {-4 x y^3 + 4 z^4, 4 x^4 - 4 y z^3, 4 y^4 - 4 x^3 z}
```

위의 명령어 Grad, Div, Curl 를 사용하려면 사용하기 전 다음의 패키지를 읽어들여야 한다.

```
<< "VectorAnalysis`"
```

_, __, ___의 차이

1.1절에서 밑줄에 대하여 알아보았는데 다음에서는 __와 ___의 차이에 대하여 알아보자. 아래의 In[1]의 h[a_, b_]에서는 a와 b를 변수로 받아들여 h[1,2]의 값은 a에 1을 대입하고 b에 2를 대입함으로써 Out[3]에서 3이라는 결과를 주었는데, 만일 In[4]와 같이 h[1, 2, 3]에 대하여는 변수를 두 개만 갖는 h의 정의에 대응이 되지 못하므로 Out[4]에서와 같이 값을 주지 못한다.

```
In[1]:= Clear[f, g, h];
        h[a_, b_] := a + b;
        h[1, 2]

Out[3]= 3

In[4]:= h[1, 2, 3]

Out[4]= h[1, 2, 3]
```

다음은 __에 대하여 알아보자. 앞에서 _에 대응하는 성분은 하나이어야 하지만 __에 대응하는 성분은 하나 또는 그 이상이면 된다. In[5]에서와 같이 f를 정의하면 f[2, 3, 4]를 계산함에 있어서 2는 f의 정의에서 a에 대응하며 3, 4은 b에 대응된다. 따라서 f[2, 3, 4]는 2+f[3, 4]로 계산되며, 따라서 값은 2+(3+4)가 되어 Out[6]과 같이 값을 준다.

```
In[5]:= f[a_, b__] := a + b;
        f[2, 3, 4]

Out[6]= 9
```

In[7]에서 f[1, 2, 3, 4, 5, 6, 7, 8, 9, 10]의 값은

$$
\begin{aligned}
&1+f[2,\ 3,\ 4,\ 5,\ 6,\ 7,\ 8,\ 9,\ 10] \\
&=1+2+f[3,\ 4,\ 5,\ 6,\ 7,\ 8,\ 9,\ 10] \\
&=\vdots \\
&=1+2+\cdots+10
\end{aligned}
$$

로 계산되어 Out[7]에서와 같이 값을 준다.

```
In[7]:= f[1, 2, 3, 4, 5, 6, 7, 8, 9, 10]

Out[7]= 55
```

하지만 In[8]에서와 같이 f[2]의 값에 대해서는 f의 정의에서 b에 대응하는 값이 주어지지 않았으므로 Out[8]에서와 같이 값을 주지 못한다.

```
In[8]:= f[2]

Out[8]= f[2]
```

다음은 ___에 대하여 알아보자. In[5]에서 정의한 f에서는 b에 대응하는 값이 주어져야만 f의 값을 계산하였는데 In[9]에서와 같이 g를 정의하면 (즉 b다음에 ___을 삽입하는 경우) b에 대응하는 값이 주어지지 않아도 된다. Out[9]에서와 같이 g[2]에 대한 값은 2가 된다. b에 대응하는 값이 주어질 때는 __로 정의할 때와 같이 계산된다.

```
In[9]:= g[a_, b___] := a + b;
        g[2]

Out[10]= 2
In[11]:= g[2, 3, 4]

Out[11]= 9
```

명령어 Trace

위에서 f[2, 3, 4]가 계산되는 과정을 살펴보았는데 그 과정을 알고 싶을 때는 명령어 Trace로 알아볼 수 있다.

```
In[12]:= Trace[f[2, 3, 4]]

Out[12]= {f[2, 3, 4], 2 + 3 + 4, 9}
```

다음은 (2+3)*4를 Mathematica가 계산하는 과정을 알아보면 Out[13]과 같이 2+3을 계산하여 5를 얻고 4*5를 계산하여 20을 얻는다.

```
In[13]:= Trace[(2 + 3) * 4]

Out[13]= {{2 + 3, 5}, 5 × 4, 20}
```

명령어 Goto, Label, Module

명령어 Goto[tag]는 Label[tag]를 찾아가라는 명령어이다. 또 명령어 Module [{x, y, ..}, expr]은 x, y, ...를 지역 문자(local symbol)로 취급하여 expr을 수행하라는 명령어이다. 여기서 지역 문자라 함은 Module 안에서만 적용되는 문자를 의미하며 Module 밖에서는 적용되지 않는 문자라는 의미이다. In[1]에서는 additn은 주어진 수 initial, imin, imax에 대하여

$$initial+imin+(imin+1)+\cdots+imax$$

를 수행하라는 함수이다. initial=100이고 imin=10, imax=15인 경우 위의 합을 구하자.

```
In[1]:= Clear[initial, imin, imax, n, total];
        additn[initial_, {imin_, imax_}] := Module[{n, total},
         total = initial;
         n = imin;
         Label["topOfLoop"];
         If[n > imax, Goto["theend"],];
         total = total + n;
         n = n + 1;
         Goto["topOfLoop"];
         Label["theend"];
         total];
        additn[100, {10, 15}]

Out[3]= 175
In[4]:= total

Out[4]= total
```

additn을 수행하는 과정에서 total이라는 문자를 사용했는데 additn이 끝난 후 total이 무엇인지를 물었을 때 결과는 수가 아닌 total이라는 결과를 주었는데 이는 total이라는 문자가 additn에서만 쓰이는 문자, 즉 지역 문자(local symbol)이기 때문이다. Out[5]에서 n이 지역 문자이기 때문에 n의 값을 물었을 때 n이라고 답을 준다.

```
In[5]:= n

Out[5]= n
```

명령어 Switch, While, Do

다음은 명령어 Switch에 대하여 알아보자.

Switch[expr, form1, value1, form2, value2]

는 expr이 form1이면 value1 값을 주고, 만일 form2이면 value2 값을 주는 명령어이다. In[1]에서 f[x]는 x를 읽어들여 만일 x가 정수이면 2x를 대응시키고, 만일 정수가 아닌 실수이면 $\sqrt{x}$ 를 대응시키는 함수이다. 물론

Switch[expr, form1, value1, form2, value2, form3, value3, ...]

도 사용할 수 있다.

```
In[1]:= Clear[f];
        f[x_] := Switch[x, _Integer, 2 x, _Real, Sqrt[x]];
        f[2]
Out[3]= 4
In[4]:= f[0.81]
Out[4]= 0.9
```

다음의 명령어 While[test, expr]에서는 test가 거짓(False)이 될 때까지 expr을 수행하라는 명령어이다. In[5]에서 i++는 한 단계 넘어갈 때마다 i=i+1을 수행하라는 명령어이다. (++i에서는 i에 먼저 i+1을 대응시킨 후 수행한다.)

```
In[5]:= Clear[i];
        i = 1;
        While[i < 5, {Print[i], i++}]
        1
        2
        3
        4
```

명령어

Do[expr, {imax}]

는 expr을 imax번 수행하라는 것이며

Do[expr, {j, max}]

에서는 j가 1에서 시작되어 한 번 수행할 때마다 j는 j+1로 바뀌어 j가 max가

될 때까지 expr을 수행하라는 것이며

Do[expr, {j, min, max}]

는 j가 min에서 시작되어 한 번 수행할 때마다 j는 j+1로 바뀌어 j가 max가 될 때까지 expr을 수행하라는 것이며

Do[expr, {j, min, max, d}]

는 j가 min에서 시작되어 한 번 수행할 때마다 j는 j+d로 바뀌어 j가 max보다 크지 않을 때까지 expr을 수행하라는 것이다.

다음의 예에서는 j 가 1에서 시작되어 1씩 증가하여 3이 될 때까지 인쇄하자.

```
In[8]:= Do[Print[j], {j, 3}]

    1
    2
    3
```

합 구하기

다음에서는 $0^2+0.1^2+0.2^2+\cdots+2^2$ 의 값을 구하자.

```
In[1]:= x = 1;
        sum = 0;
        Do[sum = sum + x^2, {x, 0, 2, 0.1}];
        Print[sum]

    28.7
In[5]:= x

Out[5]= 1
```

In[1]에서 $x=1$ 이라는 값을 주고 Do를 시행시킨 후 x를 물었을 때 1이라는 답을 주었는데, 이는 Do안에서 문자 x는 지역 문자(local symbol)이기 때문이다.

다음은 합을 구하는 명령어 Sum에 대하여 알아보자.

Mathematica에서의 명령어	대응되는 수학에서의 값
Sum[f[i], {i, imax}]	$\sum_{i=1}^{\text{imax}} f(i)$
Sum[f[i], {i, imin, imax}]	$\sum_{i=\text{imin}}^{\text{imax}} f(i)$
Sum[f[i], {imin, imax, di}]	$\sum_{i=0}^{\text{k}} f(\text{imin}+i*\text{di})$ (여기서 k는 imin+k∗di ≤ imax를 만족하는 최대 정수이다.)
Sum[f[i, j], {i, imin, imax}, {j, jmin, jmax}]	$\sum_{j=\text{jmin}}^{\text{jmax}} \sum_{i=\text{imin}}^{\text{imax}} f(i, j)$

또한 명령어 NSum은 합의 수치적인 근삿값을 준다. 이제 위의 In[1]에서 계산한 값을 명령어 Sum을 이용하여 계산해 보면 아래의 Out[8]과 같다.

```
In[6]:= Clear[f, n, x];
        f[x_] = x^2;
        Sum[f[n], {n, 0, 2, 0.1}]

Out[8]= 28.7
```

다음은 $\sum_{n=1}^{60} \frac{1}{n^2}$의 값을 계산해 보면 Out[9]와 같다.

```
In[9]:= Sum[1/n^2, {n, 1, 60}]

Out[9]= 2780425508904906456196759160715915947004448450151 / 1707452768373844005330331833518221894406421888000
```

다음은 $\sum_{n=1}^{60} \frac{1}{n^2}$의 값을 수치적인 근삿값으로 구해 보면 Out[10]과 같다.

```
In[10]:= NSum[1/n^2, {n, 1, 60}]

Out[10]= 1.62841
```

다음은 $\sum_{n=1}^{\infty}\frac{3^{\frac{n}{2}}}{5^n}$ 의 값을 구하기 위하여 In[11]과 같이 입력하자.

```
In[11]:= Sum[3^(n/2)/5^n, {n, 1, ∞}]

Out[11]= 1/22 (3 + 5 √3)
```

다음은 $\sum_{k=1}^{\infty}\frac{1}{k^2}$ 의 값을 구하여 보면 Out[12]와 같다.

```
In[12]:= Sum[1/k^2, {k, 1, ∞}]

Out[12]= π^2/6
```

Manipulate

x가 [−3, 3]에서 변할 때 x^2-1의 값을 구하자.

```
In[1]:= Manipulate[x^2 - 1, {x, -3, 3}]

Out[1]= x
        8
```

위의 그림에서 중간 오른쪽의 버튼을 누르면

Out[1]=

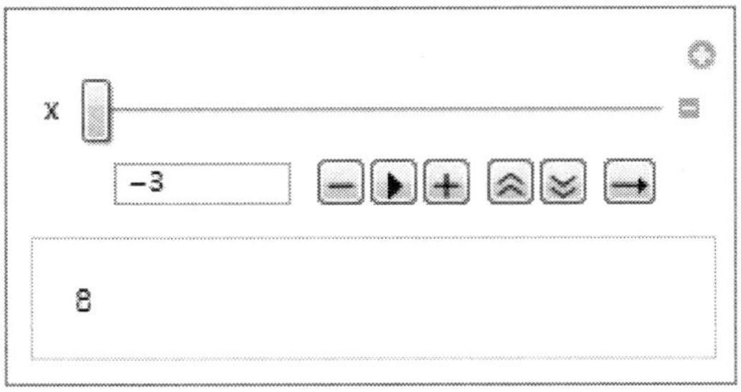

와 같이 변하며, 이제

을 누르면, 여러가지 값을 얻을 수 있으며, 그림의 경우 그림이 변화하는 것을 볼 수 있다.

여러가지 a값에 대하여 $a\,x\cos\dfrac{10}{x}$ 의 그래프를 그리자.

```
In[2]:= Manipulate[Plot[a x Cos[10/x], {x, -2, 2}], {a, -2, 2, 0.1}]
```

Out[2]=

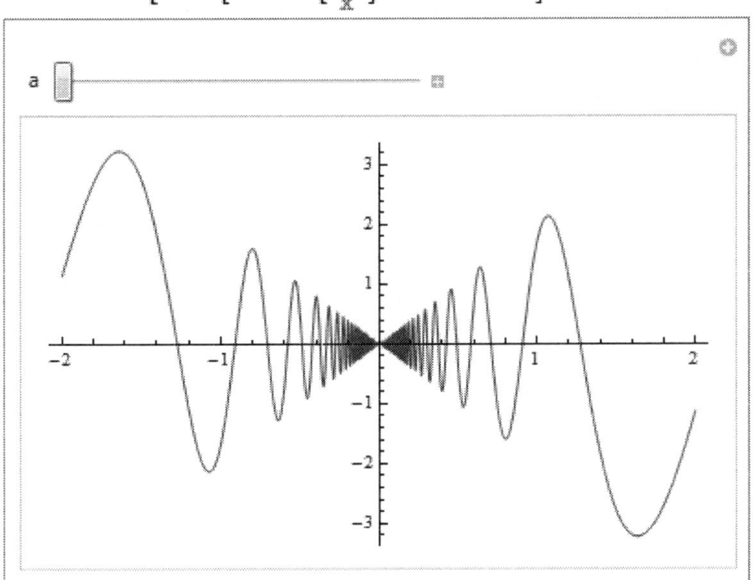

여러 개의 r 값에 대하여 $x\sin\frac{1}{x}$ 의 그래프를 구간 $[0,\ r]$ 에서 그리자.

```
In[3]:= Manipulate[Plot[x * Sin[1 / x], {x, 0, r}], {r, 0.1, 2}]
```

Out[3]=

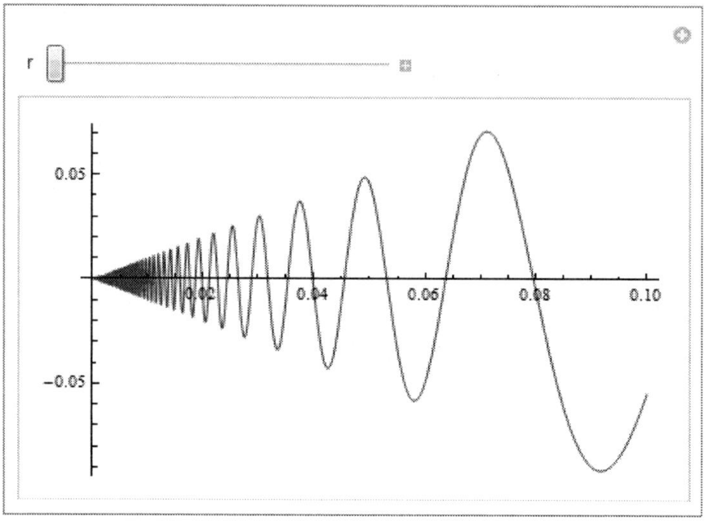

여러 개의 a, b, c 값에 대하여 $a(x-b)^2+c$ 의 그래프를 그리자.

```
In[4]:= Manipulate[Plot[a (x - b)^2 + c, {x, -5, 5}, PlotRange → 5,
          PlotLabel → "y=a(x-b)^2+c"], {a, -1, 1}, {{b, -1}, -3, 3},
        {{c, 2}, -3, 3}]
```

Out[4]=

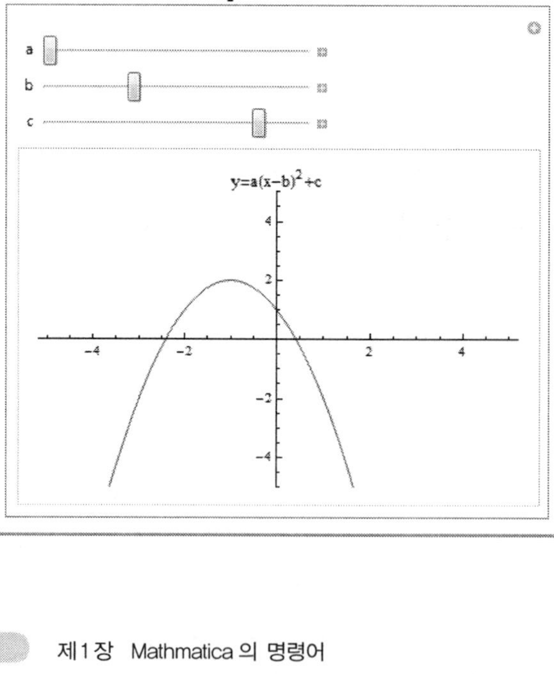

위의 그림에서 a, b, c에 해당되는 를 눌러서 그래프가 변하는 것을 볼 수 있다. 여러 개의 x값에 대하여 x^2의 값을 구하자.

```
In[5]:= Manipulate[
          Text@Grid[{{"x", "x²"}, {x, x²}}, Dividers → All, ItemSize → 5],
          {{x, 5.3}, 1, 10, .1}]
```

Out[5]=

x

x	x^2
5.3	28.09

여러 개의 h값에 대하여 $\dfrac{\sin(x+h)-\sin x}{h}$의 그래프와 $\cos x$의 그래프를 그리자.

```
In[6]:= Clear[x, h]; Manipulate[Plot[{(Sin[x + h] - Sin[x])/h, Cos[x]}, {x, -2 π, 2 π}],
          {h, 2, 0.01}]
```

Out[6]=

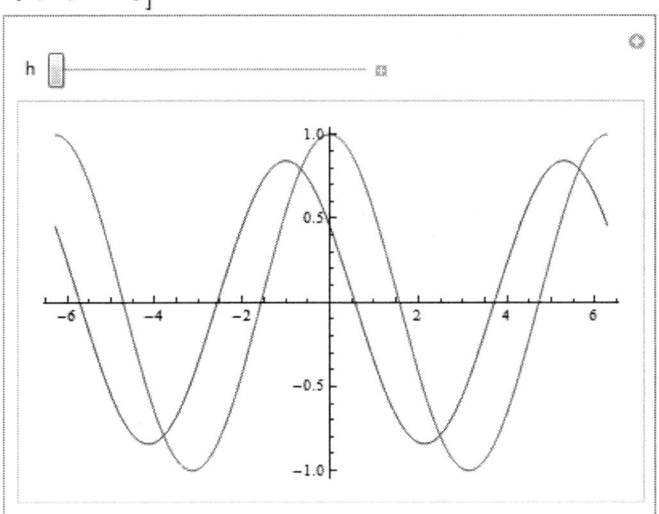

순수함수(Pure Function)

명령어 Function을 이용하여 함수 $1+\sin x$ 를 정의하고 $x=\pi$ 에서의 값을 구하자.

```
In[1]:= Clear[f];
        f = Function[x, 1 + Sin[x]];
        f[π]
Out[3]= 1
```

위 함수의 $x=\frac{\pi}{2}$, π 에서의 값을 함께 구하자.

```
In[4]:= f[{π/2, π}]
Out[4]= {2, 1}
```

위의 경우는 변수가 한 개인 경우이고 다음은 변수가 두 개인 경우에 대하여 알아보자. 함수 g 를 $1+\sin x+\cos y$ 로 정의하고 $x=\frac{\pi}{4}$, $y=\frac{\pi}{2}$ 에서 g 의 값을 구하자.

```
In[5]:= Clear[g];
        g = Function[{x, y}, 1 + Sin[x] + Cos[y]];
        g[π/4, π/2]
Out[7]= 1 + 1/√2
```

두 값을 함께 구하자.

```
In[8]:= g[{π/4, π/2}, {π/2, π}]
Out[8]= {1 + 1/√2, 1}
```

위의 방법은 명령어 Function을 사용하였고 다음과 같은 방법으로 함수를 정의할 수도 있다. 일변수 함수에 대하여 알아보자. 함수 $y=x^2$ 을 정의하고 $x=6$ 에서의 값을 구하자.

```
In[10]:= squared = (#^2) &;
         squared[6]

Out[11]= 36
```

$x=1,\ 2,\ 3,\ 4,\ 5,\ 6$ 에서 x^2 의 값을 구하자.

```
In[12]:= squared[{1, 2, 3, 4, 5, 6}]

Out[12]= {1, 4, 9, 16, 25, 36}
```

$x=2,\ y=2$ 에서 x^2+y^3 의 값을 구하자.

```
In[13]:= (#1^2 + #2^3) &[2, 2]

Out[13]= 12
```

$(x,\ y)=(2,\ 2),\ (3,\ 3),\ (4,\ 4),\ (5,\ 5)$ 에서 x^2+y^3 의 값을 구하자.

```
In[14]:= (#1^2 + #2^3) &[{2, 3, 4, 5}, {2, 3, 4, 5}]

Out[14]= {12, 36, 80, 150}
```

이변수 함수 x^2+y^3 을 정의하고 $x=2,\ y=2$ 에서의 값을 구하자.

```
In[15]:= doublesquare = (#1^2 + #2^3) &;
         doublesquare[2, 2]

Out[16]= 12
```

$(x,\ y)=(2,\ 2),\ (3,\ 3),\ (4,\ 4),\ (5,\ 5)$ 에서 이변수 함수 x^2+y^3 의 값을 구하자.

```
In[17]:= doublesquare[{2, 3, 4, 5}, {2, 3, 4, 5}]

Out[17]= {12, 36, 80, 150}
```

리스트의 모든 원소가 짝수인가를 판단하는 함수는 다음과 같이 정의하고 리스트 {1, 2, 4}와 {2, 4, 6}에 대하여 모든 원소가 짝수인가 알아보자.

```
In[18]:= areEE[list_] := Apply[And, Map[EvenQ, list]];
         areEE[{1, 2, 4}]

Out[19]= False
In[18]:= areEE[list_] := Apply[And, Map[EvenQ, list]];
         areEE[{1, 2, 4}]
```

위의 함수는 다음과 같이 정의할 수도 있다.

```
In[21]:= secondEE = (Apply[And, Map[EvenQ, #]]) &;
         secondEE[{1, 2, 4}]

Out[22]= False
In[23]:= secondEE[{2, 4, 6}]

Out[23]= True
```

또는 다음과 같이 정의할 수도 있다.

```
In[24]:= thirdEE = Function[x, Apply[And, Map[EvenQ, x]]];
         thirdEE[{1, 2, 4}]

Out[25]= False
In[26]:= thirdEE[{2, 4, 6}]

Out[26]= True
```

몇 가지 예를 보자. $x-\frac{y}{2}$의 Head를 gg로 바꾸자. 우선 $x-\frac{y}{2}$의 Head를 구하자.

```
In[27]:= FullForm[x - y / 2]
    Out[27]//FullForm=
        Plus[x, Times[Rational[-1, 2], y]]
```

$x-\frac{y}{2}$ 의 Head는 Plus이며 이를 gg로 바꾸자.

```
In[28]:= Apply[gg, x - y / 2]
Out[28]= gg[x, -y/2]
```

함수 g 를 $1+\sin x+\sin y$ 로 정의하고 $x-\frac{y}{2}$ 의 Head를 g 로 바꾸자.

```
In[29]:= Clear[g];
         g = Function[{x, y}, 1 + Sin[x] + Sin[y]];
         Apply[g, x - y / 2]
Out[31]= 1 + Sin[x] - Sin[y/2]
```

함수 f, g 에 대하여 함수 $h(x)=f(x)+g(\frac{1}{x})$ 로 정의하고 $h(a)+h(b)$ 를 구하자.

```
In[32]:= Clear[h, f, g];
         h[x_] = f[x] + g[1 / x];
         Map[h, a + b]
Out[34]= f[a] + f[b] + g[1/a] + g[1/b]
```

$x=a, b, c$ 에서 $f(x)+g(\frac{1}{x})$ 의 값을 구하자.

```
In[35]:= Map[f[#] + g[1 / #] &, {a, b, c}]
Out[35]= {f[a] + g[1/a], f[b] + g[1/b], f[c] + g[1/c]}
```

리스트 t를 {1, 2, 3, 4, 5, 6, 7}이라 할 때 t의 최소 원소+2 보다 큰 원소를 모두 구하자.

```
In[36]:= t = Table[n, {n, 7}]

Out[36]= {1, 2, 3, 4, 5, 6, 7}
In[37]:= Select[t, # > Min[t] + 2 &]

Out[37]= {4, 5, 6, 7}
```

t의 최소 원소+2 보다 큰 원소 중 처음 두 원소를 구하자.

```
In[38]:= Select[t, # > Min[t] + 2 &, 2]

Out[38]= {4, 5}
```

합성 함수

합성 함수에 관한 명령어는 다음과 같다.

명령어	값
Composition[f_1, f_2, f_3,…][x]	$f_1(f_2(\cdots(x))))$
Nest[f, x, n]	$f(f(\cdots(x)))$
NestList[f, x, n]	$\{x, f(x), f(f(x)), \cdots\}$
Fold[f, x,{a, b, …}]	$f(f(\cdots(f(x,a),b),\cdots)$
FoldList[f,x,{a, b, …}]	$\{x, f(x,a), f(f(x,a),b), \cdots\}$

Composition[f,g]와 f[g[##]]&는 같은 명령어이며

Compoisition[f, g, h][x], $f@g@h@x$, $x//h//g//f$

는 같은 명령어 이다.

다음의 예를 보자. $f(f(f(y))$를 구하자.

```
In[1]:= Composition[f, f, f][y]
Out[1]= f[f[f[y]]]
```

위의 값은 다음과 같이 구할 수 있다.

```
In[2]:= Nest[f, y, 3]
Out[2]= f[f[f[y]]]
```

{y, f[y], f[f[y]], f[f[f[y]]]}는 다음과 같이 구할 수 있다.

```
In[3]:= NestList[f, y, 3]
Out[3]= {y, f[y], f[f[y]], f[f[f[y]]]}
```

$(((b+2)+2)+2)+2$ 를 구하자.

```
In[4]:= Nest[#1 + 2 &, b, 4]
Out[4]= 8 + b
```

$\{b,\ b+2,\ (b+2)+2,\ ((b+2)+2)+2,\ (((b+2)+2)+2)+2$ 를 구하자.

```
In[5]:= NestList[#1 + 2 &, b, 4]
Out[5]= {b, 2 + b, 4 + b, 6 + b, 8 + b}
```

$\tan^{-1}(\sin(\cos^{-1}(0)))$ 을 구하자.

```
In[6]:= Composition[ArcTan, Sin, ArcCos][0]
Out[6]= π/4
```

$\sqrt{2^4}$ 을 구하자.

```
In[7]:= Composition[Sqrt, #1^4 &][2.0]
Out[7]= 4.
```

Fold와 FoldList의 예를 보자.

```
In[8]:= Fold[f, a, {b, c, d}]
Out[8]= f[f[f[a, b], c], d]
In[9]:= FoldList[f, a, {b, c, d}]
Out[9]= {a, f[a, b], f[f[a, b], c], f[f[f[a, b], c], d]}
```

$\{2, 2^2, 2^3, 2^4, 2^5\}$를 구하자.

```
In[10]:= FoldList[Power, 2, {2, 2, 2, 2}]
Out[10]= {2, 4, 16, 256, 65536}
```

그 외에 명령어 MapThread, Inner, Outer는 다음과 같은 결과를 준다.

```
In[11]:= MapThread[f, {{a, b, c}, {1, 2, 3}}]
Out[11]= {f[a, 1], f[b, 2], f[c, 3]}
In[12]:= Inner[f, {a, b, c}, {x, y, z}, g]
Out[12]= g[f[a, x], f[b, y], f[c, z]]
In[13]:= Outer[f, {a, b}, {c, d}]
Out[13]= {{f[a, c], f[a, d]}, {f[b, c], f[b, d]}}
In[14]:= Outer[Plus, {a, b}, {c, d}, {e}]
Out[14]= {{{a + c + e}, {a + d + e}}, {{b + c + e}, {b + d + e}}}
In[15]:= Outer[Times, {a, b}, {c, d}]
Out[15]= {{a c, a d}, {b c, b d}}
```

with

$a = 10^{-10}$ 일 때, $f(x) = x^2 - 2x + 4$ 의 그래프를 구간 [2−a, 2+a]에서 그리자.

```
In[1]:= f[x_] = x^2 - 2 x + 4; With[{a = 10^-10}, Plot[f[x], {x, 2 - a, 2 + a}]]
```

Out[1]=

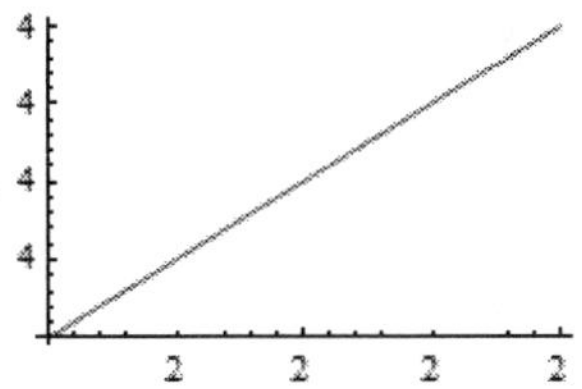

$a=1$ 일 때, $f(x)=x^2-2x+4$ 의 그래프를 구간 [2−a, 2+a]에서 그리자.

```
In[2]:= With[{a = 1}, Plot[f[x], {x, 2 - a, 2 + a}]]
```

Out[2]=

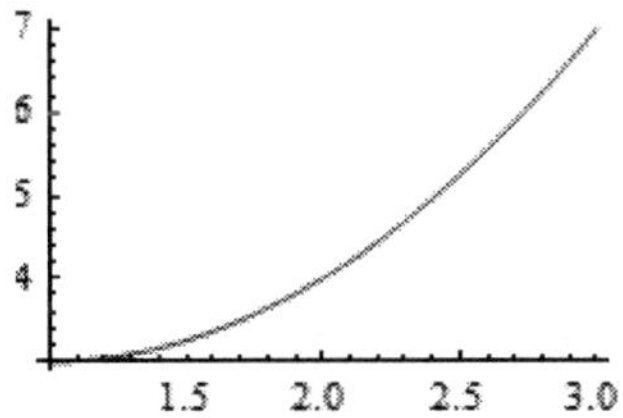

?와 ??

다음에서는 $f(x)=x^2$ 이라고 정의하자.

```
In[1]:= Clear[f];
        f[x_] := x^2;
```

이제 f가 무엇인지를 알고 싶을 때는 다음과 같은 방법으로 알 수 있다.

```
In[3]:= ?f

  Global`f

  f[x_] := x^2
```

위에서 f가 무엇인지를 알려주고 있다. 다음은 Mathematica에 내장되어 있는 함수에 대하여 실행하여 보자. Plot이 무엇인지를 알아보자.

```
In[4]:= ?Plot

Plot[f, {x, xmin, xmax}] generates a plot of f as a function of x from xmin to xmax.
Plot[{f1, f2, ...}, {x, xmin, xmax}] plots several functions fi. ≫
```

위에서 Plot이 무엇인지를 알려주고 있는데 Plot의 속성(Attribute)과 Option에 대해 알려면 다음과 같이 하면 된다.

```
In[5]:= ?? Plot

Plot[f, {x, xmin, xmax}] generates a plot of f as a function of x from xmin to xmax.
Plot[{f1, f2, ...}, {x, xmin, xmax}] plots several functions fi. ≫

Attributes[Plot] = {HoldAll, Protected}

Options[Plot] = {AlignmentPoint → Center, AspectRatio → 1/GoldenRatio,
  Axes → True, AxesLabel → None, AxesOrigin → Automatic,
  AxesStyle → {}, Background → None, BaselinePosition → Automatic,
  BaseStyle → {}, ClippingStyle → None, ColorFunction → Automatic,
  ColorFunctionScaling → True, ColorOutput → Automatic,
  ContentSelectable → Automatic, CoordinatesToolOptions → Automatic,
  DisplayFunction :→ $DisplayFunction, Epilog → {},
  Evaluated → System`Private`$Evaluated, EvaluationMonitor → None,
  Exclusions → Automatic, ExclusionsStyle → None, Filling → None,
  FillingStyle → Automatic, FormatType :→ TraditionalForm,
  Frame → False, FrameLabel → None, FrameStyle → {},
  FrameTicks → Automatic, FrameTicksStyle → {}, GridLines → None,
  GridLinesStyle → {}, ImageMargins → 0., ImagePadding → All,
  ImageSize → Automatic, ImageSizeRaw → Automatic, LabelStyle → {},
  MaxRecursion → Automatic, Mesh → None, MeshFunctions → {#1 &},
  MeshShading → None, MeshStyle → Automatic, Method → Automatic,
  PerformanceGoal :→ $PerformanceGoal, PlotLabel → None,
  PlotPoints → Automatic, PlotRange → {Full, Automatic},
  PlotRangeClipping → True, PlotRangePadding → Automatic,
  PlotRegion → Automatic, PlotStyle → Automatic,
  PreserveImageOptions → Automatic, Prolog → {},
  RegionFunction → (True &), RotateLabel → True, Ticks → Automatic,
  TicksStyle → {}, WorkingPrecision → MachinePrecision}
```

다음은 Mathematica의 명령어 중에서 Pl로 시작되는 명령어가 무엇이 있는지 알아보자.

```
In[6]:= ?Pl*
```

^ System`

Placed	Plot3Matrix	PlotRangeClipping
Placeholder	PlotDivision	PlotRangePadding
Plain	PlotJoined	PlotRegion
Play	PlotLabel	PlotStyle
PlayRange	PlotMarkers	Plus
Plot	PlotPoints	PlusMinus
Plot3D	PlotRange	

PlotRegion is an option for graphics functions that

제 2 장

미적분학

2장에서는 미적분학에서의 문제를 Mathematica를 사용하여 풀자.

2.1 그래프와 정의역

구간 [0, 1]에서 $y = x^2$의 그래프에 대하여 알아보자.

$y = x^2$ 의 그래프는 다음과 같다.

```
In[1]:= Plot[x^2, {x, 0, 1}, PlotStyle → RGBColor[0, 0, 1]]
```

Out[1]=

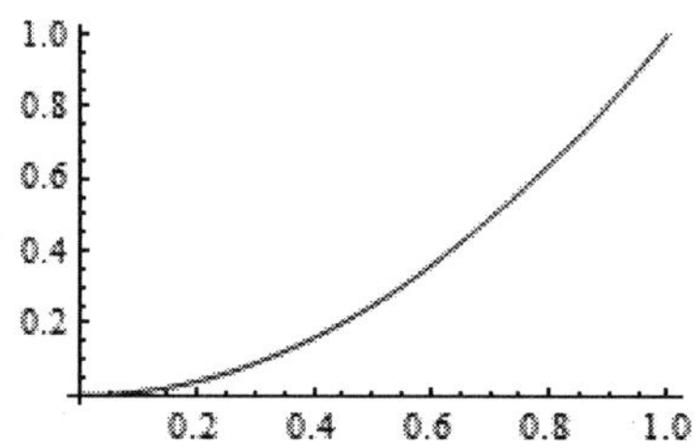

만일 우리가 구간 [0, 1]에서 $y = f(x)$의 그래프를 손으로 그린다면 구간 [0, 1]에서 몇 개의 수 x_i, $i = 1, 2, \cdots, n$를 택하여 각 x_i에서 함수값 $f(x_i)$의 값을 구하여 점 $(x_i, f(x_i))$들을 잇는 작업을 할 것이다. In[2]에서 정의한 pts는 구간 $[a, b]$에서 점 $(x_i, f(x_i))$, $i = 0, 1, \cdots, n$을 택하는 함수이다. pts는 변수를 f, a, b, n으로 갖는데, 여기서 f는 그리고자 하는 함수이며, a는 구간의 시점, b는 구간의 종점, 그리고 n은 구간 $[a, b]$에서 택하고자 하는 점의 수이다.

```
In[2]:= pts[f_, a_, b_, n_] := Table[{a + k * (b - a) / n, f[a + k * (b - a) / n]},
           {k, 0, n}];
        f[x_] := x^2;
```

이제 함수 $y = x^2$에 대하여 구간 [0, 1]에서 6개의 수를 택하여 점 $(x_i, f(x_i))$들을 찍자.

```
In[4]:= ListPlot[pts[f, 0, 1, 5], PlotStyle → PointSize[0.02]]
```

Out[4]=

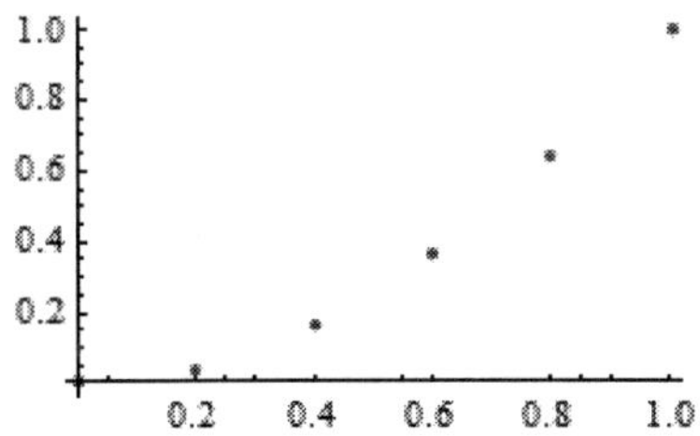

위의 점들을 이어 보면 다음과 같다.

```
In[5]:= Clear[p1, p2, p3, g1, g2, g3];
        p1 = Graphics[{PointSize[0.02],
              Map[Point, pts[f, 0, 1, 5]]}];
        g1 = ListPlot[pts[f, 0, 1, 5],
              PlotJoined → True];
        Show[p1, g1, Axes → True,
          AxesLabel → {"x", "y"}]
```

Out[8]=

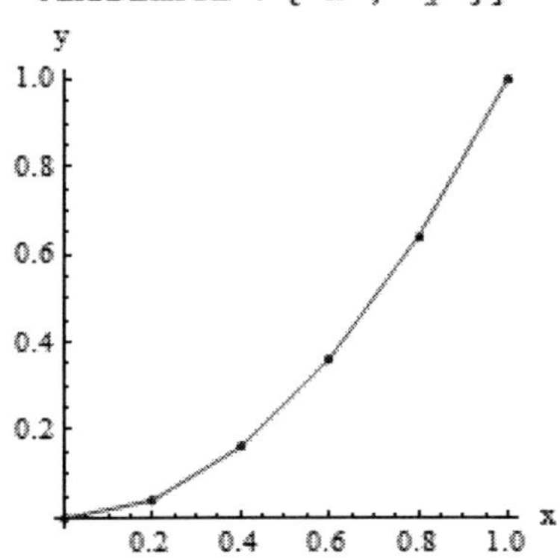

이제 구간 [0, 1]에서 11개의 수를 택하여 위의 작업을 하자.

```
In[9]:= ListPlot[pts[f, 0, 1, 10], PlotStyle → PointSize[0.02]]
```

Out[9]=

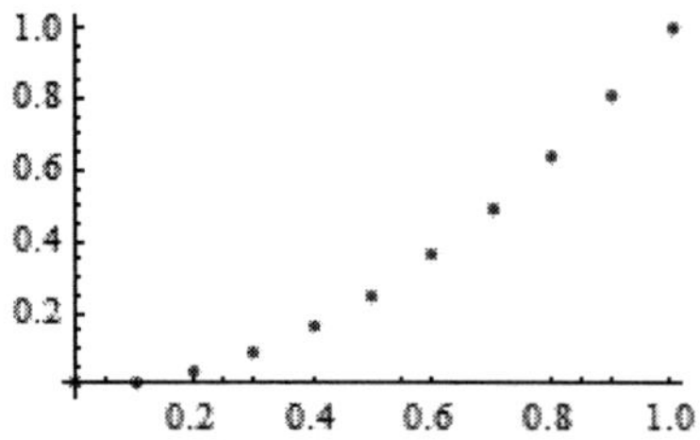

```
In[10]:= p2 = Graphics[{PointSize[0.02],
           Map[Point, pts[f, 0, 1, 10]]}];
         g2 = ListPlot[pts[f, 0, 1, 10],
           PlotJoined → True];
         Show[p2, g2, Axes → True,
           AxesLabel → {"x", "y"}]
```

Out[12]=

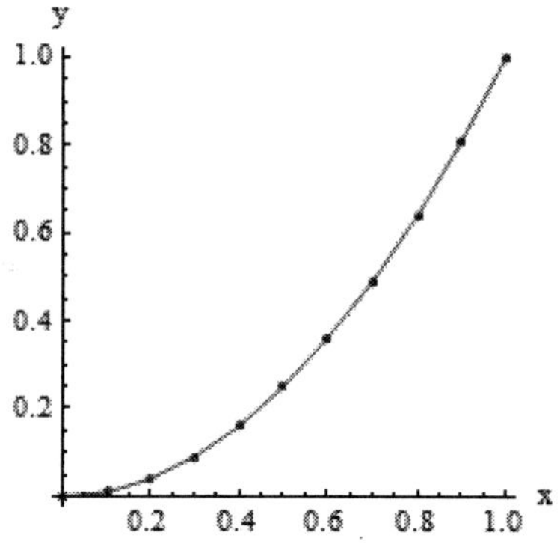

다음은 51개의 수를 택하여 위의 작업을 하자.

```
In[13]:= ListPlot[pts[f, 0, 1, 50], PlotStyle → PointSize[0.015]]
```

Out[13]=

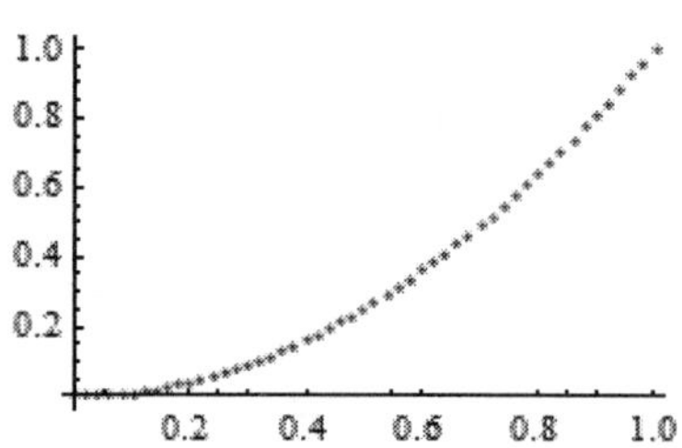

```
In[14]:= p3 =  Graphics[{PointSize[0.013],
          Map[Point, pts[f, 0, 1, 50]]}];
        g3 = ListPlot[pts[f, 0, 1, 50],
             PlotJoined → True];
        Show[p3, g3, Axes → True,
             AxesLabel → {"x", "y"}]
```

Out[16]=

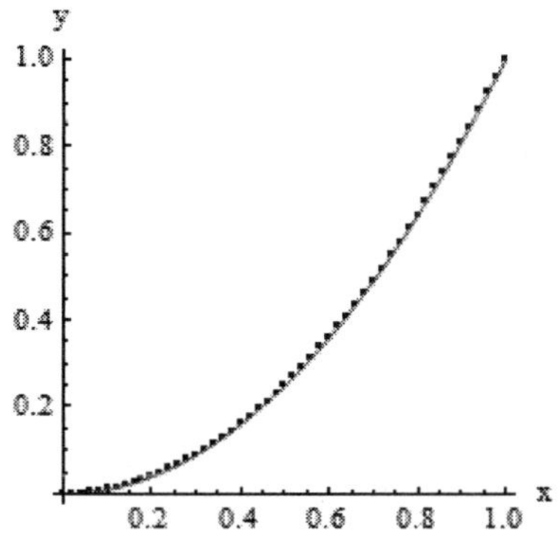

위의 그래프는 거의 $y = x^2$ 의 그래프와 같음을 알 수 있다. 따라서 구간 내에서 많은 점들을 택하면 택할수록 우리가 얻고자 하는 그래프에 가까워짐을 알 수 있다. 다음은 점의 수를 401개로 하여 점들을 찍자.

```
In[17]:= ListPlot[pts[f, 0, 1, 400], PlotStyle → PointSize[0.01]]
```

Out[17]=

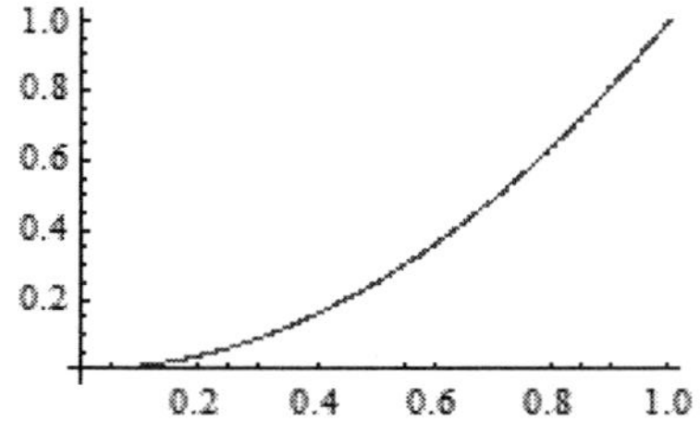

곡면 $\frac{x^2}{9}+\frac{y^2}{4}+z^2=1$ 의 그래프를 그리기 위하여 위의 곡면이 정의되는 영역에 대하여 알아보자.

위의 방정식은

$$z^2=1-\frac{x^2}{9}-\frac{y^2}{4}$$

으로 쓸 수 있으며, 따라서 $\frac{x^2}{9}+\frac{y^2}{4}+z^2=1$ 의 정의역은

$$1-\frac{x^2}{9}-\frac{y^2}{4}\geq 0$$

을 만족하는 점 $(x,\ y)$ 들의 집합이다. $f(x,\ y)=1-\frac{x^2}{9}-\frac{y^2}{4}$ 라 할 때 $f(x,\ y)\geq 0$ 을 만족시키는 점들의 집합을 구하기 위하여 $f(x,\ y)=0$ 의 그래프를 그리고 $f(x,\ y)\geq 0$ 인 점들의 집합을 구하자.

```
In[1]:= Clear[f, g];
        f[x_, y_] := 1 - x^2/9 - y^2/4;
        ContourPlot[f[x, y], {x, -5, 5}, {y, -5, 5}, Contours → {0},
          ContourShading → False]
```

Out[3]=

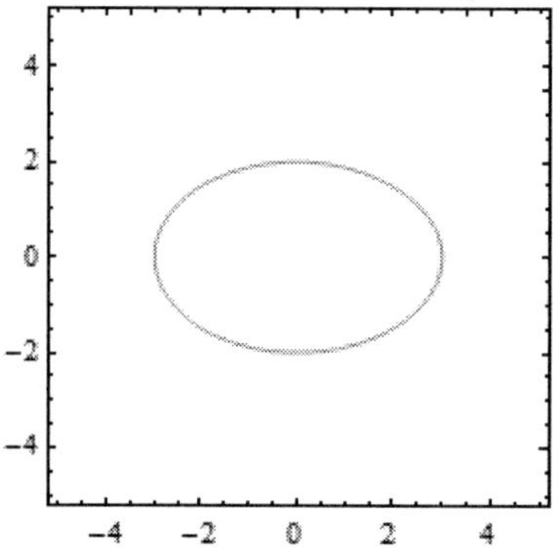

따라서 $f(x,\ y)=0$ 의 그래프는 Out[3]과 같다. 또한 Out[4]에서 알 수 있듯이 점 $(0,\ 0)$ 은 위의 그래프의 내점이다.

```
In[4]:= f[0, 0]

Out[4]= 1
```

$f(0,\ 0) > 0$ 이므로 위의 타원의 내부 및 경계가 정의역이 됨을 알 수 있다. 방정식 $f(x,\ y) = 0$, 즉 $1 = \dfrac{x^2}{9} + \dfrac{y^2}{4}$ 의 그래프를 그리기 위해 매개방정식을 이용하자. 위의 방정식의 해는 매개변수 t 를 이용하여

$$x = 3\cos t,\ \ y = 2\sin t$$

로 쓸 수 있다. 따라서 위의 그래프는 다음과 같다.

```
In[5]:= ParametricPlot[{3*Cos[t], 2*Sin[t]}, {t, 0, 2π}]
```

Out[5]=

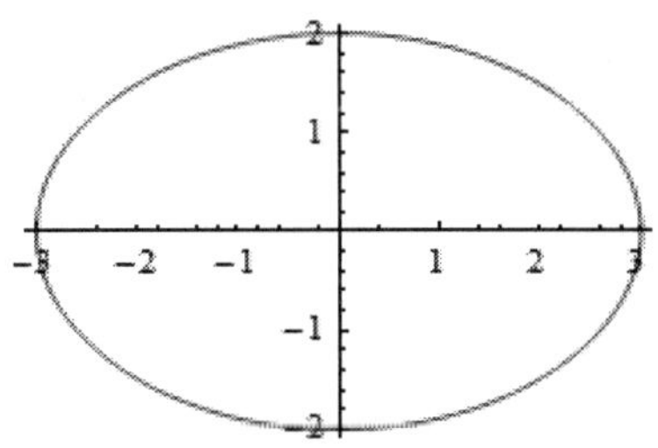

2.2 극한과 연속성

$\lim_{x\to 0}\frac{1-\cos x}{x}$ 의 값을 수치적인 근사값으로 구하자.

함수 $f(x)=\frac{1-\cos x}{x}$ 는 $x=0$ 에서 정의되어 있지 않다. x 가 0으로 수렴할 때 $f(x)$ 의 극한값을 구하기 위하여 0에 가까운 x 에 대하여 $f(x)$ 의 값을 구하고 그에 대응하는 점들을 그래프로 그리자.

```
In[1]:= Clear[f];
        f[x_] := (1 - Cos[x]) / x;
        fvalue = Table[{N[(11 - k) * 10^-3], N[f[(11 - k) * 10^-3]]}, {k, 1, 10}];
        value = TableForm[fvalue, TableHeadings -> {None,
            {"x\n", "f[x]\n"}}]
Out[4]//TableForm=
            x       f[x]

            0.01    0.00499996
            0.009   0.00449997
            0.008   0.00399998
            0.007   0.00349999
            0.006   0.00299999
            0.005   0.00249999
            0.004   0.002
            0.003   0.0015
            0.002   0.001
            0.001   0.0005
In[5]:= ListPlot[fvalue, PlotRange -> {{0, 0.01}, {0, 0.005}},
         PlotStyle → PointSize[0.015], AxesOrigin → {0, 0}]
```

Out[5]= 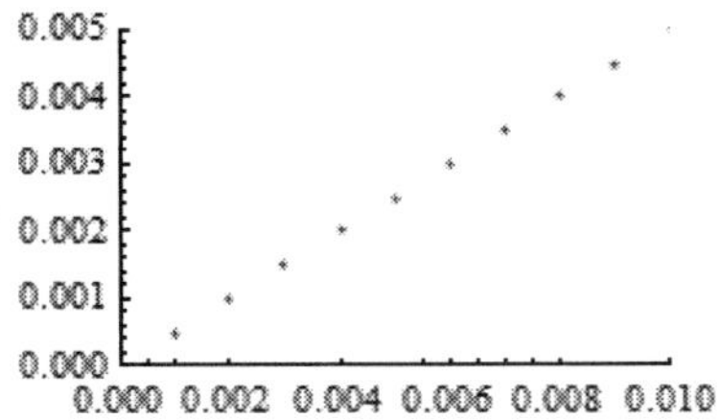

따라서 $x \approx 0$ 이면 $f(x) \approx 0$ 임을 알 수 있으며 실제 $f(x)$ 의 그래프를 0 근방에서 그려 보면 다음과 같다.

```
In[6]:= Plot[f[x], {x, -π/2, π/2}]
```

Out[6]= 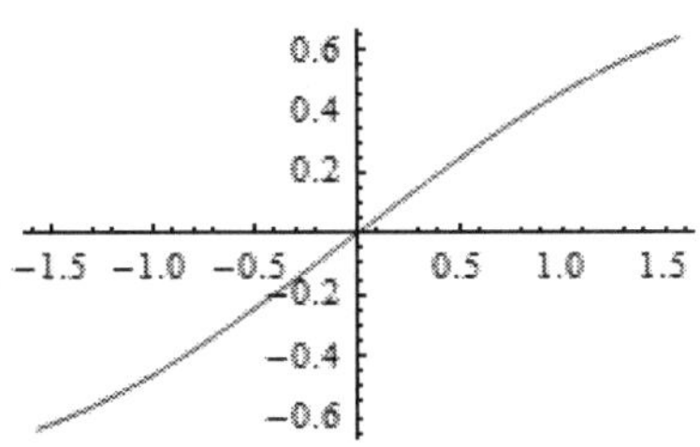

x 가 0으로 수렴할 때 $f(x)$ 의 극한값을 구해 보면 다음과 같다.

```
In[7]:= lim = Limit[f[x], x → 0]
Out[7]= 0
```

함수 $f(x) = \begin{cases} x^2, x > -1 \\ 2, x = -1 \\ -3x + 2, x > -1 \end{cases}$ 에 대하여 $f(x)$ 의 $x = 1$ 에서의 좌극한 값과 우극한 값을 수치적으로 구하자. ■

우선 $y = f(x)$ 의 그래프를 그리자.

```
In[1]:= Clear[f];
        f[x_] := x^2 /; x < -1;
        f[-1] = 2;
        f[x_] := -3 x + 2 /; x > -1;
        picture = Plot[f[x], {x, -3, 1}];
        point = Graphics[{{PointSize[0.07], Point[{-1, f[-1]}]},
             Text["y=f[x]", {-2, 6}]}];
        Show[picture, point, AxesLabel → {"x", "f[x]"}]
```

Out[7]=

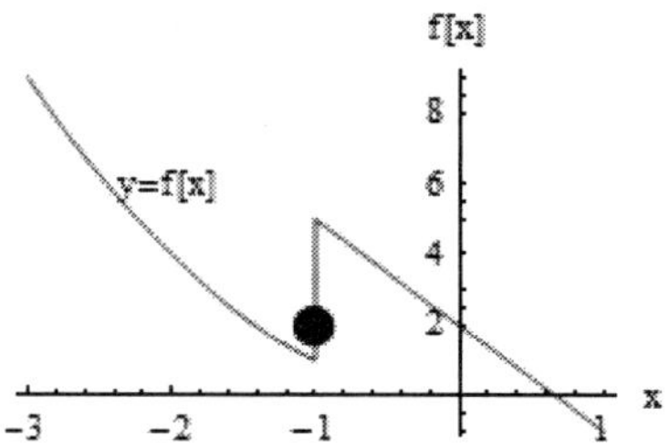

다음은 구간 $[-1-10^{-n}, -1](n=1, 2, \cdots, 5)$ 에서 x를 임의로 택하여 그 점에서의 $f(x)$ 의 값을 구하자.

```
In[8]:= xval = Table[Random[Real, {-1 - 10^-n, -1}], {n, 1, 5}];
        fval = Map[f, xval];
        values = Table[{xval[[i]], fval[[i]]}, {i, 1, 5}];
        TableForm[values, TableHeadings → {None, {"x", "f(x)"}}]
```

Out[11]//TableForm=

x	f(x)
-1.00462	1.00926
-1.00095	1.00191
-1.00093	1.00186
-1.00008	1.00016
-1.	1.

위에서 볼 수 있듯이 $x<-1$ 이고 -1 에 가까운 x 에 대하여 그에 대응하는 $f(x)$ 의 값은 거의 1 임을 알 수 있다. 따라서 x 가 음의 방향에서 -1 로 수렴할 때 $f(x)$ 의 극한값은 1 임을 알 수 있다. 다음은 x 가 양의 방향에서 -1 로 수렴할 때 $f(x)$ 의 값을 수치적으로 구하자.

```
In[12]:= xvalplus = Table[Random[Real, {-1 + 10^-n, -1}], {n, 1, 5}];
         fvalplus = Map[f, xvalplus];
         valuesplus = Table[{xvalplus[[i]], fvalplus[[i]]}, {i, 1, 5}];
         TableForm[valuesplus, TableHeadings → {None, {"x", "f[x]"}}]
Out[15]//TableForm=
```

x	f[x]
-0.957621	4.87286
-0.992078	4.97623
-0.999912	4.99974
-0.999981	4.99994
-0.999992	4.99998

위에서 볼 수 있듯이 x가 양의 방향에서 -1로 수렴할 때 $f(x)$는 5로 수렴함을 알 수 있다.

함수 $h(x)=\sin\frac{1}{x}$에 대하여 알아보자.

함수 $h(x)$는 $x=0$에서 정의되어 있지 않으며 x가 0으로 수렴할 때 $h(x)$가 수렴하는지를 살펴보기 위하여 $k=1, \cdots, 10$에 대하여 구간 $[0, 10^{-k}]$에서 임의의 실수를 택하여 그 점에서의 함수의 값을 구하자.

```
In[1]:= Clear[h];
        h[x_] = Sin[1/x];
        htable = Reverse[Sort[Table[{Random[Real, {0, 10^-k}]},
              {k, 1, 10}]]];
        hvalue = Map[h, htable];
        hlimit = TableForm[Table[{htable[[k]], hvalue[[k]]},
            {k, 1, 10}]]
Out[5]//TableForm=
```

0.0870551	-0.88167
0.00739541	-0.1302
0.000632509	-0.706669
0.0000670441	-0.67063
5.51474×10^{-6}	-0.467978

```
8.8273×10^-8     -0.915485
3.37586×10^-8    0.682035
3.69107×10^-9    -0.0738331
8.4357×10^-10    -0.532789
1.62944×10^-11   -0.844179
```

위에서 볼 수 있듯이 x가 0으로 수렴할 때 $h(x)$는 일정한 값으로 수렴하지 않는다는 사실을 알 수 있다.

2.3 도함수

$f(x)=\dfrac{x^2+x}{10}$ 의 $x=0$ 에서의 미분값과 접선에 대하여 알아보자

함수 $y=f(x)$ 에서 점 c 에서의 미분값 $f'(c)$ 는 $y=f(x)$ 의 그래프에서 $x=c$ 에서의 접선의 기울기를 의미함을 Out[9]의 두 번째 그래프를 통하여 알아보자. $f(x)=\dfrac{x^2+x}{10}$ 에 대하여 양의 실수 h 가 0에 가까워질 때 두 점 $(0,\ f(0))$, $(h,\ f(h))$ 를 잇는 직선 $y=\dfrac{f(h)-f(0)}{h}x+f(0)$ 의 그래프가 $x=0$ 의 접선으로 수렴함을 Out[9]의 그래프에서 보자. Out[9]의 두 번째 그래프에서 $x=0$ 에서의 접선은 굵은 실선으로 나타나고 있으며 두 점 $(0,\ f(0))$, $(h,\ f(h))$ 을 잇는 직선은 점선으로 표시되어 있고 h 가 양의 실수로서 0에 가까워짐에 따라 두 점 $(0,\ f(0))$, $(h,\ f(h))$ 을 잇는 직선에서 점선의 크기가 점점 작아지고 있다. 따라서 h 가 양의 실수로서 0에 가까워짐에 따라 두 점 $(0,\ f(0))$, $(h,\ f(h))$ 을 잇는 직선은 $x=0$ 에서의 접선으로 수렴함을 알 수 있다. Out[8]의 첫 번째 그래프는 $y=f(x)$ 와 $y=f(x)$ 의 $x=0$ 에서의 접선이다.

```
In[1]:= Clear["p*", "f*", g, "t*"];
        f[x_] := (x^2 + x)/10;
        derf[x_] = D[f[x], x];
        tan[x_] := derf[0] * x + f[0];
        g[x_, h_] := (f[h] - f[0])/h * x + f[0];
        pic = Table[Plot[g[x, i], {x, -2, 5},
              PlotStyle -> Dashing[{i * 0.01}]], {i, 1, 5, 1}];
        fGraph = Plot[{f[x], tan[x]}, {x, -2, 5},
```

```
        PlotStyle → {Thickness[0.007],
         Thickness[0.02]}];
   Plot[{f[x], tan[x]}, {x, -2, 6},
        PlotStyle → {{},
         Thick}]
```

Out[8]=

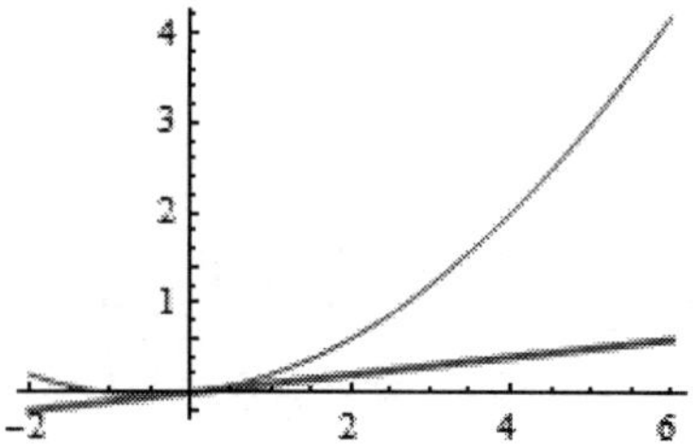

Out[9]=

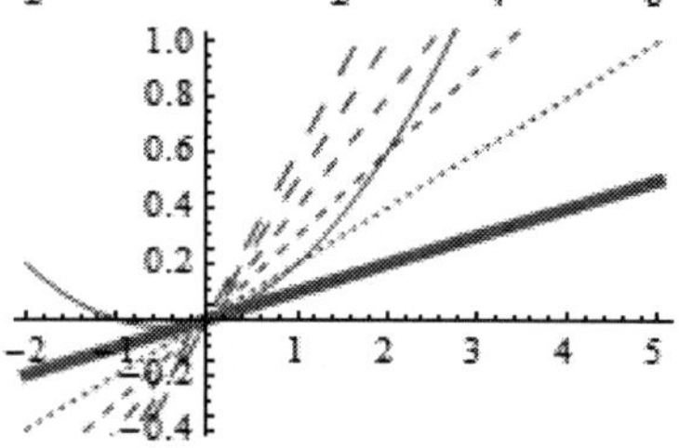

```
In[9]:= Show[pic, fGraph]
```

$f(x)=\dfrac{x^2+x}{10}$ 의 $x=0$에서의 미분값과 접선에 대하여 알아보자

다음은 함수 $h(x)=x^2-1$에 대하여 방정식 $h(x)=0$의 해를 m1, m2라 할 때 두 점 (m1, h(m1)), (m2, h(m2))에서의 접선과 법선을 그리자. In[4]에서는 방정식 $h(x)=0$의 해를 구하고, $h(x)$의 미분, 즉 x에서의 접선의 기울기를 hder, 법선의 기울기를 norm이라 하고, $x=$ m1에서의 접선의 방정식, 법선의 방정식을 각각 tan1, normal1이라 하였고, $x=$ m2에서의 접선, 법선의 방정식을 각각 tan2, normal2라 하였다.

```
In[1]:= Clear[h, hder, sol, m1, m2, hder, norm, normal1, normal2];
        h[x_] := x^2 - 1;
        sol = Solve[h[x] == 0, x]

Out[3]= {{x → -1}, {x → 1}}

In[4]:= m1 =  sol[[1, 1, 2]];
        m2 = sol[[2, 1, 2]];
        hder[x_] = D[h[x], x];
        norm[x_] := - 1/hder[x];
        normal1[x_] := norm[m1] (x - m1) + h[m1];
        normal2[x_] := norm[m2] (x - m2) + h[m2];
        tan1[x_] := hder[m1] * (x - m1) + h[m1];
        tan2[x_] := hder[m2] * (x - m2) + h[m2];
        Plot[{h[x], normal1[x], normal2[x], tan1[x], tan2[x]},
          {x, -2, 2}, PlotStyle → {Thickness[0.02], Dashing[{0.05}],
          Dashing[{0.05}], {}, {}},
          AspectRatio → Automatic]
```

Out[12]=

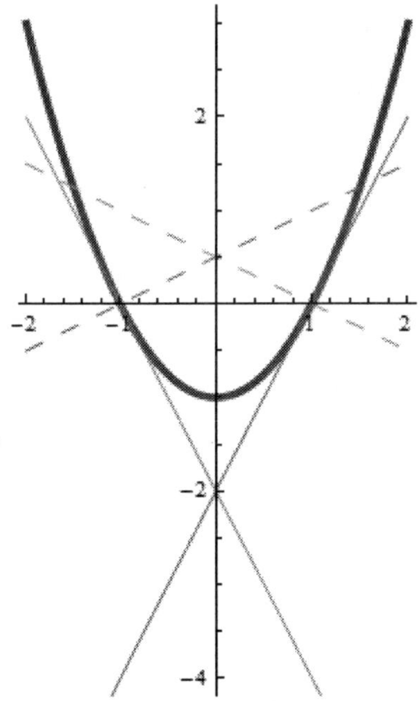

함수 $f(x)=\begin{cases} x\sin\dfrac{1}{x}, & x\neq 0 \\ 0, & x=0 \end{cases}$ 에 대하여 $x=0$ 에서의 미분값을 알아보자. ■

우선 $y=f(x)$ 의 그래프를 구간 $[-\pi,\ \pi]$, $[-\pi/10,\ \pi/10]$ 에서 그리자.

```
In[1]:= Clear[f, m1, m2];
        f[x_] := x Sin[1/x] /; x != 0;
        f[0] = 0;
        m1 = Plot[f[x], {x, -π, π},
           PlotLabel → "x varies\n on [-π, π]\n"];
        m2 = Plot[f[x], {x, -π/10, π/10},
           PlotLabel → "x varies\n on [-π/10, π/10]\n"];
        GraphicsColumn[{m1, m2}, ImageSize → 220]
```

Out[6]=

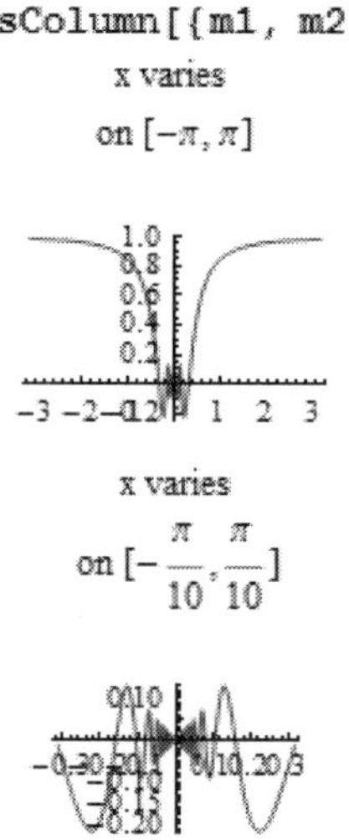

위의 그림에서 우리는 $\lim_{x\to 0} f(x)=0$ 임을 알 수 있고 따라서 $y=f(x)$ 는 $x=0$ 에서 연속임을 알 수 있다. 이제 $x=0$ 에서 $y=f(x)$ 의 미분값을 수치적으로 생각하기 위하여 0에 아주 가까운 h 에 대하여 함수 $g(h)=\dfrac{f(h)-f(0)}{h}$ 로 정의하여

h가 아주 작은 값일 때 $g(h)$의 값을 구하자. (In [7]에서는 $h=10^{-k}$, $k=1, \cdots, 10$에 대응하는 g의 값을 구하였다.)

```
In[7]:= Clear[g, slope];
        g[h_] := (f[h] - f[0])/h;
        slope = Table[{N[10^-k], N[g[10^-k]]}, {k, 1, 10}];
        TableForm[slope, TableHeadings → {None, {"Δx\n",
            "slope\n"}}]
Out[10]//TableForm=
```

Δx	slope
0.1	-0.544021
0.01	-0.506366
0.001	0.82688
0.0001	-0.305614
0.00001	0.0357488
$1.\times10^{-6}$	-0.349994
$1.\times10^{-7}$	0.420548
$1.\times10^{-8}$	0.931639
$1.\times10^{-9}$	0.545843
$1.\times10^{-10}$	-0.487506

위에서 알 수 있는 바와 같이 $\lim_{x\to 0}\frac{f(h)-f(0)}{h}$는 존재하지 않음을 알 수 있다.

미분법

$\frac{d}{dx}\frac{x^2+1}{x-2}$를 구하자.

```
In[1]:= D[(x^2 + 1)/(x - 2), x]

Out[1]= 2 x/(-2 + x) - (1 + x^2)/(-2 + x)^2

In[2]:= % // Simplify

Out[2]= (-1 - 4 x + x^2)/(-2 + x)^2
```

$\frac{d}{dx}\frac{2-3x}{x}$를 구하고 간단히 하자.

```
In[3]:= D[(2 - 3 x)/x, x] // Simplify
Out[3]= -2/x^2
```

$\frac{d^2}{dx^2}\frac{2-3x}{x}$을 구하고 간단히 하자. $\frac{d^2}{dx^2}\frac{2-3x}{x}$를 구하고 Out[4]를 간단히 하여야 하는데 In[6]에서는 두 단계를 한 번에 수행하자.

```
In[4]:= D[(2 - 3 x)/x, {x, 2}]
Out[4]= 2 (2 - 3 x)/x^3 + 6/x^2
In[5]:= Simplify[D[(2 - 3 x)/x, {x, 2}]]
Out[5]= 4/x^3
In[6]:= D[(2 - 3 x)/x, x, x] // Simplify
Out[6]= 4/x^3
```

$\frac{d^n}{dx^n}f(x)$의 값을 구하고자 할 때 D[f[x], {x, n}]과 D[f[x], x, …, x]은 같은 명령어이다.

$x^2+y^2-4x=5$의 그래프와 그래프 위의 점 $(1, \sqrt{8})$에서의 곡선에 대한 접선을 그리자. ■

다음은 음함수의 미분에 대하여 알아보자. 방정식 $f(x, y)=c$ (c는 상수)에서 y

를 x 에 관하여 미분가능한 함수로 생각하여 미분하자. $f(x, y) = x^2 + y^2 - 4x$, $c = 5$ 에 대하여 $\frac{dy}{dx}$ 를 구하자. 이제 y 를 x 에 관하여 미분가능한 함수라 생각하여 $\frac{dy}{dx}$ 를 구하기 위하여 equation을 $x^2 + y^2 - 4x = 5$ 라 하였을 때 equation을 x에 관하여 미분하는 명령어 Dt를 이용하여 미분을 한 다음 Dt[y, x]= $\frac{dy}{dx}$ 에 관하여 방정식을 풀자.

```
In[1]:= Clear[equation, der, implicitder];
        equation = x^2 + y^2 - 4 x == 5;
        der = Dt[equation, x]

Out[3]= -4 + 2 x + 2 y Dt[y, x] == 0

In[4]:= implicitder = Solve[der, Dt[y, x]]

Out[4]= {{Dt[y, x] → (2 - x)/y}}
```

따라서 $\frac{dy}{dx} = \frac{2-x}{y}$ 임을 알 수 있다.

다음은 방정식 $x^2 + y^2 - 4x = 5$ 의 그래프를 그리고 $x = 1$, $y = \sqrt{8}$ 에서의 접선을 그리자. In[7]에서 slope은 접선의 기울기이며, tanline은 접선의 방정식이며, pic1은 $x^2 + y^2 - 4x = 5$ 의 그래프를 나타내며, tline은 접선의 그래프를 그리기 위한 것이며, pt는 점 $x = 1$, $y = \sqrt{8}$ 를 그래프에 표시하기 위한 것이다.

```
In[5]:= Clear[func, slope];
        func = equation[[1]]

Out[6]= -4 x + x^2 + y^2

In[7]:= Clear[tanline, slope, tline, pt, pic1];
        slope = implicitder[[1, 1, 2]] /. {x → 1, y → √8};
        tanline[x_] = slope * (x - 1) + √8 ;
        pic1 = ContourPlot[Evaluate[func], {x, -1, 5}, {y, -3, 3},
          PlotPoints → 30, Contours → {5}, ContourShading → False];
          tline = Plot[tanline[x], {x, -1, 5}];
        pt = Graphics[{PointSize[0.02], Point[{1, Sqrt[8]}]}];
        Show[pic1, tline, pt, ImageSize → 180]
```

Out[13]=

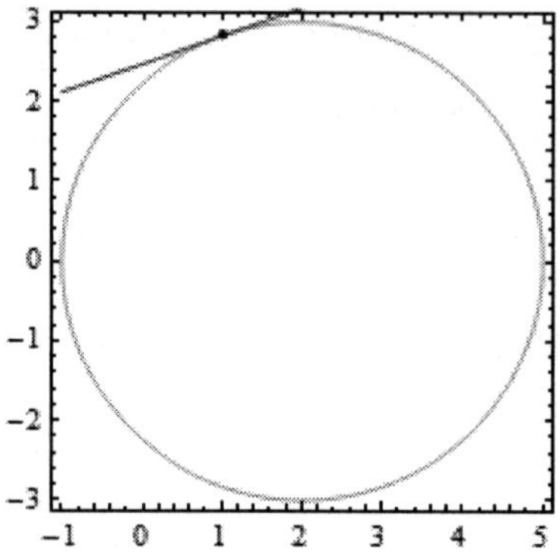

2.4 도함수의 응용

$y = f(x)$, $y = f'(x)$ 의 그래프를 통하여 1 계미분계수가 의미하는 바에 대하여 알아보자.

함수 $y - f(x)$ 의 그래프는 $f'(x) > 0$ 인 구간에서 증가하고 $f'(x) < 0$ 인 구간에서 감소한다. 다음의 예에서는 $y = f(x)$, $y = f'(x)$ 의 그래프를 한 평면에 그림으로써 1계미분계수가 의미하는 바에 대하여 알아보자. 함수

$$f(x) = 2x^3 + 6x^2 - 18x + 1$$

에 대하여 $y = f(x)$, $y = f'(x)$ 의 그래프를 한 평면에 그리자. In[5]에서 m1과 m2는(m1〈m2) 방정식 $f'(x) = 0$ 의 해를 나타내며, In[9]에서 pic1은 $y = f(x)$, $y = f'(x)$ 의 그래프를 구간 [−5, 3]에서 그리며 pic2는 그림을 이해하는 데 필요한 내용을 그래프에 쓴다.

```
In[1]:= Clear[f, g, crytical];
        f[x_] := 2 x^3 + 6 x^2 - 18 x + 1;
        g[x_] = D[f[x], x];
        crytical = Solve[g[x] == 0, x]

Out[4]= {{x → -3}, {x → 1}}

In[5]:= Clear[m1, m2];
        m1 =  crytical[[1, 1, 2]];
        m2 = crytical[[2, 1, 2]];
        Plot[f[x], {x, -5, 3}]
```

Out[8]= 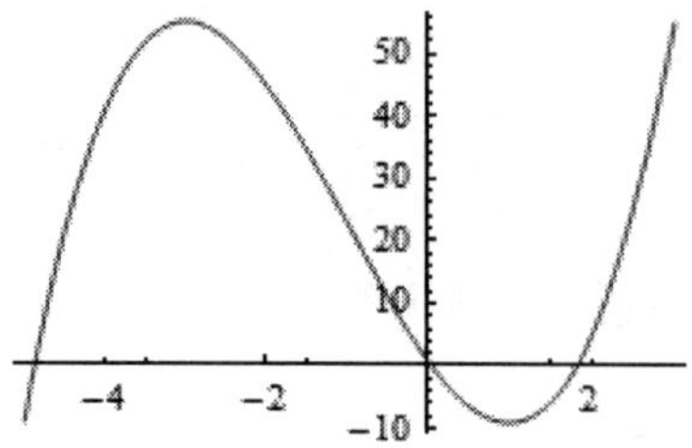

```
In[9]:= Clear[pic1, pic2];
     pic1 = Plot[{f[x], g[x]}, {x, -5, 3.5},
        PlotStyle -> {{}, Dashing[{0.02}]},
        Prolog -> {{Thickness[0.02], Line[{{m1, -20},
                    {m1, 60}}]},
           {Thickness[0.02], Line[{{m2, -20},
                    {m2, 60}}]}}];
     pic2 = Graphics[{Text[Style["y=f'(x)",
              FontFamily → "Times-BoldItalic", FontSize → 10],
           {2, 60}],
            Text[Style["y=f(x)",
              FontFamily → "Times-BoldItalic",
           FontSize → 10], {3, 10}]}];
     Show[pic1, pic2, AxesLabel → {"x", "y"}]
```

Out[12]= 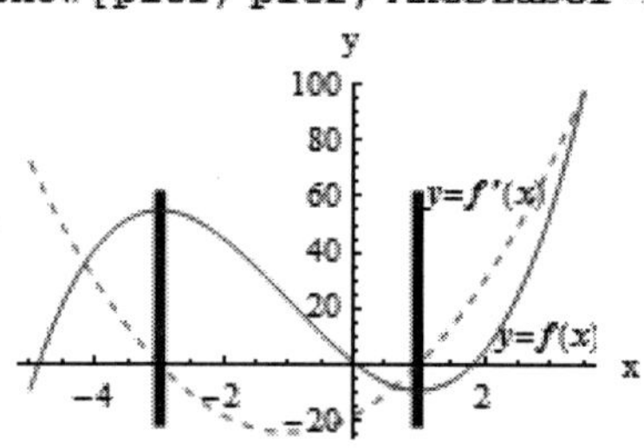

평균값 정리

다음은 평균값 정리에 대하여 알아보자. 평균값 정리는

함수 f가 폐구간 $[a,b]$에서 연속이고, (a,b)에서 미분가능이면

$$\frac{f(b)-f(a)}{b-a} = f'(c)$$

를 만족하는 c가 구간 $(a,\ b)$ 내에 적어도 하나 존재한다.

이며 함수 $f(x)=x^3-4x-2$에 대하여 구간 $[1,\ 3]$에서 평균값정리를 만족시키는 점 c를 구하고 점 c에서의 접선과 $y=f(x)$의 그래프, 두 점 $(1,\ f(1))$, $(3,\ f(3))$을 잇는 직선을 한 평면에 그리자. 방정식 $f'(x)=\dfrac{f(3)-f(1)}{3-1}$의 해를 point1, point2라 하고 point2에서의 접선의 그래프와 $y=f(x)$의 그래프, 두 점 $(1,\ f(1))$과 $(3,\ f(3))$을 잇는 직선을 그리면 Out[11]과 같다. 두 점 $(1,\ f(1))$과 $(3,\ f(3))$을 잇는 직선과 $x=$point1에서의 접선은 평행함을 Out[11]의 그래프에서 알 수 있다.

```
In[1]:= Clear[m, der, mean, "p*", "t*", "s*", "f*"];
        f[x_] := x^3 - 4 x - 2;
        m = (f[3] - f[1])/(3 - 1);
        der[x_] = D[f[x], x];
        mean = Solve[der[x] == m, x]
Out[5]= {{x -> -Sqrt[13/3]}, {x -> Sqrt[13/3]}}
In[6]:= point1 = mean[[1, 1, 2]];
        point2 = mean[[2, 1, 2]];
        tanline1[x_] = der[point1] * (x - point1) + f[point1];
        tanline2[x_] = der[point2] * (x - point2) + f[point2];
        stline[x_] = m * (x - 1) + f[1];
        fgraph = Plot[{f[x], tanline2[x], stline[x]},
            {x, -1, 4}, PlotStyle -> {{}, Dashing[{0.01}],
              Thickness[0.008]}]
Out[11]=
```

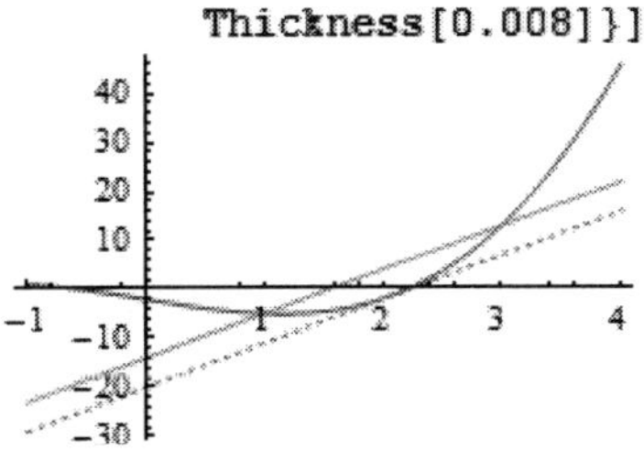

2.5 정적분

Riemann 합

구간 [ini, ter]에서 정의된 함수 f의 Riemann 합에 대하여 알아보자. In[1]에서 정의한 함수 rleft[f, {ini, ter}, n]은 구간 [ini, ter]을 n개의 소구간을 갖는

$$P: \text{ini} = x_0 < x_1 < \cdots < x_n = \text{ter}$$

로 정칙분할하여, 즉 자연수 $i(1 \le i \le n)$에 대하여 $x_i - x_{i-1} = \frac{\text{ter-ini}}{n}$, 소구간 $[x_{i-1}, x_i]$의 왼쪽 점 x_{i-1}을 택하여 높이를 $f(x_{i-1})$로 갖고 밑변의 길이를 $x_i - x_{i-1}$로 갖는 직사각형들을 그리는 함수이다. 다음에서는 함수 $y = x^2$에 대하여 구간 [0, 1]에서 구간을 2, 4, 8, 16 등분하였을 때의 그래프를 그리자.

```
In[1]:= Clear["r*", "f*", "g*", "t*", ini, ter, n];
        f[x_] := x^2;
        rleft[f_, {ini_, ter_}, n_] := Module[{plotf,
            pts, rectangles, flin, fgra, gra1, gra2},
          x[k_] := ini + k (ter - ini)/n;
          rectangles = Table[Rectangle[{x[k - 1], 0},
                {x[k], f[x[k - 1]]}],
                {k, 1, n}];
          fgra = Plot[f[x], {x, ini, ter}];
          flin = Table[Line[{{x[k], 0},
              {x[k], f[x[k]]}}], {k, 1, n}];
          gra1 = Graphics[{RGBColor[0.7, 0.3, 0.7],
```

```
            rectangles}];
    gra2 = Graphics[flin];
    Show[gra1, gra2, fgra, Axes -> Automatic]];
raphs = Table[rleft[f, {0, 1}, 2^(i+1)], {i, 0, 3}];
toshow = Partition[raphs, 1];
GraphicsGrid[toshow]
```

Out[6]=

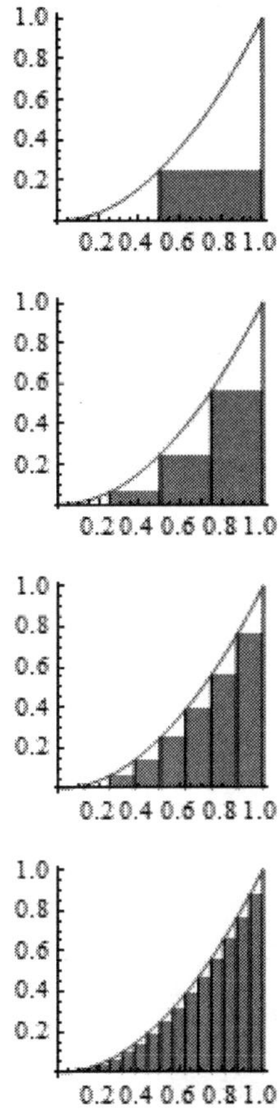

다음은 정칙분할에 대하여 좀더 알아보자. 함수 $y=f(x)$ 에 대하여 구간 $[a, b]$ 를 n 개의 소구간으로 정칙분할하는 경우, 직사각형의 높이를 소구간의 왼쪽점에 대한 함수의 값으로 택하는 경우(areaL), 소구간의 중간점에 대한 함수의 값으로 택하는 경우(areaM), 직사각형들의 면적의 합을 구하는 함수를 각각 areaL, areaM이라 하였다. 이제 함수 $y=x^2$ 에 대하여 구간 $[0, 1]$을 10, 20, ⋯, 100 등분한 경우 소구간의 왼쪽 점에 대한 직사각형들의 합(Riemann 합)과 중간점에

대한 직사각형들의 합을 구하자.

```
In[7]:= Clear[areaL, areaM];
        areaL[f_, a_, b_, n_] := Sum[f[a + (i * (b - a))/n] * (b - a)/n,
            {i, 0, n - 1}];
        areaM[f_, a_, b_, n_] := Sum[f[a + ((2 * i + 1) * (b - a))/(2 * n)] *
            (b - a)/n, {i, 0, n - 1}];
        app = Table[{N[areaL[f, 0, 1, 10 * n]],
            N[areaM[f, 0, 1, 10 * n]]},
           {n, 1, 10}];
        index = Table[10 * n, {n, 1, 10}];
        riemann = TableForm[app, TableHeadings → {index,
            {"left\npoint\n", "middle\npoint\n"}}]
Out[12]//TableForm=
```

	left point	middle point
10	0.285	0.3325
20	0.30875	0.333125
30	0.316852	0.333241
40	0.320938	0.333281
50	0.3234	0.3333
60	0.325046	0.33331
70	0.326224	0.333316
80	0.327109	0.33332
90	0.327798	0.333323
100	0.32835	0.333325

위에서 볼 수 있듯이 소구간의 수가 많아질수록 직사각형들의 합은 실제 적분값 $\int_0^1 x^2 dx$ 에 가까워짐을 알 수 있다. 위의 값들은 직사각형들의 면적의 합을 수치적으로 구한 것이다.

다음에서는 함수 $y = f(x)$ 에 대하여 구간 $[a, b]$ 를 n 개의 소구간으로 정칙분할한 경우, 직사각형의 높이를 소구간의 왼쪽점에 대한 함수의 값으로 택할 때 면적의 합을 NAreaL이라고 하였다. 즉

$$\text{NAreaL(f, a, b, n)} = \sum_{i=0}^{n-1} \frac{b-a}{n} f(a + i\frac{b-a}{n})$$

이다. 문자 연산에 관한 합을 구하는 명령어도 Sum이다. 그 예로서 $y=x^2$에 대하여 구간 [0, 1]을 n 등분하였을 때 직사각형들의 면적의 합을 구하면 다음과 같다.

```
In[13]:= Clear[NAreaL]
         NAreaL[f_, a_, b_, n_] := Sum[f[a + i*(b - a)/n] *
                    (b - a)/n, {i, 0, n - 1}];
         f[x_] := x^2 ;
         NAreaL[f, 0, 1, n]
Out[16]= (-1 + n) (-1 + 2 n)
         ------------------
               6 n^2
```

이제 위의 값에 극한 $n\to\infty$를 취하면 실제의 적분값 $\int_0^1 x^2dx$이 나옴을 알 수 있다.

```
In[17]:= Limit[%, n → Infinity]
Out[17]= 1/3
```

연속함수 $f(x)$에 대하여 $\frac{d}{dx}\int_c^x f(t)dt=f(t)$ (c는 상수)임을 $f(x)=\frac{x^2}{\sqrt{x^3+3}}$에 대하여 알아보자. ■

함수 $F(x)=\int_0^x \frac{t^2}{\sqrt{t^3+3}}dt$에 대하여 $\frac{d}{dx}F(x)$를 구하여 보자. $F(x)$를 구하자.

```
In[1]:= Clear[F];
        F[x_] = Integrate[t^2/Sqrt[t^3 + 8], {t, 0, x}]
Out[2]= ConditionalExpression[
          -4 Sqrt[2]/3 + 2 Sqrt[8 + x^3]/3, Re[x] ≥ -2 || x ∉ Reals]
```

x 의 값에 따라 적분값이 다르게 나올 수 있다. 이제 $x > -2$ 인 경우를 생각하자.

```
In[3]:= F[x_] = Integrate[t^2/Sqrt[t^3 + 8], {t, 0, x}, Assumptions → x > -2]
Out[3]= 2/3 (-2 Sqrt[2] + Sqrt[8 + x^3])
In[4]:= D[F[x], x]
Out[4]= x^2/Sqrt[8 + x^3]
```

즉 연속함수 $f(x)$ 에 대하여

$$\frac{d}{dx}\int_0^x f(t)dt = f(x)$$

이다.

2.6 정적분의 응용

두 개의 그래프 $y=f(x)$ 과 $y=g(x)$ 로 둘러싸인 영역을 표시하고 그 영역의 면적을 구하자

$f(x)=10x-x^2$, $g(x)=3x-8$ 인 경우에 대하여 알아보자. 둘러싸인 영역을 표시하기 위하여 우선 두 그래프의 교점을 구하여 보면 Out[4]와 같다.

```
In[1]:= Clear[f, g, "m*"];
        f[x_] := 10 x - x^2;
        g[x_] := 3 x - 8;
        m = Solve[f[x] == g[x], x]

Out[4]= {{x → -1}, {x → 8}}
```

이제 그 영역을 나타내자.

```
In[5]:= Clear[m1, m2, area, curve];
        m1 = m[[1, 1, 2]];
        m2 = m[[2, 1, 2]];
        area = Plot[{f[x], g[x]}, {x, m1, m2},
           Filling → {1 → {{2}, Yellow}}];
        curve = Plot[{f[x], g[x]}, {x, -5, 10},
            PlotStyle → {Thick, {}}];
        Show[ area, curve]
```

Out[10]=

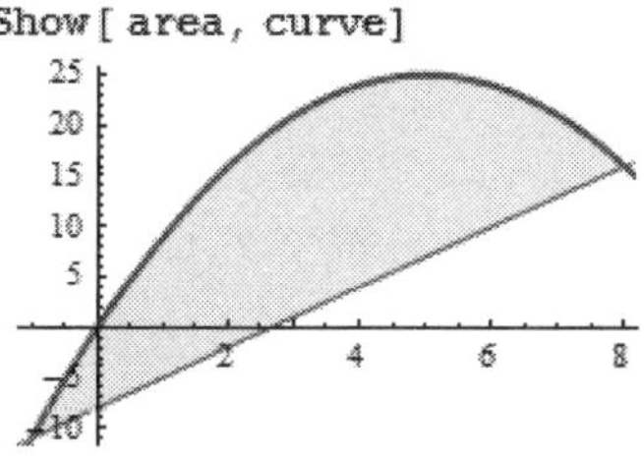

그림에서 보듯이 구간 (−1, 8) 에서 $f(x) > g(x)$ 이므로 둘러싸인 영역의 면적을 구하기 위하여 $f(x) - g(x)$를 적분하면 다음과 같다.

```
In[11]:= Integrate[f[x] - g[x], {x, m1, m2}]

         243
Out[11]= ───
          2
```

따라서 $y = f(x)$와 $y = g(x)$의 그래프로 둘러싸인 영역의 면적은 $\frac{243}{2}$ 이다.

회전체의 체적에 대하여 알아보자.

$y = x^3$ ($x \in [0, 1]$)의 그래프를 x축을 회전축으로 하여 회전시켰을 때의 체적을 생각하자. 우선 $y = x^3$의 그래프를 구간 [0, 1]에서 그리고, 또 x축을 회전축으로 하여 회전시켰을 때의 그래프를 그리면 Out[2]와 같다.

```
In[1]:= Plot[x^3, {x, 0, 1}]
```

Out[1]=

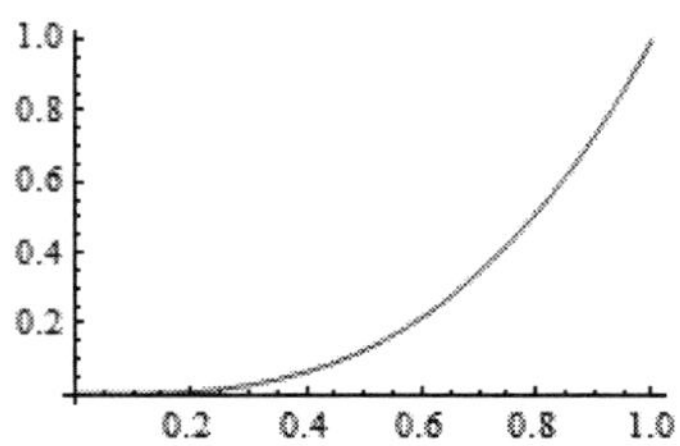


```
In[2]:= RevolutionPlot3D[x^3, {x, 0, 1}, RevolutionAxis → {1, 0, 0}]
```

Out[2]=

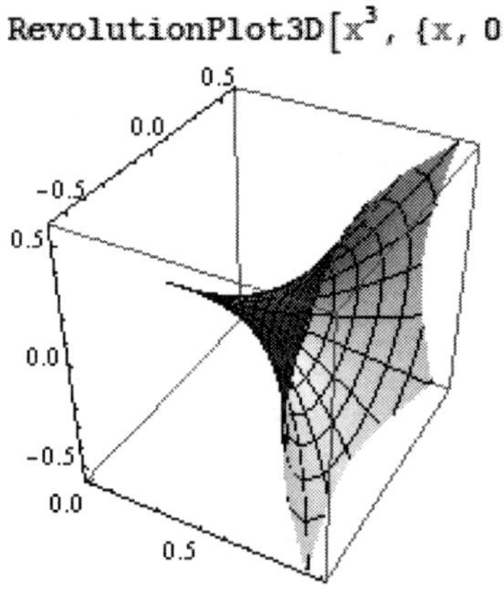

위의 그림을 다른 각도에서 그리자.

```
In[3]:= RevolutionPlot3D[x^3, {x, 0, 1}, RevolutionAxis → {1, 0, 0},
         ViewPoint → Front]
```

Out[3]=

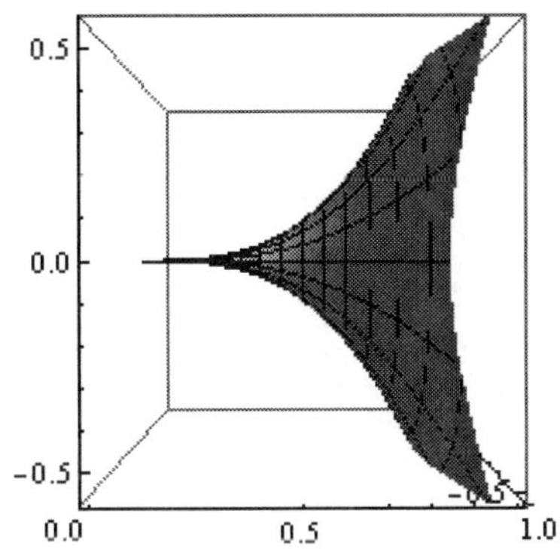

이제 회전체의 체적 $\pi\int_0^1 f(x)^2\,dx$ 를 구하자.

```
In[4]:= Integrate[π * (x^3)^2, {x, 0, 1}]
```

Out[4]= $\dfrac{\pi}{7}$

회전체의 체적은 $\dfrac{\pi}{7}$ 이다.

함수 $y=f(x)$, $y=g(x)$ 의 그래프와 직선 $x=a$, $x=b$ 로 둘러싸인 영역을 y 축을 회전축으로 하여 회전시켰을 때의 체적을 구하자. ■

구간 [a, b]에서 $f(x)\ge g(x)$ 이면 회전체의 체적은

$$2\pi\int_a^b x(f(x)-g(x))dx$$

로 주어진나. 예로서 $f(x)=2-x^2$, $g(x)=x^2$ 의 그래프와 y 축으로 둘러싸인 영역을 y 축을 회전축으로 하여 회전시켰을 때 생기는 회전체의 체적을 구하자.

우선 구간 [0, 2]에서 $y=f(x)$, $y=g(x)$ 의 그래프를 그리자.

```
In[1]:= Clear[f, curve, area];
        curve1 = Plot[{x^2, 2 - x^2}, {x, 0, 2},
           PlotStyle → {Thick, {}}]
```

Out[2]=

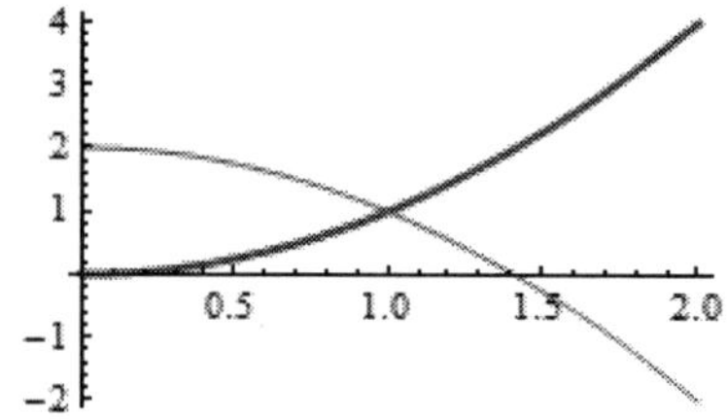

두 그래프의 교점을 구하자.

```
In[3]:= Clear[sol];
        sol = Solve[x^2 == 2 - x^2]

Out[4]= {{x → -1}, {x → 1}}
```

교점 중 $x \geq 0$인 점은 1이다. y축과 그래프로 둘러싸인 영역을 평면에 그리면 다음과 같다.

```
In[5]:= Plot[{x^2, 2 - x^2}, {x, 0, 1},
         Filling → {1 → {{2}, Yellow}}]
```

Out[5]=

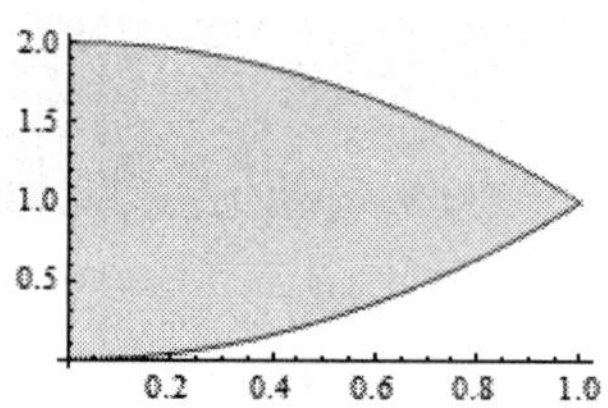

구간 [0, 1]에서 $y=f(x)$와 $y=g(x)$를 회전시킨 영역을 그리자.

```
In[6]:= RevolutionPlot3D[{{x^2}, {2 - x^2}}, {x, 0, 1}]
```

Out[6]=

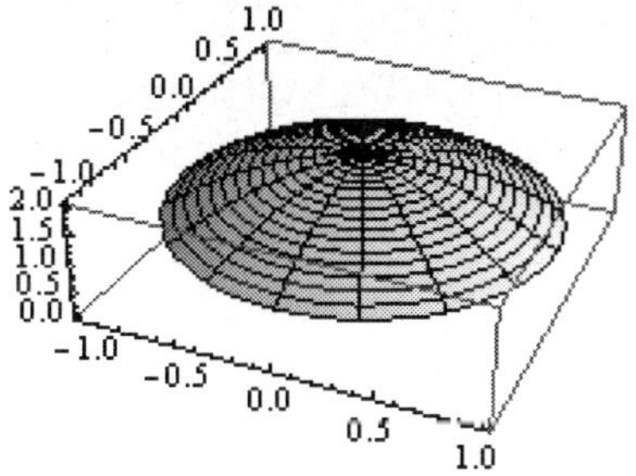

정면에서 그래프를 보자.

```
In[7]:= RevolutionPlot3D[{{x^2}, {2 - x^2}}, {x, 0, 1},
          ViewPoint → Front]
```

Out[7]=

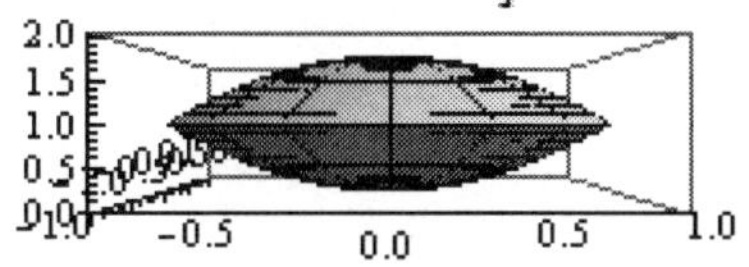

위의 영역의 체적을 구하면 다음과 같다.

```
In[8]:= Integrate[2 * π * (2 - x^2 - x^2) * x,
          {x, 0, sol[[2, 1, 2]]}]

Out[8]= π
```

2.7 역함수와 초월함수

복잡한 함수의 미분법

$\frac{d}{dx}f(x)$를 구할 때 $f(x)$가 복잡하면 log 미분법을 사용하지만 Mathematica는 log 미분법을 사용하지 않고 직접 $\frac{d}{dx}f(x)$를 구할 수 있다. 하지만 구한 식을 간단히 할 필요는 있다.

다음의 예에서는 $\frac{d}{dx}\frac{\sqrt{1-x^2}}{(1+x)^{2/3}}$을 구하자.

```
In[1]:= Clear[f];
        f[x_] = Sqrt[1 - x^2]/(1 + x)^(2/3);
        D[f[x], x]
Out[3]= -x/((1 + x)^(2/3) Sqrt[1 - x^2]) - 2 Sqrt[1 - x^2]/(3 (1 + x)^(5/3))
In[4]:= Simplify[%]
Out[4]= (-2 - x)/(3 (1 + x)^(2/3) Sqrt[1 - x^2])
```

$y=(x-2)\sqrt{x+1}$ 의 역함수에 대하여 알아보자.

다음은 역함수에 대하여 알아보자. 함수 $y=g(x)$에 있어서 $g(x)$가 단조 감소 또

는 단조 증가이면, 즉 x_1, x_2가 $y=g(x)$의 정의역 내의 두 점이고

$$x_1 < x_2 \text{ 이면 } g(x_1) < g(x_2) \ (g\text{는 단조 증가 함수})$$
$$\text{또는 } g(x_1) > g(x_2) \ (g\text{는 단조 감소 함수}),$$

$y=g(x)$는 역함수를 갖는다. 이 경우 방정식 $y=g(x)$를 x에 관하여 풀어서 $x=g^{-1}(y)$를 얻었을 때 $y=g^{-1}(x)$는 $y=g(x)$의 역함수이며 x가 $y=g(x)$의 정의역 내의 점이면

$$g^{-1}(g(x))=x$$

를 만족하며 y가 함수 $y=g(x)$의 치역 내의 점이면

$$g(g^{-1}(y))=y$$

를 만족한다. 이때 $y=g(x)$의 그래프와 $y=g^{-1}(x)$의 그래프는 직선 $y=x$에 대하여 대칭이 된다.

다음은 $g(x)=(x-2)\sqrt{x+1}$일 때 역함수 $h(y)$를 구하고 구간 [0, 8]에서 그래프를 그리자. $y=g(x)$의 그래프를 구간 [0, 8]에서 그리면 Out[3]과 같다.

```
In[1]:= Clear[g, "gr*"];
        g[x_] = (x - 2) * √(x + 1) ;
        gra1 = Plot[g[x], {x, 0, 8}, PlotStyle → Thick]
Out[2]=
```

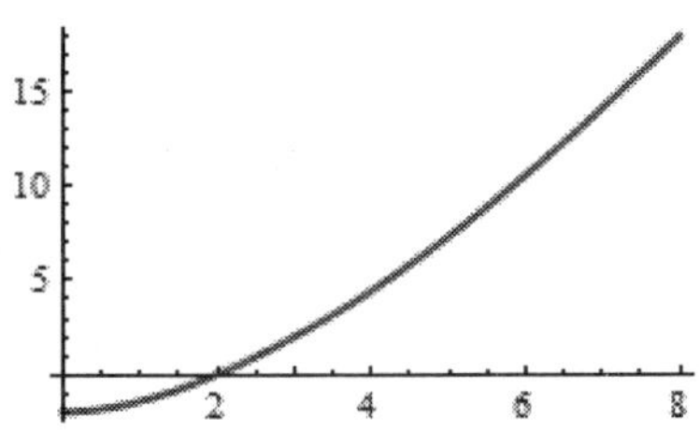

$y=g(x)$는 구간 [0, 8]에서 단조 증가 함수이다. 따라서 역함수 $y=h(x)$를 가진다. $g(8)$을 구하자.

```
In[3]:= Clear[h, sol];
        ter = g[8]
Out[4]= 18
```

이제 방정식 $y = g(x)$를 x에 관하여 풀자.

```
In[5]:= sol = Solve[y == g[x], x]
```

$$\text{Out[5]= } \left\{\left\{x \to 1 + \frac{2^{1/3}}{\left(-2 + y^2 + \sqrt{-4 y^2 + y^4}\right)^{1/3}} + \frac{\left(-2 + y^2 + \sqrt{-4 y^2 + y^4}\right)^{1/3}}{2^{1/3}}\right\},\right.$$

$$\left\{x \to 1 - \frac{1 + i\sqrt{3}}{2^{2/3}\left(-2 + y^2 + \sqrt{-4 y^2 + y^4}\right)^{1/3}} - \frac{\left(1 - i\sqrt{3}\right)\left(-2 + y^2 + \sqrt{-4 y^2 + y^4}\right)^{1/3}}{2\, 2^{1/3}}\right\},$$

$$\left.\left\{x \to 1 - \frac{1 - i\sqrt{3}}{2^{2/3}\left(-2 + y^2 + \sqrt{-4 y^2 + y^4}\right)^{1/3}} - \frac{\left(1 + i\sqrt{3}\right)\left(-2 + y^2 + \sqrt{-4 y^2 + y^4}\right)^{1/3}}{2\, 2^{1/3}}\right\}\right\}$$

위에서 보는 바와 같이 세 개의 해를 얻는데 두 번째, 세 번째 해는 복소수 i를 포함하고 있으며 이는 실근이 아니고 실근은 첫 번째 해이다. 이제 방정식 $y = g(x)$의 x에 관한 해를 $x = h(y)$라 하자.

```
In[6]:= h[y_] = sol[[1, 1, 2]]
```

$$\text{Out[6]= } 1 + \frac{2^{1/3}}{\left(-2 + y^2 + \sqrt{-4 y^2 + y^4}\right)^{1/3}} + \frac{\left(-2 + y^2 + \sqrt{-4 y^2 + y^4}\right)^{1/3}}{2^{1/3}}$$

Out[4]에서 $g(8) = 18$ 이므로 $x = h(y)$ 의 그래프를 $[0, 18]$ 에서 그리고 $y = x$ 의 그래프(Out[8])를 구간 $[0, 8]$ 에서 그리자.

```
In[7]:= gra2 = Plot[h[y], {y, 0, ter}, PlotStyle → Thick]
```

Out[7]=

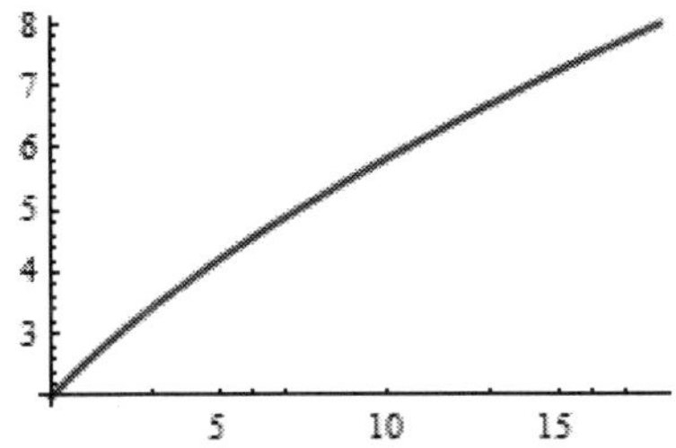

```
In[8]:= gra3 = Plot[x, {x, 0, 15}]
```

Out[8]=

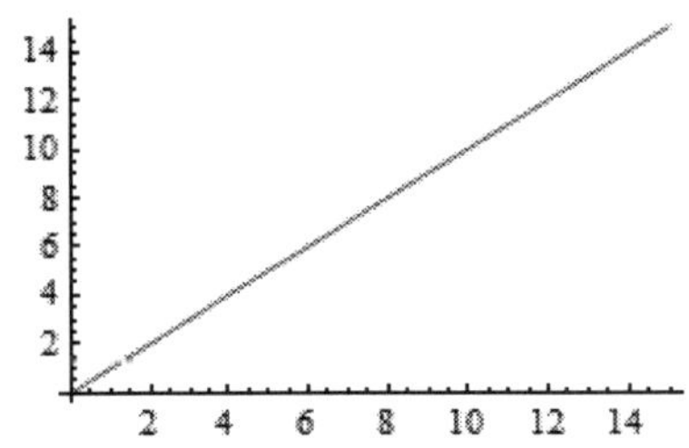

Out[2]의 그래프와 위의 그래프를 함께 그려 보면 다음과 같다.

```
In[9]:= Show[gra1, gra2, gra3,
          Ticks → {{0, 10, 15}, {0, 5, 10, 15}}]
```

Out[9]=

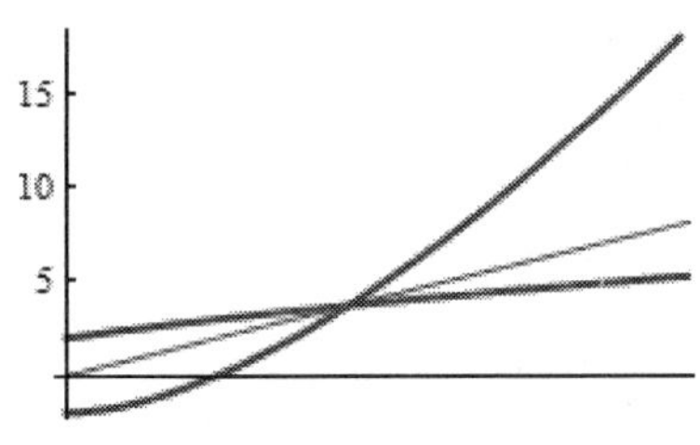

위의 그림에서 가로에서의 한 단위의 크기와 세로에서의 한 단위의 크기가 다르기 때문에 두 개의 그래프가 $y=x$ 에 대하여 대칭인지를 확인할 수 없다. 이제 가로에서의 한 단위의 크기와 세로에서의 한 단위의 크기를 같게 하여 그래프를 그리자.

```
In[10]:= Show[gra1, gra2, gra3,
           Ticks -> {{0, 10, 15}, {0, 5, 10, 15}},
           AspectRatio → Automatic]
```

Out[10]=

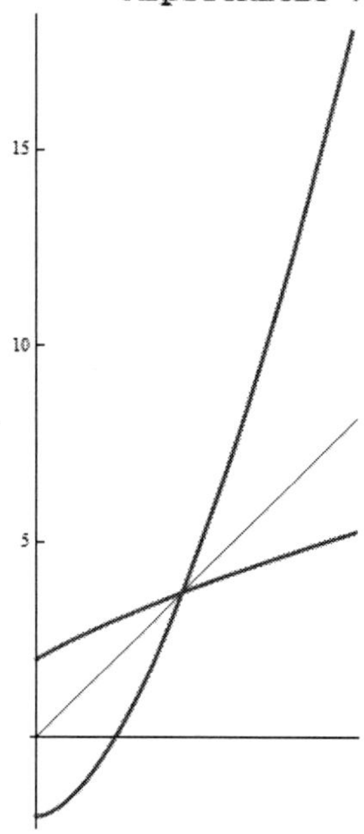

Out[10]에서 두 개의 그래프가 대칭임을 확인할 수 있다.

다음은 $y = g(x)$의 $x = x_0$에서의 미분값은

$$\frac{d}{dx} g(x) \bigg|_{x=x_0} = \frac{1}{\frac{d}{dy} h(y) \bigg|_{x=x_0}} \tag{7.1}$$

임을 확인하자. (여기서 $x_0 = 8$에 대하여 알아보자.)

```
In[11]:= Clear[dg, dh];
         dg[x_] = D[g[x], x];
         dg[8]

Out[13]= 4
```

따라서 $\left.\frac{d}{dx}g(x)\right|_{x=8} = 4$ 이다. 이제 $\frac{d}{dy}h(y)$를 구하자.

```
In[14]:= dh[y_] = D[h[y], y]
```

$$\text{Out[14]= } -\frac{2^{1/3}\left(2y+\frac{-8y+4y^3}{2\sqrt{-4y^2+y^4}}\right)}{3\left(-2+y^2+\sqrt{-4y^2+y^4}\right)^{4/3}}+\frac{2y+\frac{-8y+4y^3}{2\sqrt{-4y^2+y^4}}}{3\,2^{1/3}\left(-2+y^2+\sqrt{-4y^2+y^4}\right)^{2/3}}$$

이제 $x_0 = 8$ 에서 $\frac{1}{\left.\frac{d}{dy}h(y)\right|_{x=x_0}}$ 을 구하자. $g(x_0) = 18$ 이므로 $\frac{1}{h'(18)}$ 을 구하자.

```
In[15]:= 1/dh[18] // Simplify
```

$$\text{Out[15]= } \frac{12\sqrt{5}\left(161+72\sqrt{5}\right)^{1/3}}{-1+\left(161+72\sqrt{5}\right)^{2/3}}$$

위의 값를 유리수로 바꾸어 보면 식 (7.1)이 성립함을 알 수 있다.

```
In[16]:= N[%]

Out[16]= 4.
```

따라서 함수 g 와 h 에 대하여 식 (7.1)이 성립된다.

함수 $y = g(x) = \frac{2x+3}{5x-6}$ 의 역함수에 대하여 알아보자.

$y = g(x)$가 역함수를 가지기 위해서는 단조 감소 또는 단조 증가 함수이어야 하므로 우선 $y = g(x)$의 그래프를 구간 [2, 6]에서 그리자.

```
In[1]:= Clear[ginv];
        Clear[g];
        g[x_] := (2 x + 3)/(5 x - 6);
        Plot[g[x], {x, 2, 6}, AxesLabel → {"x", "y"}]
Out[4]=
```

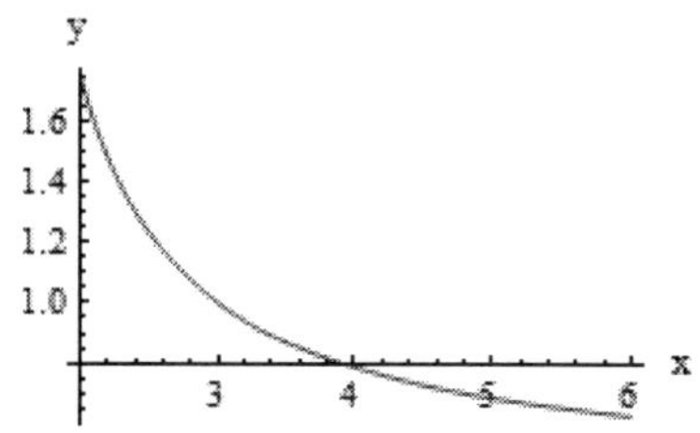

구간 [2, 6]에서 $y = g(x)$는 단조 감소하므로 역함수를 갖는다. 이제 역함수를 구하기 위하여 방정식 $y = g(x)$을 x에 관하여 풀자. 그 해를 $x = \text{ginv}(y)$이라 하자. 즉 $\text{ginv}(y) = g^{-1}(y)$이다.

```
In[5]:= Clear[eqn, x, y, sol1, h];
        eqn = (y == (2 x + 3)/(5 x - 6));
        sol1 = Solve[eqn, x]
Out[7]= {{x → 3 (1 + 2 y)/(-2 + 5 y)}}
In[8]:= Clear[ginv];
        ginv[y_] = sol1[[1, 1, 2]]
Out[9]= 3 (1 + 2 y)/(-2 + 5 y)
```

역함수에 대하여 $g(g^{-1}(y)) = y$, $g^{-1}(g(x)) = x$를 만족시키는지 살펴보자.

```
In[10]:= {g[ginv[y]], ginv[g[x]]}
```

$$\text{Out[10]= } \left\{ \frac{3 + \frac{6\,(1+2\,y)}{-2+5\,y}}{-6 + \frac{15\,(1+2\,y)}{-2+5\,y}},\ \frac{3\left(1 + \frac{2\,(3+2\,x)}{-6+5\,x}\right)}{-2 + \frac{5\,(3+2\,x)}{-6+5\,x}} \right\}$$

```
In[11]:= Simplify[%]

Out[11]= {y, x}
```

따라서 위에서 구한 함수 ginv는 함수 g 의 역함수임을 알 수 있다.

2.8 적분법

적분법에 대하여 알아보자

$\int \cos^4 x$를 구하자.

```
In[1]:= Integrate[Cos[x]^4, x]
```

Out[1]= $\frac{3x}{8} + \frac{1}{4}\text{Sin}[2x] + \frac{1}{32}\text{Sin}[4x]$

$\int_0^{2/3} x^3\sqrt{4-9x^2}\,dx$를 구하자.

In[2]:= Integrate$\left[x^3\sqrt{4-9x^2}, \{x, 0, 2/3\}\right]$

Out[2]= $\frac{64}{1215}$

Mathematica는 정확한 값을 주려고 하기 때문에 위의 계산 결과를 분수로 준다. 이를 소수로 바꿔 보면 다음과 같다.

In[3]:= N$\left[\text{Integrate}\left[x^3\sqrt{4-9x^2}, \{x, 0, 2/3\}\right]\right]$

Out[3]= 0.0526749

$\int_0^{2/3} x^3\sqrt{4-9x^2}\,dx$ 의 값을 수치적으로 계산하려면 명령어 NIntegrate를 사용할 수 있다.

```
In[4]:= NIntegrate[x^3 Sqrt[4 - 9 x^2] , {x, 0, 2 / 3}]

Out[4]= 0.0526749
```

$\int_0^1 \cos(\cos x)dx$ 의 근삿값을 구하면 Out[6]과 같다.

```
In[5]:= Integrate[Cos[Cos[x]], {x, 0, 1}]

Out[5]= ∫_0^1 Cos[Cos[x]] dx

In[6]:= NIntegrate[Cos[Cos[x]], {x, 0, 1}]

Out[6]= 0.659781
```

구간 [0,4] 에서 두 개의 그래프

$$f(x)=e^{-(x-2)^2}\cos(\pi x),\ g(x)=4\cos(x-2)$$

로 둘러싸인 영역의 면적을 구하자.

면적을 구하기 위하여 우선 둘러싸인 영역을 그래프로 그려 보면 다음과 같다.

```
In[1]:= Clear[f, g];
        f[x_] = e^-(x-2)^2 Cos[π x];
        g[x_] = 4 Cos[x - 2];
        Plot[{f[x], g[x]}, {x, 0, 4},
         PlotStyle → {{}, Dashed}, ImageSize → 180]
```

Out[4]=

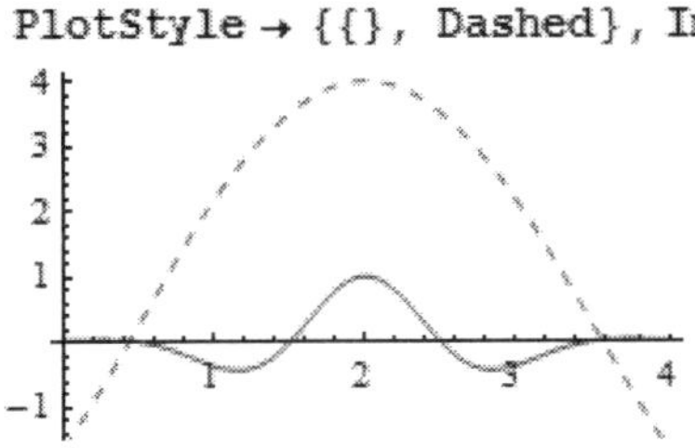

위의 그래프에서 검은 실선은 $y=f(x)$ 의 그래프이고 점선은 $y=g(x)$ 의 그래프

이다. 두 그래프의 교점을 x_1, $x_2(x_1 < x_2)$라 할 때 구간 $[x_1, x_2]$에서 $f(x) \le g(x)$ 임을 알 수 있다. 이제 교점 x_1, x_2 를 구하기 위하여 In[5]와 In[7]에서는 FindRoot를 사용하여 Newton 방법에 의한 근삿값을 구하였다.

```
In[5]:= Clear[sol1, sol2];
        sol1 = FindRoot[f[x] == g[x], {x, 1}]

Out[6]= {x → 0.433653}

In[7]:= sol2 = FindRoot[f[x] == g[x], {x, 3}]

Out[7]= {x → 3.56635}
```

두 개의 그래프로 둘러싸인 영역의 면적을 구하기 위하여 NIntegrate를 사용하여 근삿값을 구하자. Integrate를 사용하여 적분하여 보면 답을 주지 못하므로 NIntegrate를 이용하여 면적을 구하자.

```
In[8]:= Clear[initial, terminal];
        initial = sol1[[1, 2]];
        terminal = sol2[[1, 2]];
        NIntegrate[g[x] - f[x], {x, initial, terminal}]

Out[11]= 7.87942
```

따라서 두 개의 그래프

$$f(x) = e^{-(x-2)^2} \cos(\pi x), \quad g(x) = 4\cos(x-2)$$

로 둘러싸인 영역의 면적은 7.87942이다.

2.9 극좌표

이 절에서는 극좌표로 주어지는 방정식에 대하여 알아보자.

극좌표에서 $r=5-5\sin t(0\le t\le 2\pi)$ 의 그래프

직교좌표에서 $y=5-5\sin t$ 의 그래프와 극좌표에서 $r=5-5\sin t$ 의 그래프를 함께 그림으로써 극좌표에서의 그래프를 어떻게 그릴 것인가에 대해 알아볼 수 있다.

다음에서 m1은 직교좌표에서 $y=5-5\sin t$ 의 그래프를 그리고, m2는 극좌표에서 $r=5-5\sin t$ 의 그래프를 t 가 구간 $[0, \frac{\pi}{2}]$, $[0, \pi]$, $[0, \frac{3\pi}{2}]$, $[0, 2\pi]$ 에서 변할 때 그래프를 그린다. Out[5]에서 왼쪽의 그래프는 직교좌표에서 $y=5-5\sin t$ 의 그래프이고, 오른쪽의 그래프는 극좌표에서 $r=5-5\sin t$ 의 그래프이다.

```
In[1]:= Clear["m*"];
        m1[k_] := Plot[{5, 5 - 5 Sin[t]}, {t, 0, k π/2},
          Ticks → {{0, π/2, π, 3 π/2, 2 π},
            {0, 5, 10}},
          GridLines -> {{π/2, π, 3 π/2, 2 π}, {5, 10}},
          BaseStyle → {FontFamily → "TimesRoman-Bold",
            FontSize → 8}];
        m2[k_] := PolarPlot[5 - 5 Sin[t], {t, 0, π k/2},
          Ticks → {{-5, 0, 5}, {-10, -5, 0}}];
```

```
tab = Table[{m1[k], m2[k]}, {k, 1, 4}];
GraphicsGrid[tab]
```

Out[5]=

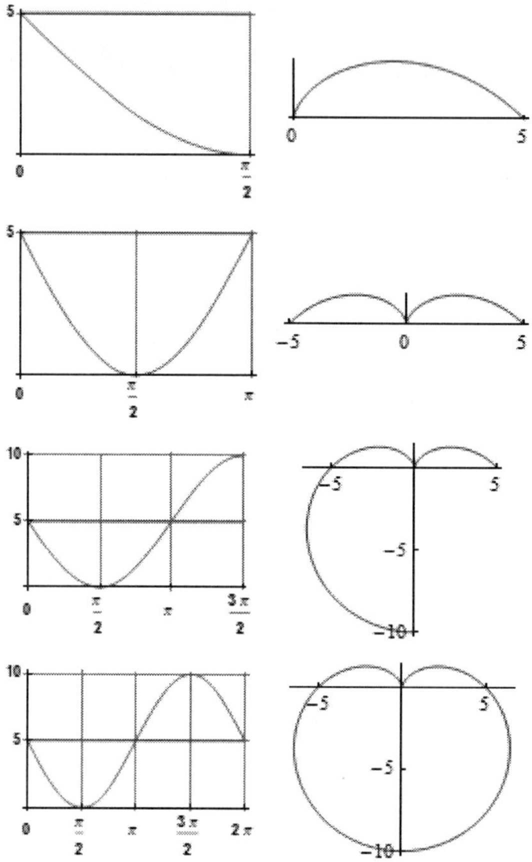

극방정식 $r = 3 - 2\cos t$ 의 그래프

다음은 $r = 3 - 2\cos t$ 의 그래프를 그리자.

```
In[1]:= gra1 = Plot[3 - 2 Cos[t], {t, 0, 2 π},
        BaseStyle → {FontFamily → "TimesRoman-Bold",
          FontSize → 10},
        Ticks → {None, {0, 1, 3, 5}},
        GridLines → {{π/2, π, 3 π/2, 2 π}, {1, 3, 5}},
        AxesLabel → {"t", "r[t]"}];
     gra2 = PolarPlot[3 - 2 Cos[t], {t, 0, 2 π},
        Ticks → {{-5, 0, 1}, {-3, 0, 3}},
        Axes → True, AxesLabel → {"x", "y"}];
     GraphicsRow[{gra1, gra2}]
```

Out[3]=

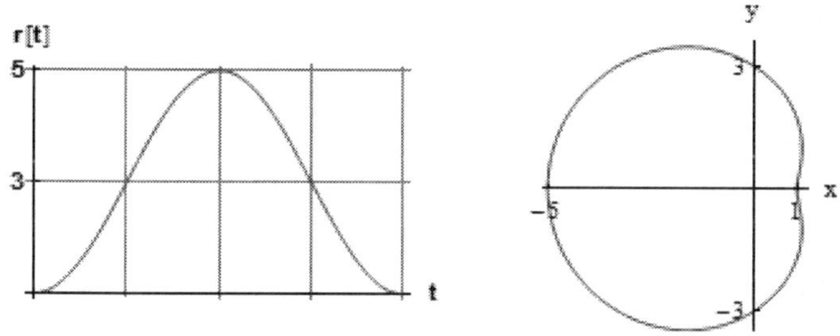

극방정식 $r = 6\sin t - 3$ 의 그래프와 원점에서의 접선

극방정식 $r = 6\sin t - 3$ 의 원점에서의 접선을 그리기 위하여 우선 방정식 $6\sin t - 3 = 0$ 의 해를 sol이라 하자. $[0,\ 2\pi]$ 에서 방정식의 해는 두 개 존재하며 In[1]에서 해를 구하면 Out[3]과 같이 한 개의 해만 주어진다. 그런데 또 하나의 해는 Out[3]에서 주어진 해$\times(-1)+\pi$ 이며 $6\sin t - 3 = 0$ 의 해를 sol1, sol2라 하고 원점에서의 접선의 방정식을 st1(x), st2(x)라 하자. 또한 In[4]에서 그래프에 $y = f(i\pi/2)$ $(i = 1,\ 2,\ 3)$ (여기서 $f(t) = 6\sin t - 3$ 이다.)의 그래프와 직선 $x = \text{sol1}$, sol2, $i\pi/2$, $i = 1,\ 2,\ 3$ 의 그래프를 첨가하기 위하여 명령어 GridLines를 이용하였다. tan1과 tan2는 원점에서의 접선의 그래프이다.

```
In[1]:= Clear[f];
        f[t_] := 6 Sin[t] - 3;
        sol = Solve[f[t] == 0, t]
Out[3]= {{t → π/6}}
```

$6\sin t-3=0$ 의 해는 $t=\dfrac{\pi}{6}$ 이며 다른 해는 $t=\pi-\dfrac{\pi}{6}$ 이다.

```
In[4]:= Clear[sol1, sol2, st1, st2, xgr, ygr, xxgr, m7,
          tan1, tan2, m8, m9];
        sol1 = sol[[1, 1, 2]];
        sol2 = -sol1 + π;
        st1[x_] := Tan[sol1] x;
        st2[x_] := Tan[sol2] x;
        ygr = Table[f[π m/2], {m, 0, 3}];
        xgr = Table[π m/2, {m, 1, 4}];
        xxgr = Append[Append[xgr, sol1], sol2];
        m7 = Plot[f[t], {t, 0, 2 π},
           BaseStyle → {FontFamily → "TimesRoman-Bold",
             FontSize → 8},
           Ticks → {None, ygr},
           GridLines → {xxgr, ygr},
           AxesLabel → {"t", "r[t]"}];
        tan1 = Plot[st1[x],
           {x, -Max[Abs[ygr]], Max[Abs[ygr]]},
            PlotStyle → Red,
            Ticks → {None, None}];
        tan2 = Plot[st2[x],
           {x, -Max[Abs[ygr]], Max[Abs[ygr]]},
            PlotStyle → Red,
            Ticks → {None, None}];
        m8 = PolarPlot[f[t], {t, 0, 2 π},
           Axes → True,
           Ticks → {None, ygr},
           AxesLabel → {"x", "y"}];
        m9 = Show[m8, tan1, tan2, AspectRatio → Automatic];
        GraphicsRow[{m7, m9}]
```

Out[17]= 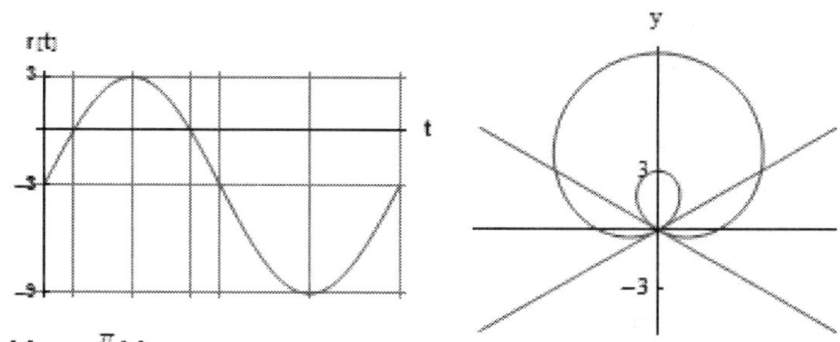

Out[3]= $\left\{\left\{t \to \frac{\pi}{6}\right\}\right\}$

극방정식 $r = 8\cos t$ 의 그래프

```
In[1]:= PolarPlot[8 Cos[t], {t, 0, 2 π}]
```

Out[1]= 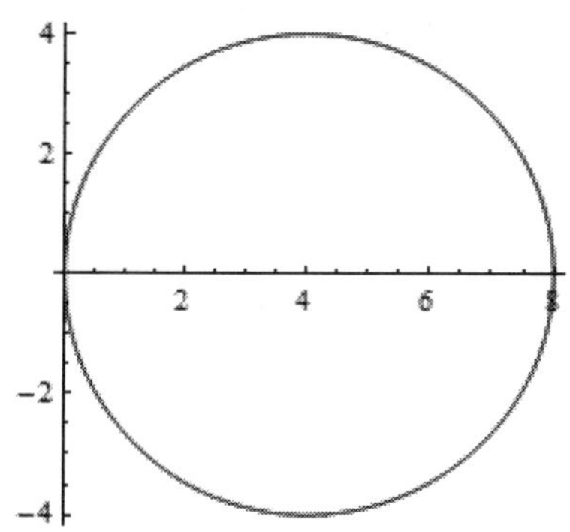

4 엽장미 $r = 3\cos 2t$ 의 그래프와 원점에서의 접선

In[1]에서 극방정식 $r = 3\cos 2t$ 의 그래프의 원점에서의 접선을 구하기 위하여 방정식 $\cos 2t = 0$ 의 해를 tangen이라 하였다.

```
In[1]:= Clear[xtick, slope1, slope2, tangen, tangen1,
          gra1, gra2, gra3];
        xtick = Table[m*π/4, {m, 1, 8}];
        tangen = Solve[Cos[2 t] == 0, t];
        slope1 = tangen[[1, 1, 2]];
        slope2 = tangen[[2, 1, 2]];
        tangen1 = Plot[{Tan[slope1] * x, Tan[slope2] * x},
           {x, -3, 3}];
        gra1 = Plot[3 Cos[2 t], {t, 0, 2 π},
           GridLines → {xtick, None}];
        gra2 = PolarPlot[3 Cos[2 t], {t, 0, 2 π}];
        gra3 = Show[gra2, tangen1];
        GraphicsRow[{gra1, gra3}]
```

Out[10]=

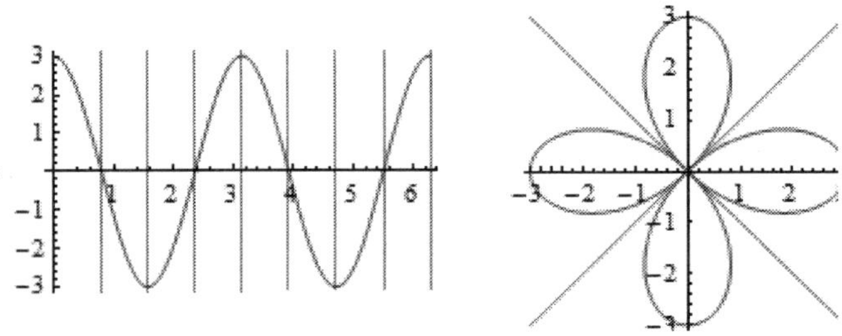

3 엽장미 $r=6\cos t$ 의 그래프

```
In[1]:= PolarPlot[6 Cos[3 t], {t, 0, 2 π}]
```

Out[1]=

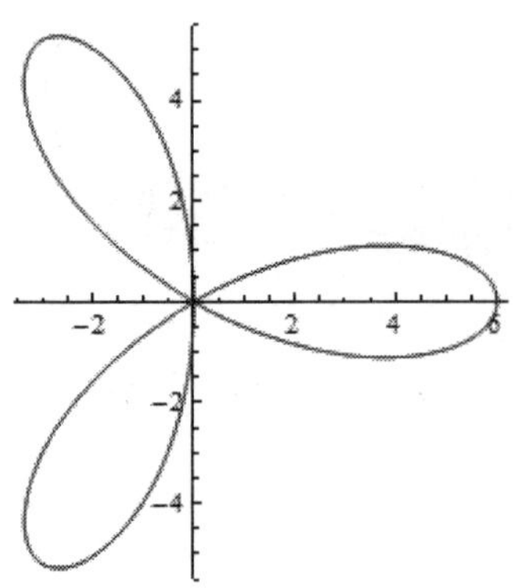

극방정식 $r^2 = 4\cos 2t$ 의 그래프와 그래프로 둘러싸인 영역의 면적

다음은 $r^2 = 4\cos 2t$ 의 그래프를 그리자. 그래프를 그리기 위하여 우선 $4\cos 2t > 0$ 인 구간을 구한 후 그 구간에서의 $r = \sqrt{4\cos 2t}$, $r = -\sqrt{4\cos 2t}$ 의 그래프를 그리자. $y = 4\cos 2t$ 의 그래프를 직교좌표에서 그리자.

```
In[1]:= tick = Table[π m/4, {m, 1, 8}];
        Plot[4 Cos[2 * t], {t, 0, 2 * π}, Ticks → {tick, None}]
```

Out[2]=

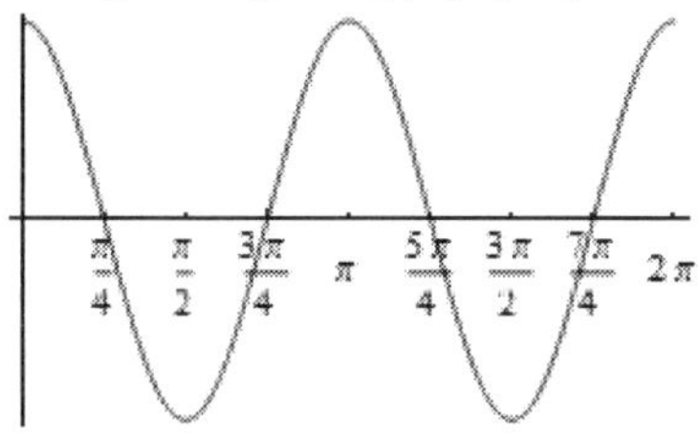

따라서 $4\cos 2t > 0$ 인 구간은 $[0, \frac{\pi}{4}) \cup (\frac{3}{4}\pi, \frac{5}{4}\pi) \cup (\frac{7}{4}\pi, 2\pi]$ 임을 알 수 있다. 영역 $[0, \frac{\pi}{4}] \cup [\frac{3}{4}\pi, \frac{5}{4}\pi] \cup [\frac{7}{4}\pi, 2\pi]$ 에서 $r = \sqrt{4\cos 2t}$ 의 그래프를 그려 보면 다음과 같다.

```
In[3]:= Clear[plotgraph1, plotgraph2, tangen2];
        tangen = Solve[Cos[2 t] == 0, t];
        slope1 = tangen[[1, 1, 2]];
        slope2 = tangen[[2, 1, 2]];
        plotgraph1[a_, b_] := PolarPlot[Sqrt[4 Cos[2 t]],
                {t, a, b}];
        plotgraph2[a_, b_] := PolarPlot[-Sqrt[4 Cos[2 t]],
                {t, a, b}];
        tangen2 = Plot[{Tan[slope1] * x, Tan[slope2] * x},
              {x, -1, 1}, PlotStyle → Dashed];
        Show[plotgraph1[0, π/4],
          plotgraph1[3 π/4, 5 π/4],
          plotgraph1[7 π/4, 2 π], tangen2]
```

Out[10]=

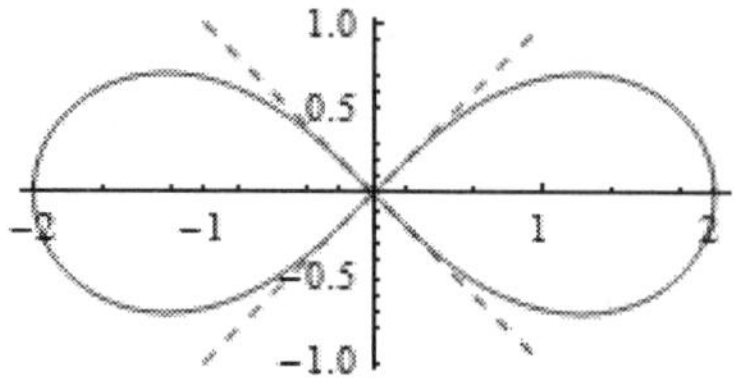

영역 $[0,\ \frac{\pi}{4}] \cup [\frac{3}{4}\pi,\ \frac{5}{4}\pi] \cup [\frac{7}{4}\pi,\ 2\pi]$ 에서 $r = -\sqrt{4\cos 2t}$ 의 그래프를 그리자.

```
In[11]:= Show[plotgraph2[0, π/4],
    plotgraph2[3π/4, 5π/4],
    plotgraph2[7π/4, 2π], tangen2]
```

Out[11]=

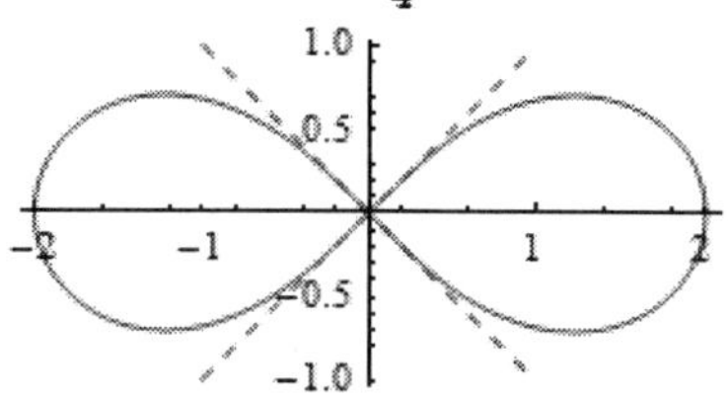

따라서 영역 $[0,\ \frac{\pi}{4}] \cup [\frac{3}{4}\pi,\ \frac{5}{4}\pi] \cup [\frac{7}{4}\pi,\ 2\pi]$에서 $r = \sqrt{4\cos 2t}$의 그래프와 $r = -\sqrt{4\cos 2t}$의 그래프가 같음을 알 수 있고 $r^2 = 4\cos 2t$ 의 그래프는 Out[10]의 그래프를 영역 $[0,\ \frac{\pi}{4}] \cup [\frac{3}{4}\pi,\ \frac{5}{4}\pi] \cup [\frac{7}{4}\pi,\ 2\pi]$ 에서 두 번 그림을 알 수 있다.

다음은 $r^2 = 4\cos 2t$ 로 둘러싸인 영역의 면적을 구하자. 그래프를 구간 $[0,\ \frac{\pi}{4}]$에서 그리면 Out[12]와 같다. 따라서 면적은 Out[12]에서의 그래프로 둘러싸인 영역의 면적×4 임을 알 수 있으며 Out[12]에서의 그래프로 둘러싸인 영역의 면적은 $\frac{1}{2}\int_0^{\pi/4} r^2 d\theta$ 이며 적분값은 Out[13]과 같다.

```
In[12]:= Show[plotgraph1[0, π/4]]
```

Out[12]=

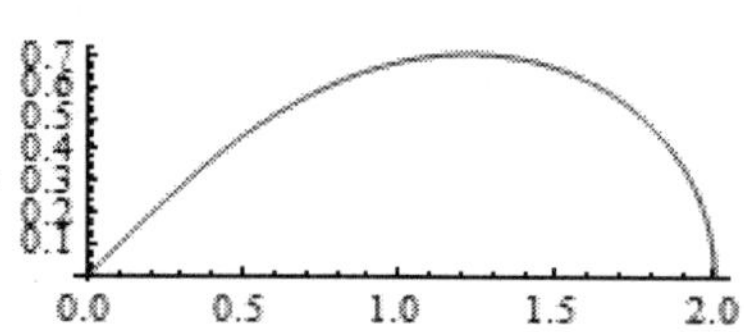

```
In[13]:= NIntegrate[4 Cos[2 t], {t, 0, π/4}]/2
Out[13]= 1.
```

두 심장형 $r=1+\cos t$ 와 $r=1-\sin t$ 의 교점

방정식 $1+\cos t = 1-\sin t$ 의 해를 구하자.

```
In[1]:= Clear[f, g, sol];
        f[t_] = 1 + Cos[t];
        g[t_] = 1 - Sin[t];
        sol = Solve[f[t] == g[t], t]
Out[4]= {{t → -π/4}, {t → 3π/4}}
```

위의 해를 각각 value1, value2라 하자. value1과 value2가 실제 해인가를 TrueQ라는 명령어를 사용하여 In[5]와 In[9]에서 확인하자.

```
In[5]:= Clear["v*"];
        value1 = sol[[1, 1, 2]];
        value2 = sol[[2, 1, 2]];
        TrueQ[f[value1] == g[value1]]
Out[8]= True
In[9]:= TrueQ[f[value2] == g[value2]]
Out[9]= True
```

이제 $r=1+\cos t$ 의 그래프와 $r=1-\sin t$ 의 그래프를 그리자.

```
In[10]:= Clear["p*"];
         pic1 = PolarPlot[{f[t], g[t]}, {t, 0, 2 π},
           PlotStyle → {{}, Dashed}]
```

Out[11]=
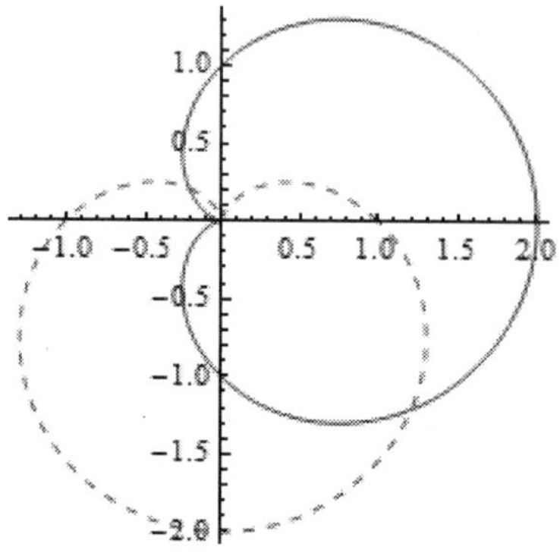

극좌표에서 $r = f(t), r = g(t),\ t \in [0,\ 2\pi]$의 그래프와 직교좌표에서 $y = \tan(\text{value1})x$, $x \in [-2,\ 2]$의 그래프를 그리자.

```
In[12]:= pic2 = Plot[Tan[value1] x, {x, -2, 2},
           PlotStyle → Thick];
         Show[pic1, pic2]
```

Out[13]=
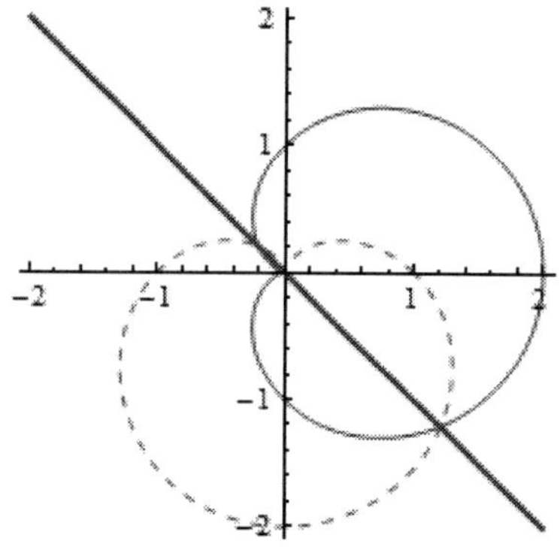

위의 그래프에서 볼 수 있듯이 교점이 세 개임을 알 수 있으며 $t = -\frac{\pi}{4},\ \frac{3\pi}{4}$ 에서의 교점 외에 또 하나의 교점은 극점이다. 즉 $r = 0$이다. 그러면 $r = 0$이 되는 t를 알아보자.

```
In[14]:= Clear[sol1, sol2]
         sol1 = Solve[f[t] == 0, t]
Out[15]= {{t → -π}, {t → π}}
In[16]:= sol2 = Solve[g[t] == 0, t]
```

```
Out[16]= {{t → π/2}}
```

위에서 구한 바와 같이 $r=1+\cos t$ 의 그래프는 $t=-\pi,\ \pi$ 에서 극점을 지나며 $r=1-\sin t$ 의 그래프는 $t=\frac{\pi}{2}$ 일 때 극점을 지남을 알 수 있다. 따라서 극점은 두 그래프의 교점이다.

2.10 매개방정식과 평면벡터, 이차곡면

이차곡면 $\frac{x^2}{9}+\frac{y^2}{4}-z^2=1$에 대하여 알아보자.

이차곡면 $\frac{x^2}{9}+\frac{y^2}{4}-z^2=1$은 다음과 같이 매개방정식으로 나타낼 수 있고

$$x = 3\sec t\cos s,\ \ y = 2\sec t\sin s,\ \ z = \tan t,\ \ t\in[-\frac{\pi}{2},\ \frac{\pi}{2}],\ \ s\in[-\pi,\ \pi]$$

이차곡면 $\frac{x^2}{9}+\frac{y^2}{4}-z^2=1$은 위의 매개방정식을 이용하여 In[1]과 같이 그릴 수도 있다.

```
In[1]:= x1[t_, s_] := 3 Sec[t] Cos[s];
        y1[t_, s_] := 2 Sec[t] Sin[s];
        z1[t_, s_] := Tan[t];
        ParametricPlot3D[{x1[t, s], y1[t, s], z1[t, s]},
         {t, -π/2, π/2}, {s, -Pi, Pi}, BoxRatios → {1, 1, 1},
         ViewPoint → {1.558, -2.876, 0.867}]
```

Out[4]=

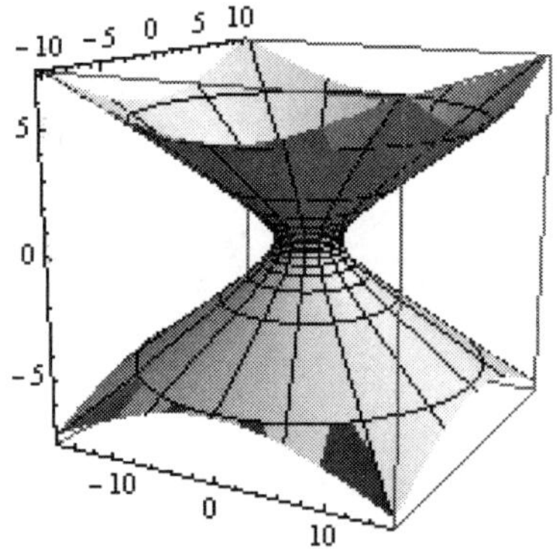

명령어 ContourPlot3D를 이용하여 $\frac{x^2}{9}+\frac{y^2}{4}-z^2=1$의 그래프를 그리자.

```
In[5]:= ContourPlot3D[x^2/9 + y^2/4 - z^2 - 1 == 0, {x, -5, 5},
          {y, -5, 5}, {z, -5, 5}]
```

Out[5]=

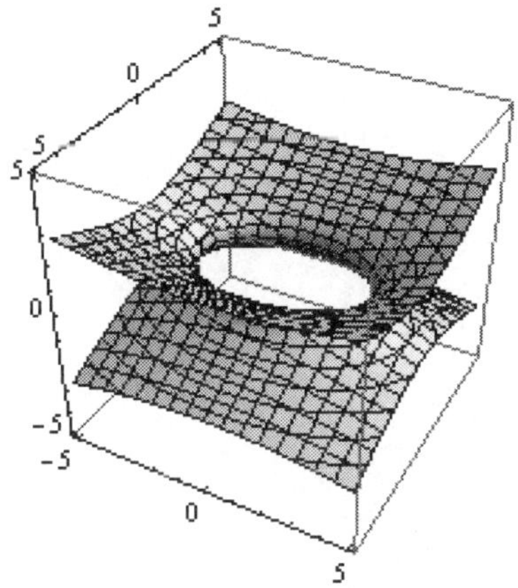

이차곡면 $\frac{x^2}{9}-\frac{y^2}{4}-z^2=1$에 대하여 알아보자.

이차곡면 $\frac{x^2}{9}-\frac{y^2}{4}-z^2=1$를 매개방식으로 나타내면 아래와 같고

$$x=3\sec t,\ \ y=\tan t\cos s,\ \ z=\tan t\sin s,\ \ t\in[-\frac{\pi}{2},\ \frac{\pi}{2}],\ \ s\in[-\pi,\ \pi],$$

$$x=-3\sec t,\ \ y=\tan t\cos s,\ \ z=\tan t\sin s,\ \ t\in[-\frac{\pi}{2},\ \frac{\pi}{2}],\ \ s\in[-\pi,\ \pi]$$

이차곡면 $\frac{x^2}{9}-\frac{y^2}{4}-z^2=1$은 위의 매개방정식을 이용하여 다음의 In[1]과 같이 그릴 수도 있다.

```
In[1]:= Clear[x, y, z, t, s];
        x[t_, s_] := 3 Sec[t];
        y[t_, s_] := 2 Tan[t] Cos[s];
        z[t_, s_] := Tan[t] Sin[s];
```

```
gra1 = ParametricPlot3D[{x[t, s], y[t, s], z[t, s]},
   {t, -π/2, π/2}, {s, -π, π},
   AxesLabel → {"x", "y", "z"}];
gra2 = ParametricPlot3D[{-x[t, s], y[t, s], z[t, s]},
   {t, -π/2, π/2}, {s, -π, π},
   AxesLabel → {"x", "y", "z"}];
Show[gra2, gra1,
 PlotRange → {{-20, 20}, {-10, 10}, {-4, 4}}]
```

Out[7]=

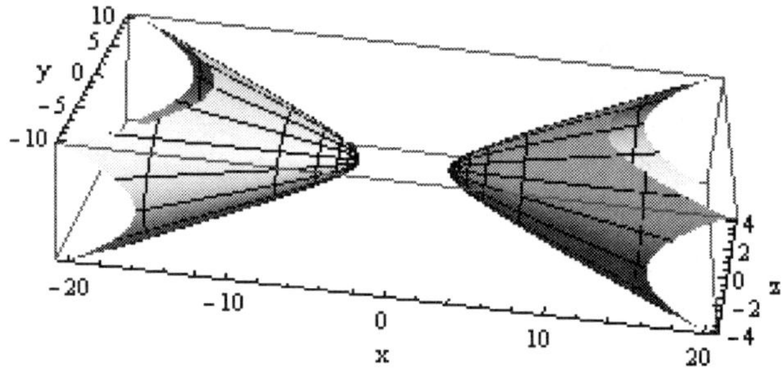

명령어 ContourPlot3D를 이용하여 $\frac{x^2}{9}-\frac{y^2}{4}-z^2=1$의 그래프를 그리자.

```
In[8]:= ContourPlot3D[x^2/9 - y^2/4 - z^2 - 1 == 0, {x, -5, 5},
   {y, -3, 3}, {z, -3, 3}]
```

Out[8]=

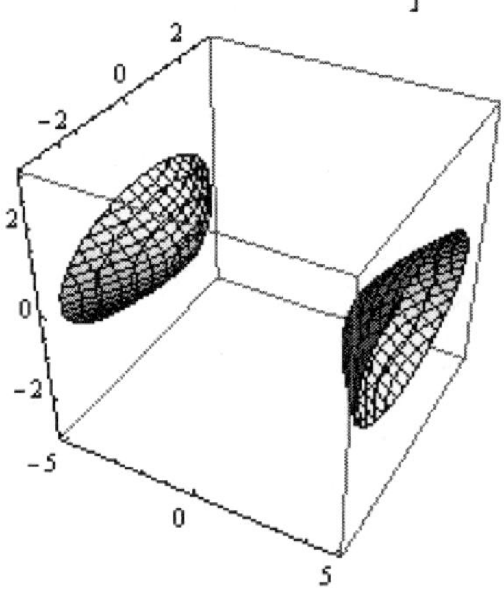

이차곡면 $\frac{x^2}{9}+\frac{y^2}{4}+z^2=1$에 대하여 알아보자.

이차곡면 $\frac{x^2}{9}+y^2+z^2=1$을 매개방정식으로 나타내면 다음과 같고

$$x=3\cos t\cos s,\ \ y=\cos t\sin s,\ \ z=\sin t,\ \ t\in[-\frac{\pi}{2},\ \frac{\pi}{2}],\ \ s\in[-\pi,\ \pi]$$

이차곡면 $\frac{x^2}{9}+y^2+z^2=1$은 위의 매개방정식을 이용하여 다음의 In[1]과 같이 그릴 수도 있다.

```
In[1]:= ParametricPlot3D[
         {3 Cos[t] Cos[s], Cos[t] Sin[s], Sin[t]},
         {t, -π/2, π/2}, {s, -π, π}]
```

Out[1]=

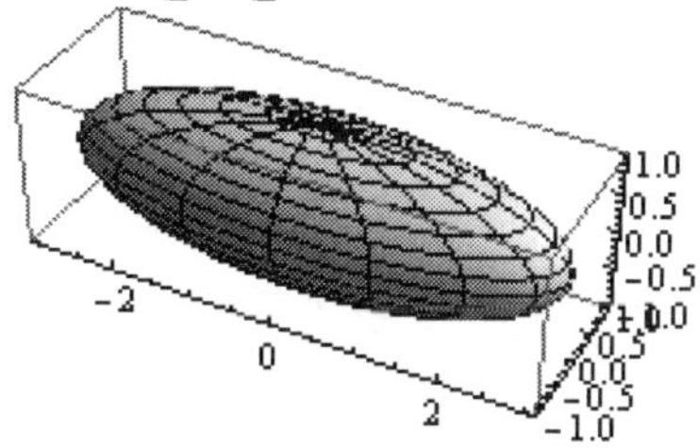

명령어 ContourPlot3D를 이용하여 $\frac{x^2}{9}+y^2+z^2=1$의 그래프를 그리자.

```
In[2]:= ContourPlot3D[x^2/9 + y^2/4 + z^2 - 1 == 0, {x, -3, 3},
         {y, -2, 2}, {z, -1, 1}, BoxRatios → Automatic]
```

Out[2]=

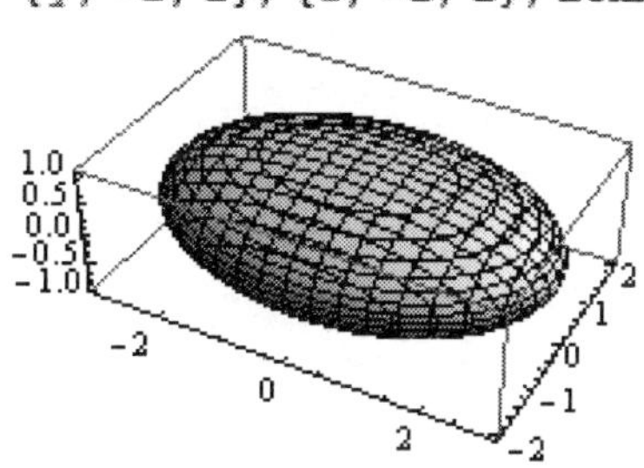

타원포물면(elliptic paraboloid) $z=\frac{x^2}{4}+\frac{y^2}{9}$ 에 대하여 알아보자.

타원포물면 $z=\frac{x^2}{4}+\frac{y^2}{9}$ 의 그래프를 그려 보면 다음과 같다.

```
In[1]:= Clear[f];
        f[x_, y_] := x^2/4 + y^2/9;
        Plot3D[f[x, y], {x, -10, 10}, {y, -10, 10},
         BoxRatios → {1, 1, 3}]
```

Out[3]=

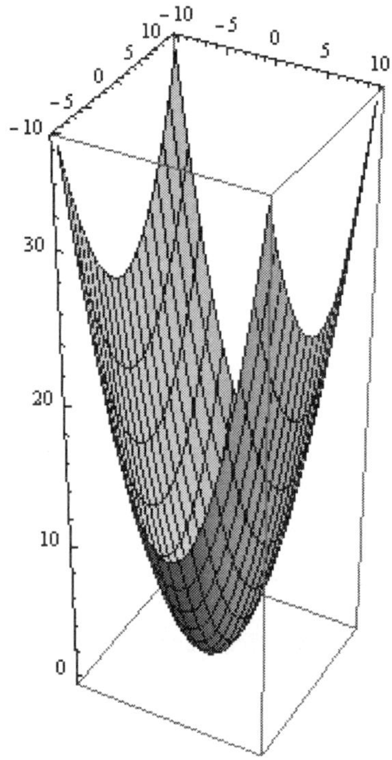

위의 그래프를 평면 $z=5,\ 10,\ 15$ 로 잘랐을 때 생기는 곡면은 다음과 같은 타원들이다.

```
In[4]:= Clear[sol];
        sol[z_] := Solve[f[0, y] == z, y][[2, 1, 2]];
        ContourPlot[f[x, y], {x, -10, 10}, {y, -15, 15},
         Contours → {5, 10, 15},
         Prolog → {Text["z=5", {0, sol[5]}],
           Text["z=10", {0, sol[10]}],
           Text["z=15", {0, sol[15]}]}, AspectRatio → 3/2,
         ContourShading → False]
```

Out[6]=

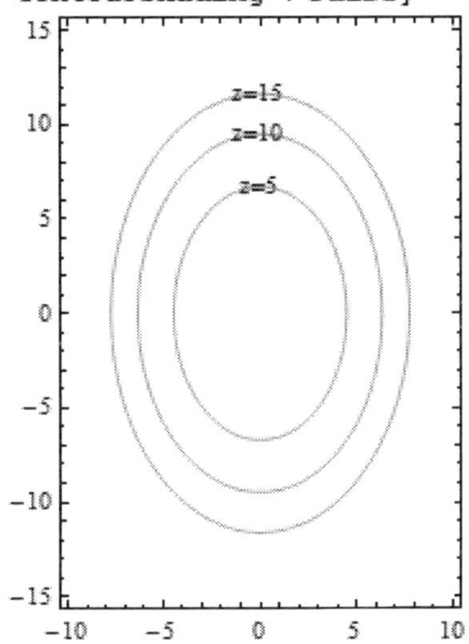

쌍곡포물면(hyperbolic paraboloid) $z=\frac{x^2}{4}-\frac{y^2}{9}$ 에 대하여 알아보자.

쌍곡포물면 $\frac{x^2}{4}-\frac{y^2}{9}=z$ 의 그래프를 그리면 다음과 같다.

```
In[1]:= Clear[f];
        f[x_, y_] := x^2/4 - y^2/9;
        Plot3D[f[x, y], {x, -10, 10}, {y, -10, 10},
         BoxRatios → {1, 1, 2}]
```

Out[3]=

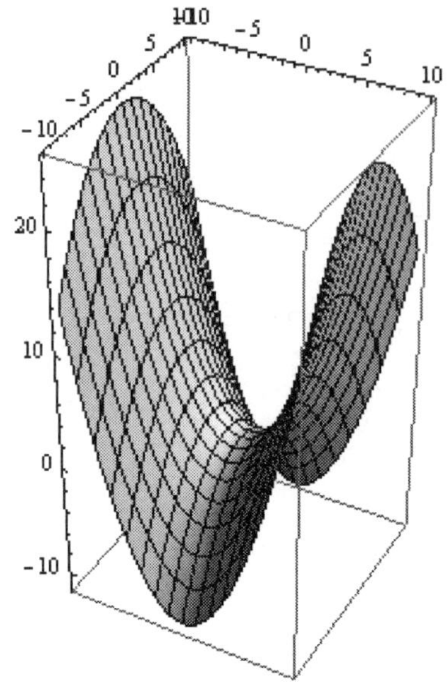

위의 쌍곡포물면을 평면 $z=-15,\ -10,\ -5$(Out[10]에서 점선 그래프), 0, 5, 10 (Out[10]에서 실선 그래프)로 잘랐을 때의 그래프를 그려 보면 $z=0$일 때를 제외하고는 쌍곡선임을 알 수 있다.

```
In[4]:= Clear[ysol];
      ysol[z_] := Solve[f[x, 0] == z, x][[2, 1, 2]]
      contour1 = ContourPlot[f[x, y], {x, -15, 15},
         {y, -15, 15}, Contours → {0, 5, 10},
         Prolog → {Text["z=0", {ysol[0], 0}],
           Text["z=5", {ysol[5], 0}],
           Text["z=10", {ysol[10] + 2, 0}]},
         ContourShading → False];
      xsol[z_] := Solve[f[0, y] == z, y][[2, 1, 2]];
      contour2 = ContourPlot[f[x, y], {x, -15, 15},
         {y, -15, 15}, Contours → {-5, -10, -15},
         ContourStyle → RGBColor[0, 0, 1],
         ContourShading → False];
      text = Graphics[{Text["z=-5", {0, xsol[-5]}],
          Text["z=-10", {0, xsol[-10]}],
          Text["z=-15", {0, xsol[-15]}]}];
      Show[contour1, contour2, text]
```

Out[10]=

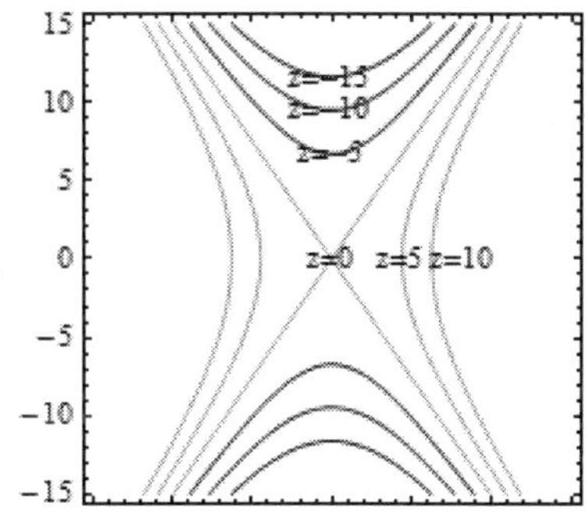

벡터 사영(Projection)

벡터 $\vec{b}$ 의 벡터 $\vec{a}$ 로의 사영(projection)은 이다. $\vec{a}=(6,\ 2)$, $\vec{b}=(3,\ 5)$ 일 때 벡터 $\vec{b}$ 의 벡터 $\vec{a}$ 로의 사영을 나타내자. 다음에서 vector는 1장 5절에서 정의한 벡터를 나타내기 위한 함수이다.

```
In[1]:= Clear[a, b];
        Clear[a, vector, t];
        vector[ini : {_, _}, vec : {_, _}, style___] :=
          Graphics[{style, Arrow[{ini, ini + vec}]},
           Axes → True];
        vector[vec : {_, _}, style___] :=
          Graphics[{style, Arrow[{{0, 0}, vec}]}, Axes → True];
        vector[ini : {_, _, _}, vec : {_, _, _}, style___] :=
          Graphics3D[{style, Arrow[{ini, ini + vec}]},
           Axes → True];
        vector[vec : {_, _, _}, style___] :=
          Graphics3D[{style, Arrow[{{0, 0, 0}, vec}]},
           Axes → True];
In[7]:= proj[a_, b_] := (b.a / a.a) a;
        showproj[a_, b_] :=
          Show[vector[a], vector[b], vector[proj[a, b], Red],
           Graphics[{{Dashed, Line[{proj[a, b], b}]},
             Text["a", a + {0.1, 0.1}],
```

```
      Text["b", b + {0.1, 0.1}]}],
   BaseStyle → {FontSize → 14}];
 a = {6, 2}; b = {3, 5};
 showproj[a, b]
```

Out[10]=

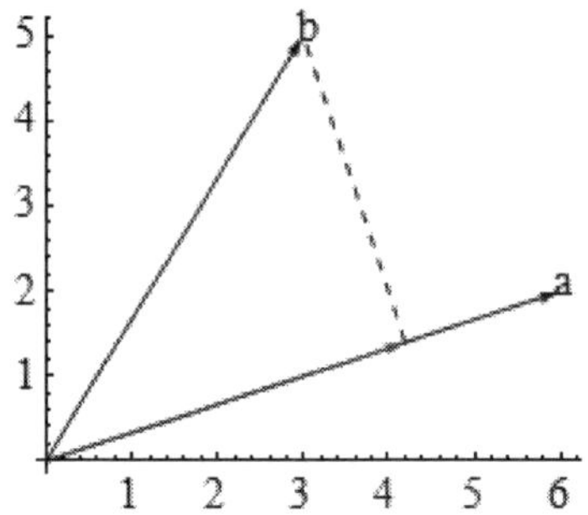

직선 방정식

점 (1, 1, 1) 을 지나고 벡터 $\vec{v} = (-2, 0, 1)$ 에 평행한 직선을 그리자.

```
In[11]:= Clear[a];
 a[t_] := {1, 1, 1} + t {-2, 0, 1};
 vectab := Table[vector[a[t]], {t, -3, 3}];
 linetab := Table[a[t], {t, -3, 3}];
 Show[vectab, Graphics3D[{Red, Thick, Line[linetab]}],
  PlotRange → {{-5, 5}, {-5, 5}, {-5, 5}}]
```

Out[15]=

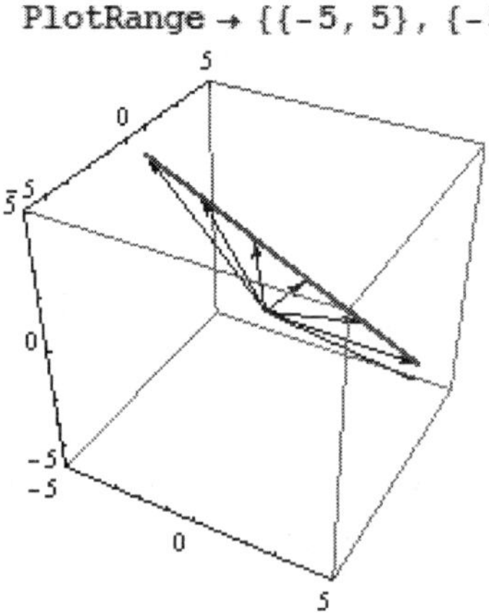

평면 방정식

점 $s(1,\ 1,\ 1)$을 지나고 벡터 $\vec{n}=(-2,\ 0,\ 1)$에 수직인 평면을 그리자. 평면 위의 벡터를 $\vec{r}$이라 하면

$$(\vec{r}-\vec{s})\cdot\vec{n}=0$$

을 만족한다.

```
In[16]:= Clear[r, s, n, x, y, z, eqn]; r = {x, y, z}; s = {1, 1, 1};
         n = {-2, 1, 1};
         eqn = (r - s).n;
         con = ContourPlot3D[eqn == 0, {x, -3, 3}, {y, -3, 3},
            {z, -3, 3}, Mesh → False,
            ContourStyle → {Green, Opacity[0.5]}];
         Show[con, vector[s, n, Thickness[0.01], Black]]
```

Out[19]=

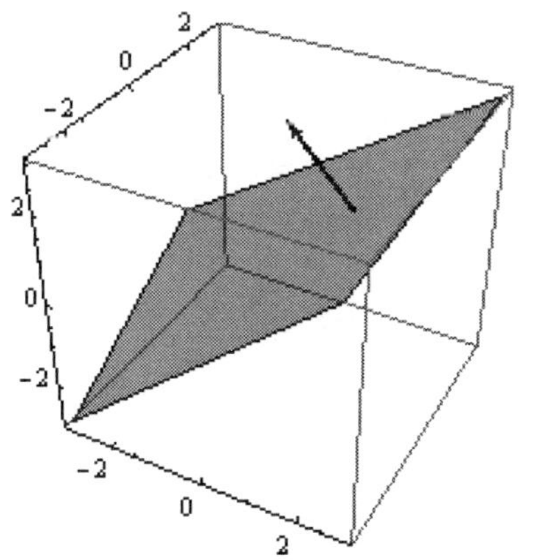

극좌표에서의 매개방정식의 그래프 그리기

극좌표에서 매개방정식

$$r(t)=t\cos t,\quad \theta(t)=e^{t}$$

의 그래프를 그리자.

```
In[1]:= polarParametricPlot[{r_, θ_}, arg__] :=
          ParametricPlot[{r * Cos[θ], r * Sin[θ]}, arg];
        Clear[r, θ, t];
        r[t_] = t Cos[t];
        θ[t_] := ℯ^t;
        polarParametricPlot[{r[t], θ[t]}, {t, 0, π}, PlotPoints → 300,
         PlotRange → All]
```

Out[5]=

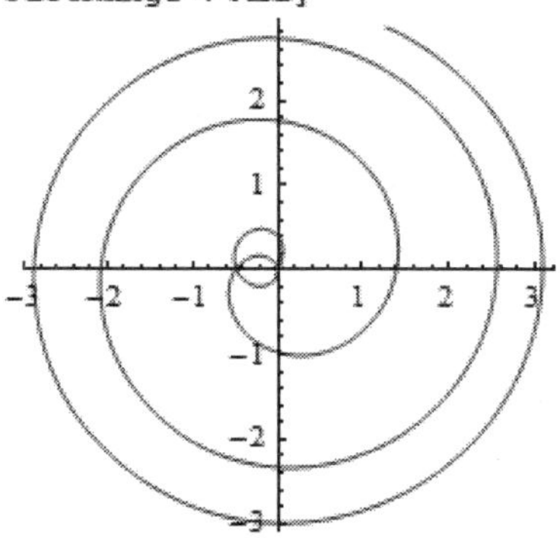

```
In[6]:= polarParametricPlot[{r[t], θ[t]}, {t, 0, 2 π}]
```

Out[6]=

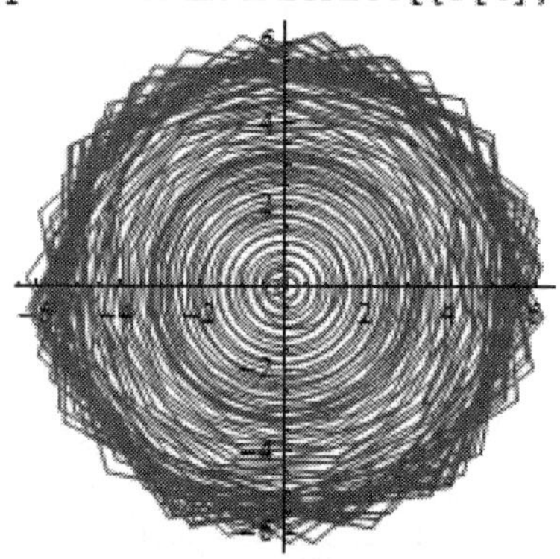

그래프가 매끄럽지 않고 거칠게 그려졌다. 이제 그래프를 그리는 과정에서 점을 많이 찍어 그래프를 그리려면

PlotPoint

의 수를 높이면 된다.

```
In[7]:= polarParametricPlot[{r[t], θ[t]}, {t, 0, 2 π},
         PlotPoints → 300]
```

Out[7]=

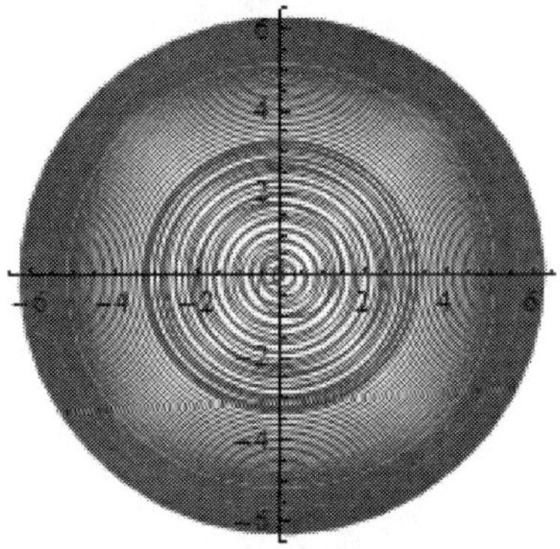

Tangent Vector

벡터를 그리는 함수를 정의하자.

```
In[5]:= vector[{1, 1, 1}]
In[1]:= vector[ini : {_, _}, vec : {_, _}, style___] :=
          Graphics[{style, Arrow[{ini, ini + vec}]},
           Axes → True];
        vector[vec : {_, _}, style___] :=
          Graphics[{style, Arrow[{{0, 0}, vec}]}, Axes → True, ];
        vector[ini : {_, _, _}, vec : {_, _, _}, style___] :=
          Graphics3D[{style, Arrow[{ini, ini + vec}]},
           Axes → True];
        vector[vec : {_, _, _}, style___] :=
          Graphics3D[{style, Arrow[{{0, 0, 0}, vec}]},
           Axes → True];
```

Out[5]=

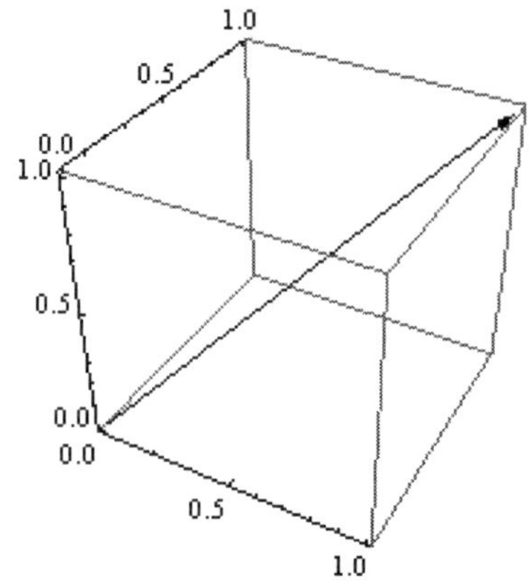

norm[r]은 r의 크기를 구하는 함수이다.

```
In[6]:= norm[r_] := √Apply[Plus, r^2] // N
        r[t_] = {Cos[t], Sin[t/2], 1 + Cos[t/2]};
        norm[r[2]]

Out[8]= 1.80382
```

매개방정식 $x = \cos t,\ y = \sin\frac{t}{2},\ z = 1 + \cos\frac{t}{2}$ 의 그래프를 그리자.

```
In[9]:= pic1 = ParametricPlot3D[r[t], {t, 0, 4 π}]
```

Out[9]=

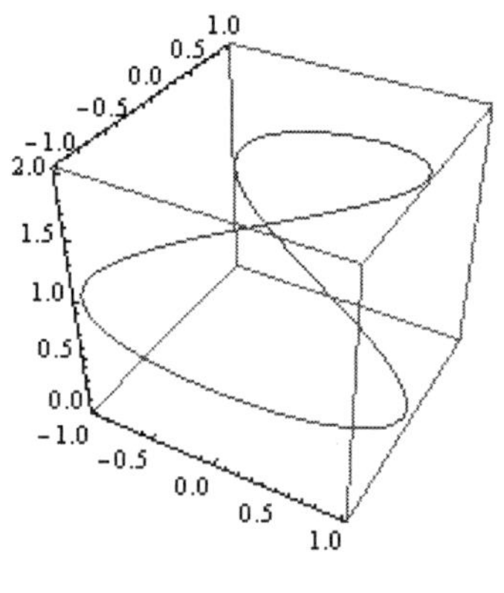

ndr[t]는 매개방정식에서 t에서의 단위 접선 벡터이다. 이제 매개방정식의 그래프와 단위 접선 벡터를 함께 그리자.

```
In[10]:= dr[t_] = D[r[t], t]; ndr[t_] = dr[t] / norm[dr[t]];
         pic2 = Table[vector[r[t], ndr[t], Arrowheads[Small],
             Red], {t, 0, 4 π, π/4}];
         Show[pic1, pic2]
```

Out[12]=

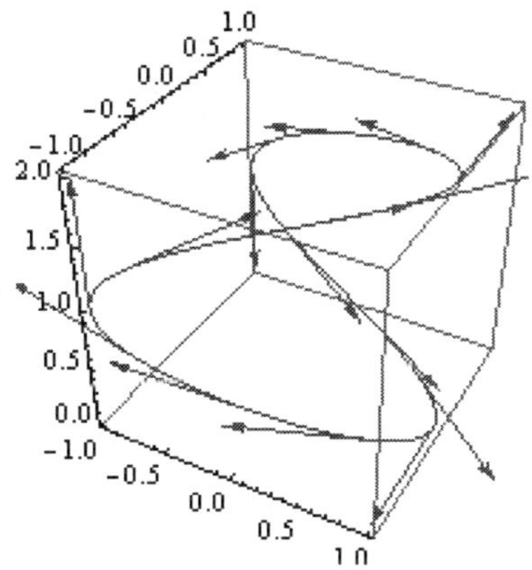

매개방정식

$$x = \cos t,\ \ y = \sin t,\ \ z = t$$

의 그래프와 단위 접선 벡터를 함께 그리자.

```
In[13]:= r2[t_] := {Cos[t], Sin[t], t};
         dr2[t_] = D[r2[t], t];
         ndr2[t_] := dr2[t] / norm[dr2[t]];
         pic3 = ParametricPlot3D[r2[t], {t, 0, 2 π}];
         pic4 =
           Table[vector[r2[t], ndr2[t], Red, Arrowheads[Small]],
            {t, 0, 2 π, π/4}];
In[18]:= Show[pic3, pic4]
```

Out[18]=

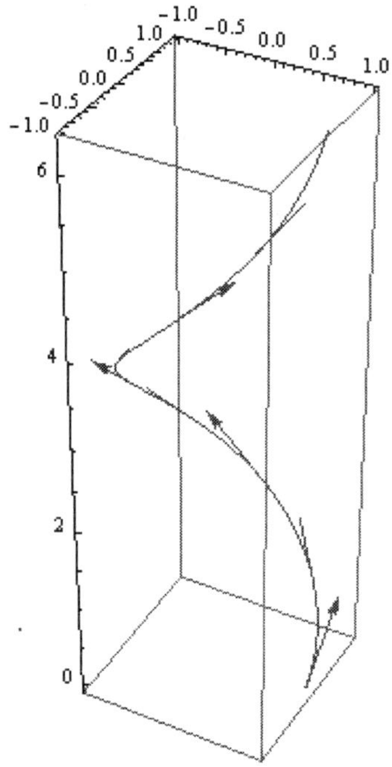

위의 그래프를 위에서 보자.

```
In[19]:= Show[pic3, pic4, ViewPoint → Above]
```

Out[19]=

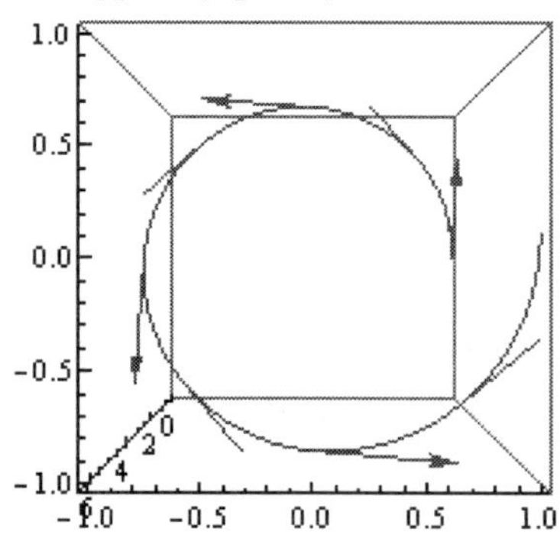

2.11 특이적분, 부정형

부정형의 극한

극한에 대하여 알아보자. $\lim_{x\to 0^+} x\log x$ 의 값을 구하기 위하여 L'Hospital의 정리를 써야 하지만 Mathematica에서는 직접 값을 구할 수 있다.

```
In[1]:= Limit[x * Log[x], x → 0, Direction → -1]

Out[1]= 0
```

$\lim_{x\to 0^+}\left(\frac{1}{x}-\frac{1}{\sin x}\right)$의 값을 구하자.

```
In[2]:= Limit[1/x - 1/Sin[x], x → 0, Direction → -1]

Out[2]= 0
```

$\lim_{x\to 0^+} x^x$ 의 값을 구하자.

```
In[3]:= Limit[x^x, x → 0, Direction → -1]

Out[3]= 1
```

$\lim_{x\to 0^+}\frac{1}{x^{\sin x}}$ 의 값을 구하자.

```
In[4]:= Limit[(1/x)^Sin[x], x → 0, Direction → -1]

Out[4]= 1
```

$\lim_{x \to 0} e^{-\frac{1}{x^2}}$ 의 값을 구하자.

```
In[5]:= Limit[e^(-1/x^2), x → 0]

Out[5]= 0
```

특이적분 $\int_1^2 \frac{dx}{(x-1)^2}$ 와 $\int_1^2 \frac{dx}{\sqrt{x-1}}$ 를 비교하자.

함수 $f(x)$ 의 $x=a$ 에서의 극한 $\lim_{x \to a} f(x)$ 가 ∞ 또는 $-\infty$ 이고, $f(x)$ 가 구간 $[b, a)$, $(a, c]$ 에서 연속인 경우

$$\int_a^c f(x)dx = \lim_{t \to a^+} \int_t^c f(x)dx, \int_b^a f(x)dx = \lim_{t \to a^-} \int_b^t f(x)dx$$

로 정의된다. $f(x) = \frac{1}{(x-1)^2}$ 인 경우 구간 $[0, 2]$ 에서 그래프를 그리자.

```
In[1]:= Plot[1/(x - 1)^2, {x, 0, 2}, PlotStyle → Blue]
```

Out[1]=

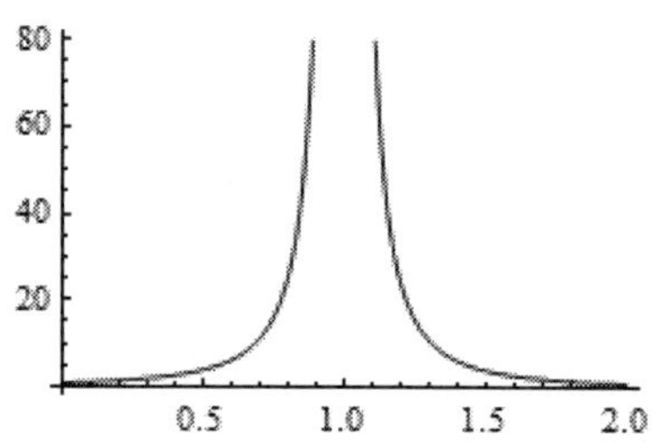

이제 특이적분

$$\int_1^2 f(x)\,dx$$

를 구하자.

```
In[2]:= ∫_1^2 1/(x - 1)^2 dx

Integrate::idiv : Integral of 1/(-1 + x)^2 does not converge on {1, 2}. »

Out[2]= ∫_1^2 1/(-1 + x)^2 dx
```

경고문과 함께 우리가 얻고자 하는 답을 주지 못한다. 이제 $\lim_{t\to 1^+}\int_t^2 f(x)\,dx$ 를 구하자.

```
In[3]:= Clear[f, g];
        f[t_] = ∫_t^2 1/(x - 1)^2 dx ;
        Limit[f[t], t → 1, Direction → -3]

Out[5]= ∞
```

따라서 $\int_1^2 f(x)dx = \infty$ 임을 알았다. 다음은 특이적분 $\int_1^2 \frac{1}{\sqrt{x-1}}dx$ 에 대하여 알아보자. $y = \frac{1}{\sqrt{x-1}}$ 의 그래프를 구간 [1, 2]에서 그리면 다음과 같다.

```
In[6]:= Clear[h];
        h[x_] = 1/√(x - 1) ;
        Plot[h[x], {x, 1, 2}, PlotStyle → Thick]

Out[8]=
```

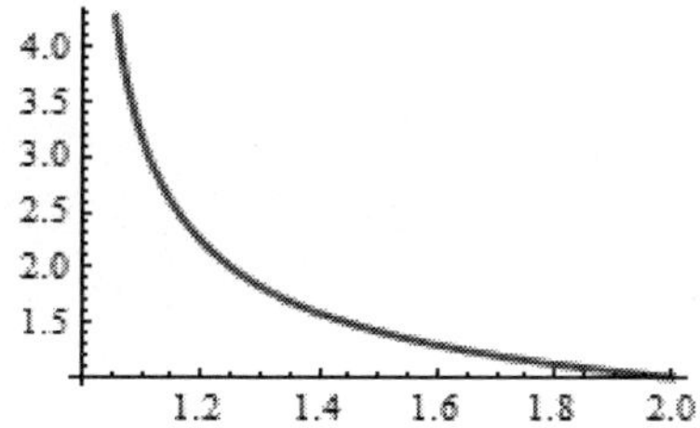

$\int_1^2 \frac{1}{\sqrt{x-1}}dx$ 의 값을 구하자.

```
In[9]:= Integrate[h[x], {x, 1, 2}]

Out[9]= 2
```

따라서 특이적분 $\int_1^2 \frac{1}{(x-1)^2}dx$ 는 발산하고, 특이적분 $\int_1^2 \frac{1}{\sqrt{x-1}}dx$ 는 수렴함을 알았다. 이제 $y=\frac{1}{(x-1)^2}$ 의 그래프와 $y=\frac{1}{\sqrt{x-1}}$ 의 그래프를 구간 [1, 2]에서 한 평면에 그리자.

```
In[10]:= Plot[{1/(x - 1)^2, 1/Sqrt[x - 1]}, {x, 1, 2},
          PlotStyle → {Dashed, Thick}]

Out[10]=
```

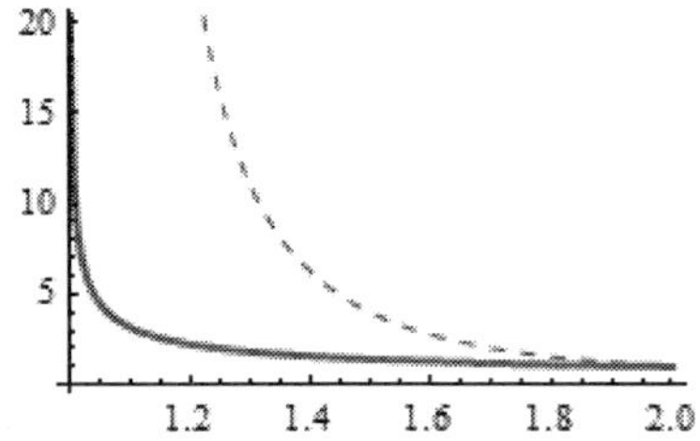

위에서 굵은 실선은 $y=\frac{1}{\sqrt{x-1}}$ 의 그래프이고 점선은 $y=\frac{1}{(x-1)^2}$ 의 그래프이며 x 가 1에 가까울수록 두 개의 값이 크게 차이남을 알 수 있다. 즉 x 축과 $y=\frac{1}{\sqrt{x-1}}$ 의 그래프로 둘러싸인 영역의 면적이 x 축과 $y=\frac{1}{(x-1)^2}$ 의 그래프로 둘러싸인 영역의 면적보다 훨씬 작음을 알 수 있다.

특이적분 $\int_1^\infty \frac{1}{x^2}dx$ 와 $\int_1^\infty \frac{1}{\sqrt{x}}dx$ 를 비교하자.

$y=\frac{1}{x}$ 의 그래프(굵은 실선), $y=\frac{1}{\sqrt{x}}$ 의 그래프(점선), $y=\frac{1}{x^2}$ (점선)의 그래프를 그리자.

```
In[1]:= Plot[{1/x, 1/x^(1/2), 1/x^2}, {x, 1, 10},
   PlotStyle → {Thick, Dashed, Dashed},
   Prolog → {Text[1 / Sqrt[x], {5, 1 / Sqrt[4]}],
      Text[1 / x^2, {2, 1 / 4}]}, AxesOrigin → {0, 0}]
```

Out[1]=

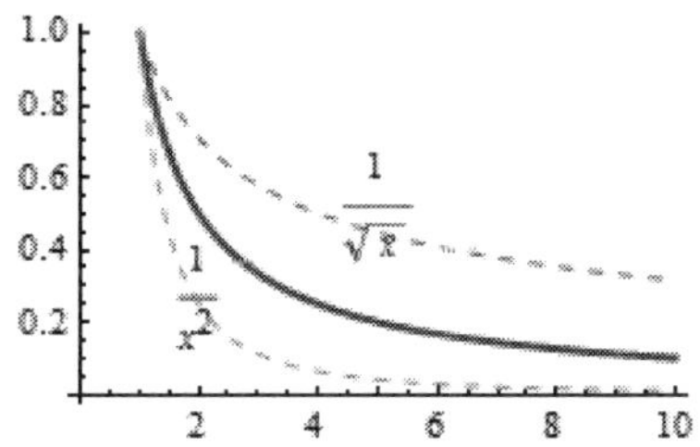

위의 그래프로부터 구간 (1, 10] 에서

$$\frac{1}{\sqrt{x}} > \frac{1}{x} > \frac{1}{x^2}$$

임을 알 수 있다. 이제 특이적분 $\int_1^\infty \frac{1}{\sqrt{x}} dx$ 를 구하자.

```
In[2]:= Clear[k];
   k[t_] = Integrate[1/Sqrt[x], {x, 1, t},
     Assumptions → {t > 1}]
Out[3]= 2 (-1 + Sqrt[t])
In[4]:= Limit[k[t], t → ∞]
Out[4]= ∞
```

$\int_1^\infty \frac{1}{\sqrt{x}} dx = \infty$ 임을 알 수 있고 특이적분 $\int_1^\infty \frac{1}{x^2} dx$ 를 구하자.

```
In[5]:= Clear[k2];
   k2[t_] = Integrate[1/x^2, {x, 1, t},
     Assumptions → {t > 1}]
Out[6]= (-1 + t)/t
```

```
In[7]:= Limit[k2[t], t → Infinity]

Out[7]= 1
```

In[8]:= $\int_1^\infty \frac{1}{x^2}\,dx$

Out[8]= 1

$\int_1^\infty \frac{1}{x^2}dx = 1$ 임을 알 수 있다. 실제로 특이적분 $\int_1^\infty \frac{1}{x^a}dx$ 에서 만일 $a>1$ 이면 특이적분은 수렴하고 $0<a<1$ 이면 발산한다.

2.12 편미분법

함수 $f(x,y,z)=\dfrac{1}{\sqrt{x^2+y^2+z^2}}$ 의 편미분에 대하여 알아보자.

$f(x,y,z)=\dfrac{1}{\sqrt{x^2+y^2+z^2}}$ 에 대하여

$$\frac{\partial^2 f}{\partial x^2}+\frac{\partial^2 f}{\partial y^2}+\frac{\partial^2 f}{\partial z^2}$$

의 값을 구하자.

In[1]:= $f[x\_, y\_, z\_] = \dfrac{1}{\sqrt{x^2+y^2+z^2}};$

$val1 = \partial_{\{x,2\}} f[x, y, z]$

Out[2]= $\dfrac{3x^2}{(x^2+y^2+z^2)^{5/2}} - \dfrac{1}{(x^2+y^2+z^2)^{3/2}}$

In[3]:= $val2 = \partial_{\{y,2\}} f[x, y, z]$

Out[3]= $\dfrac{3y^2}{(x^2+y^2+z^2)^{5/2}} - \dfrac{1}{(x^2+y^2+z^2)^{3/2}}$

In[4]:= $val3 = \partial_{\{z,2\}} f[x, y, z]$

Out[4]= $\dfrac{3z^2}{(x^2+y^2+z^2)^{5/2}} - \dfrac{1}{(x^2+y^2+z^2)^{3/2}}$

In[5]:= val1 + val2 + val3

Out[5]= $\dfrac{3x^2}{(x^2+y^2+z^2)^{5/2}} + \dfrac{3y^2}{(x^2+y^2+z^2)^{5/2}} +$

```
          3 z²                     3
   ─────────────────── - ───────────────────
   (x² + y² + z²)^5/2    (x² + y² + z²)^3/2
In[6]:= Simplify[%]

Out[6]= 0
```

$\frac{\partial^2 f}{\partial x^2}+\frac{\partial^2 f}{\partial y^2}+\frac{\partial^2 f}{\partial z^2}=0$ 이다.

접평면

곡면 $f(x,\ y,\ z)=0$의 점 $(a,\ b,\ c)$에서의 접평면의 방정식은

$$f_x(a,\ b,\ c)(x-a)+f_y(a,\ b,\ c)(y-b)+f_z(a,\ b,\ c)(z-c)=0$$

이다. 곡면 $(x-2)^2+(y-3)^2+(z-4)^2=14$의 $(3,\ 5,\ 7)$에서의 접평면을 그리자. 곡면을 그리기 위하여 중심이 원점이고 반지름이 1인 구면을 그리자.

```
In[1]:= fu1[s_, t_] = Cos[s] Cos[t];
        fu2[s_, t_] = Cos[s] Sin[t];
        fu3[s_, t_] = Sin[s];
        ParametricPlot3D[{fu1[s, t], fu2[s, t], fu3[s, t]},
         {s, -π/2, π/2}, {t, -π, π}]
```

Out[4]=

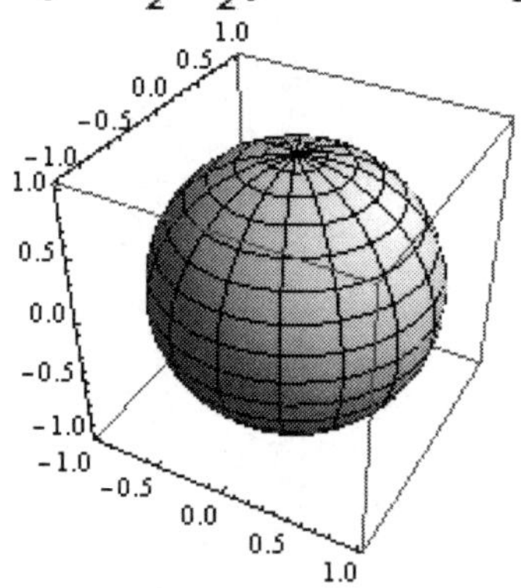

중심이 (a, b, c) 이고 반지름이 r 인 구면을 그리자.

```
In[5]:= sphere[{a_, b_, c_}, r_, option___] :=
          ParametricPlot3D[{r Cos[s] Cos[t] + a, r Cos[s] Sin[t] + b,
            r Sin[s] + c}, {s, -π/2, π/2}, {t, -π, π}, PlotPoints → 30,
           option];
        sphere[{5, 2, 3}, 5]
```

Out[6]=

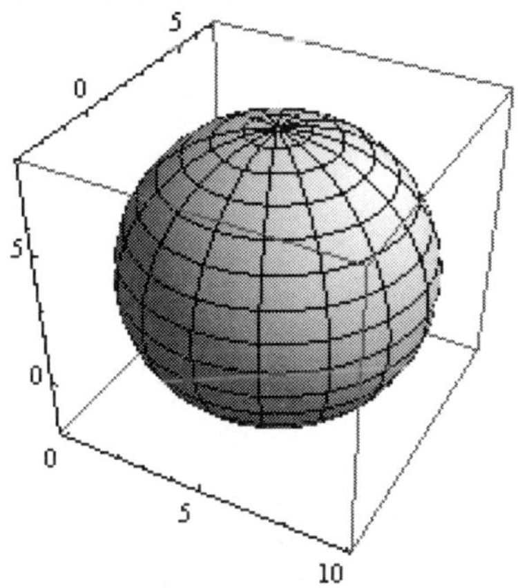

구면과 접평면을 함께 그리자.

$$\text{Derivative}[n_1, n_2, \ldots, n_k][f][a_1, a_2, \ldots, a_k]$$

는 $x_1 = a_1, \cdots, x_k = a_k$ 에서의 $\dfrac{\partial^{n_1+\cdots+n_k} f}{\partial_{x_1} f^{n_1} \cdots \partial_{x_k} f^{n_k}}$ 이다.

```
In[7]:= Clear[f, x, y, z, g1, g2];
        f[x_, y_, z_] = (x - 2)^2 + (y - 3)^2 + (z - 4)^2 - 14;
        g1 = sphere[{2, 3, 4}, √14];
        a = Derivative[1, 0, 0][f][3, 5, 7];
        b = Derivative[0, 1, 0][f][3, 5, 7];
        c = Derivative[0, 0, 1][f][3, 5, 7];
        sol10 = Solve[a (x - 3) + b (y - 5) + c (z - 7) == 0, z]

Out[13]= {{z → 1/3 (34 - x - 2 y)}}
```

```
In[14]:= z = sol10[[1, 1, 2]];
         g2 = Plot3D[z, {x, -2, 6}, {y, -1, 7}];
         Show[g1, g2]
```

Out[16]=

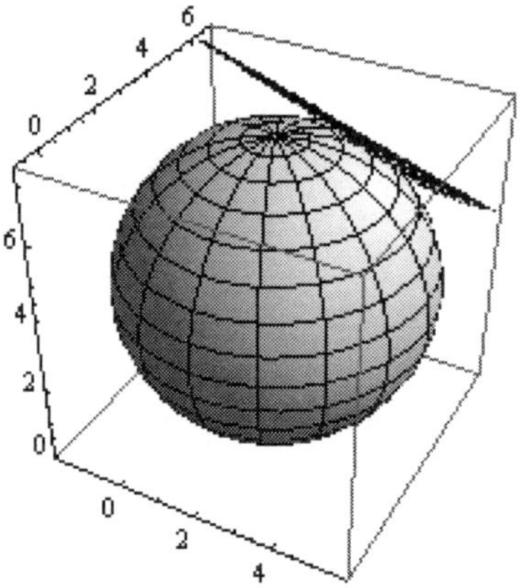

$x \geq 0,\ y \geq 0$ 에서 곡면 $z = x^2 + y^2$ 과 $x^2 + y^2 = 4$ 로 둘러싸인 영역의 부피를 구하자.

$x^2 + y^2 = 4$ $(0 \leq z \leq 4)$ 의 그래프를 그리자.

```
In[1]:= Clear[x, y, z, s, t, graf1];
        x[s_, t_] = 2 Cos[t];
        y[s_, t_] = 2 Sin[t];
        z[s_, t_] = s;
        graf1[a_, b_] :=
          ParametricPlot3D[{x[s, t], y[s, t], z[s, t]},
           {s, 0, a}, {t, 0, b},
           AxesLabel -> {"x", "y", "z"}];
        graf1[4, π/2]
```

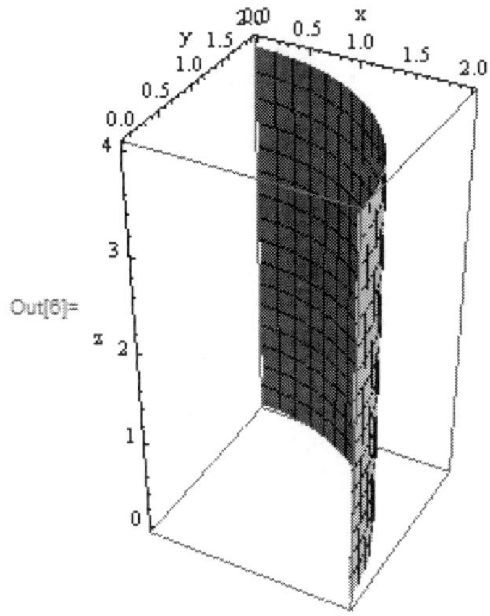

$x \geq 0$, $y \geq 0$ 에서 곡면 $z = x^2 + y^2$ 의 그래프를 그리자.

```
In[7]:= Clear[xx, yy, zz, graf2, a, b];
        xx[r_, t_] = r Cos[t];
        yy[r_, t_] = r Sin[t];
        zz[r_, t_] = xx[r, t]^2 + yy[r, t]^2;
        graf2[a_, b_] :=
          ParametricPlot3D[{xx[r, t], yy[r, t], zz[r, t]},
              {r, 0, a}, {t, 0, b},
           AxesLabel -> {"x", "y", "z"}];
        graf2[2, π/2]
```

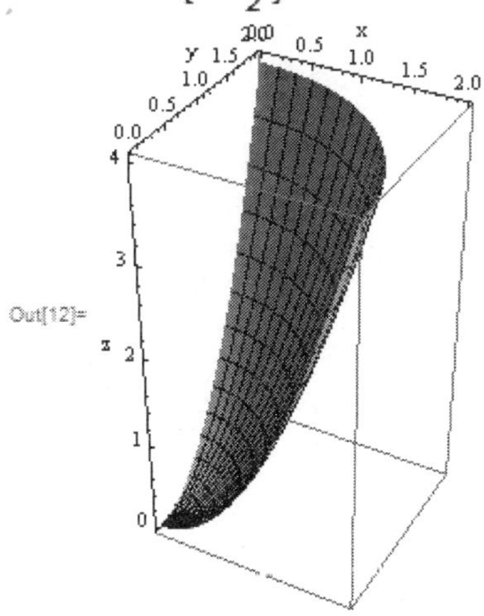

위 곡면을 함께 그리자.

```
In[13]:= Show[graf1[4, π/2], graf2[2, π/2]]
```

Out[13]=

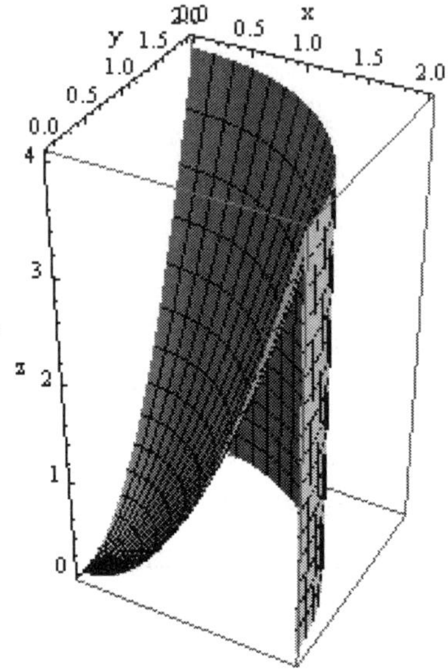

$x \geq 0,\ y \geq 0$ 일 때 위의 두 곡면은 xy 평면에서 영역

$$R = \{(x,\ y) : 0 \leq x \leq 2,\ 0 \leq y \leq \sqrt{4 - x^2}\}$$

에서 나타난다. 영역 R 을 xy 평면에서 나타내자.

```
In[14]:=
    Plot[√(4 - x²), {x, 0, 2}, AspectRatio → Automatic,
    Filling → Axis]
```

Out[14]=

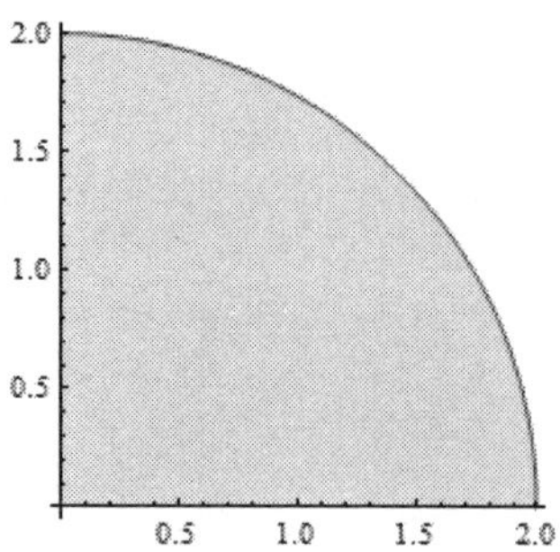

두 곡면으로 둘러싸인 영역의 부피를 구하자.

```
In[15]:= Integrate[x^2 + y^2, {x, 0, 2}, {y, 0, Sqrt[4 - x^2]}]

Out[15]= 2 π
```

2.13 원기둥좌표, 구면좌표

좌표 변환

직표 좌표를 원기둥 좌표로 바꾸는 명령어는

CoordinatesFromCartesian[{a, b, c}, Cylindrical]

원기둥 좌표를 직교 좌표로 바꾸는 명령어는

CoordinatesToCartesian[{a, b, c}, Cylindrical]

직표 좌표를 구면 좌표로 바꾸는 명령어는

CoordinatesFromCartesian[{a, b, c}, Spherical]

구면 좌표를 직교 좌표로 바꾸는 명령어는

CoordinatesToCartesian[{a, b, c}, Spherical]

이다. 위의 명령어를 실행하려면 패키지

"VectorAnalysis`"

를 읽어 들여야 한다.

```
In[1]:= Needs["VectorAnalysis`"]
In[2]:= CoordinatesFromCartesian[{-√2 , √2 , 3}, Cylindrical]
Out[2]= {2, 3π/4, 3}
In[3]:= CoordinatesToCartesian[{2, 3π/4, 3}, Cylindrical]
Out[3]= {-√2 , √2 , 3}
```

```
In[4]:= CoordinatesFromCartesian[{1, 0, 1}, Spherical]
Out[4]= {√2, π/4, 0}
In[5]:= CoordinatesToCartesian[{ρ, ϕ, θ}, Spherical]
Out[5]= {ρ Cos[θ] Sin[ϕ], ρ Sin[θ] Sin[ϕ], ρ Cos[ϕ]}
In[6]:= CoordinatesFromCartesian[{x, y, z}, Spherical]
Out[6]= {√(x^2 + y^2 + z^2), ArcCos[z/√(x^2 + y^2 + z^2)], ArcTan[x, y]}
```

원기둥 좌표

원기둥 좌표와 직교 좌표는 다음의 관계식을 만족한다.

$$x = r\cos\theta,\ \ y = r\sin\theta,\ \ z = z\ .$$

원기둥 좌표에서 (r,θ,z) 로 주어질 때, 직교 좌표로 바꾸자.

```
In[1]:= cyltorec[{r_, θ_, z_}] := {r Cos[θ], r Sin[θ], z};
        cyltorec[{2, π/4, 3}]
Out[2]= {√2, √2, 3}
```

$z^2 = x^2 + y^2\ (-2 \le z \le 2)$ 는 원기둥 좌표로 $z = r$ 이다. 이제

$$z^2 = x^2 + y^2\ (-2 \le z \le 2)$$

의 그래프를 그리자.

```
In[3]:= ParametricPlot3D[cyltorec[{r, θ, r}], {r, -2, 2},
          {θ, 0, 2 π}]
```

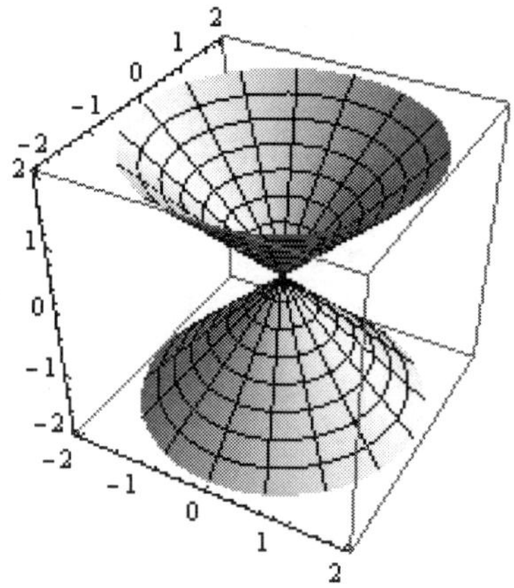
Out[3]=

$z=\sqrt{1-r^2}\cos\theta$ 의 그래프를 그리자.

```
In[4]:= ParametricPlot3D[cyltorec[{r, θ, √(1 - r²) Cos[θ]}],
        {r, -1, 1}, {θ, 0, 2 π}]
```

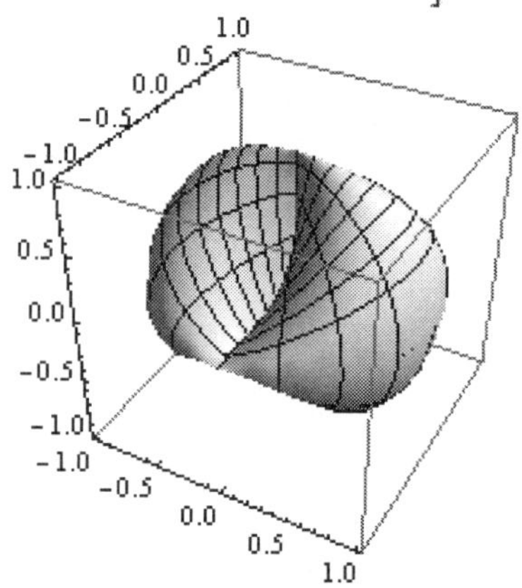
Out[4]=

구면 좌표계

구면 좌표와 직교 좌표는 다음의 관계식을 만족한다.

$$x=\rho\ \sin\phi\ \cos\theta,\quad y=\rho\ \sin\phi\ \sin\theta,\quad z=\rho\ \cos\phi$$

원기둥 좌표에서 (ρ, ϕ, θ)를 직교 좌표로 바꾸자.

```
In[1]:= sphtorec[{ρ_, ϕ_, θ_}] :=
          {ρ Sin[ϕ] Cos[θ], ρ Sin[ϕ] Sin[θ], ρ Cos[ϕ]};
        sphtorec[{2, π/3, π/4}]

Out[2]= {Sqrt[3/2], Sqrt[3/2], 1}
```

$\rho = \theta,\ 0 \le \theta \le 3\pi$ 의 그래프를 그리자.

```
In[3]:= ParametricPlot3D[sphtorec[{θ, ϕ, θ}], {θ, 0, 3 π},
          {ϕ, 0, π/2}]
```

Out[3]=

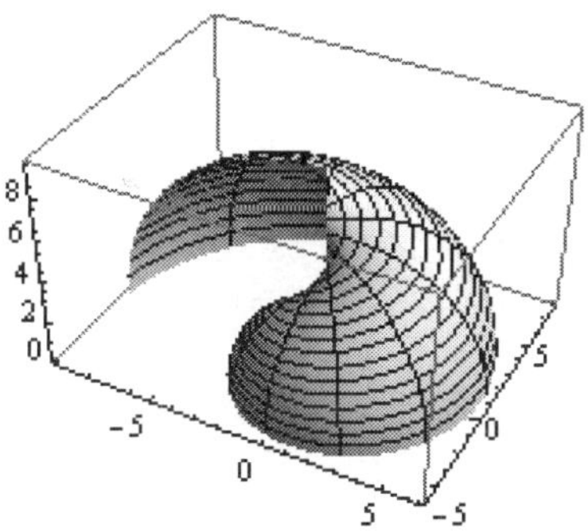


```
In[4]:= ParametricPlot3D[sphtorec[{θ, ϕ, θ}], {θ, 0, 3 π},
          {ϕ, 0, π}]
```

Out[4]=

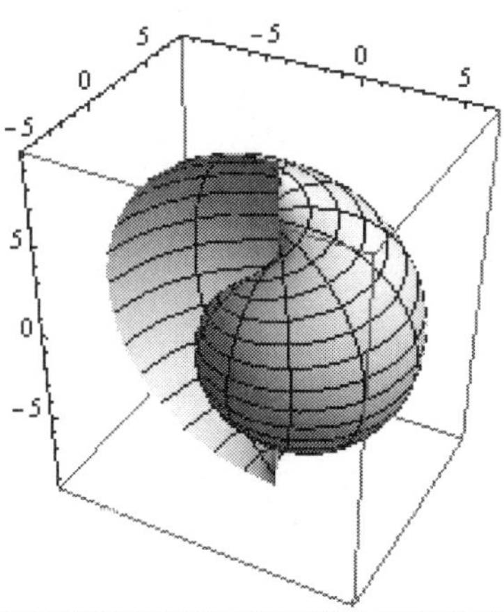

$\rho = \phi$ 의 그래프를 그리자.

```
In[5]:= ParametricPlot3D[sphtorec[{ϕ, ϕ, θ}], {θ, 0, 2 π},
          {ϕ, 0, π}]
```

Out[5]=

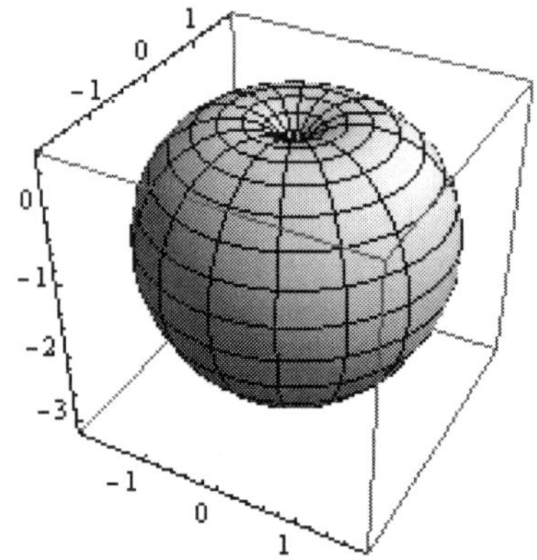

```
In[6]:= ParametricPlot3D[sphtorec[{ϕ, ϕ, θ}], {θ, 0, 2 π},
          {ϕ, -π/3, π/3}]
```

Out[6]=

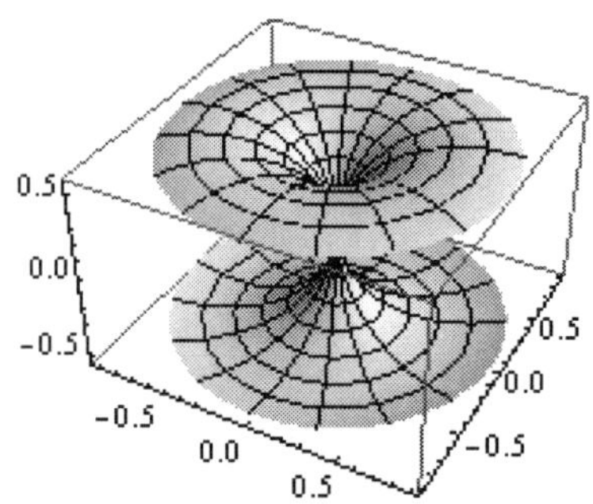

```
In[7]:= ParametricPlot3D[sphtorec[{ϕ, ϕ, θ}], {θ, 0, 2 π},
          {ϕ, -π/3, π/3}, ViewPoint → Front]
```

Out[7]=

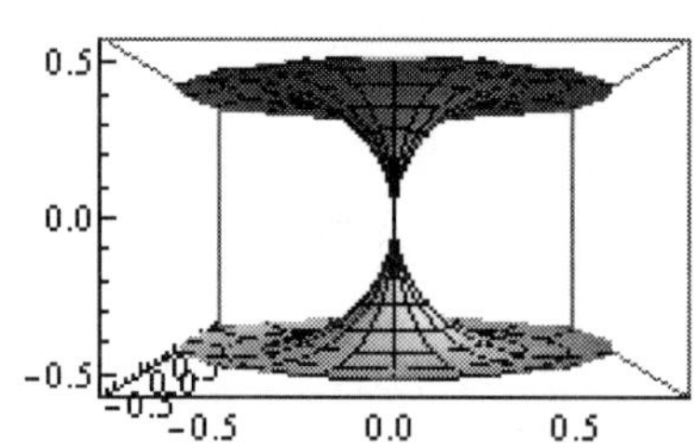

$\rho = 1 + \sin\phi$의 그래프를 그리자.

```
In[8]:= ParametricPlot3D[sphtorec[{1 + Sin[φ], φ, θ}],
         {θ, 0, 2 π}, {φ, 0, π}]
```

Out[8]=

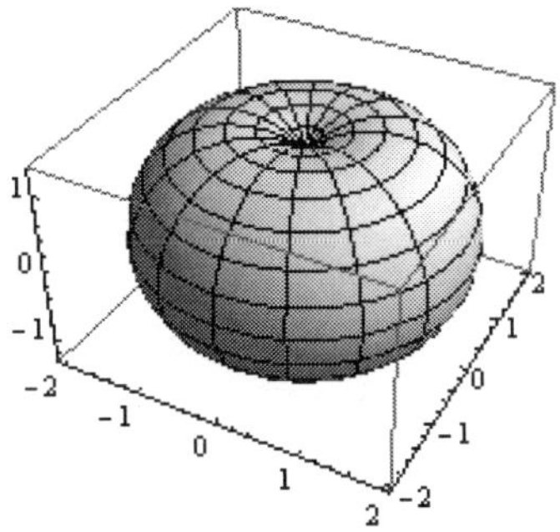

```
In[9]:= ParametricPlot3D[sphtorec[{1 + Sin[φ], φ, θ}],
         {θ, 0, 2 π}, {φ, 0, 2 π}]
```

Out[9]=

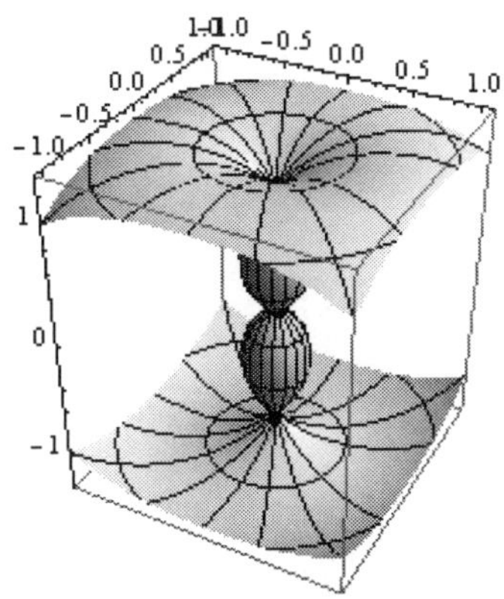

```
In[10]:= ParametricPlot3D[sphtorec[{1 + Sin[φ], φ, θ}],
          {θ, 0, 2 π}, {φ, 0, 2 π}, ViewPoint → Front]
```

Out[10]=

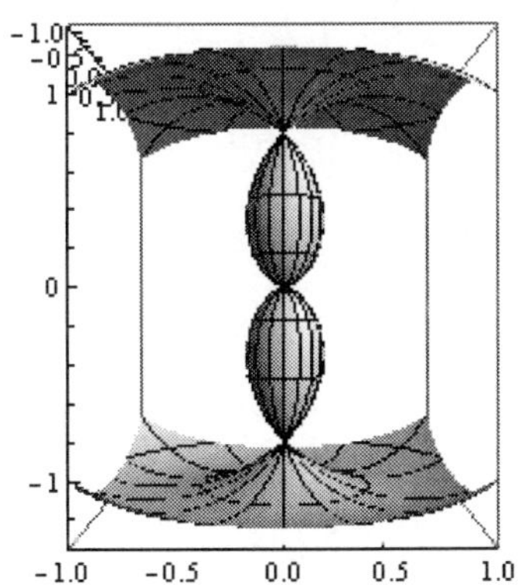

$\phi = 1 + \sin\rho$ 의 그래프를 그리자.

```
In[11]:= ParametricPlot3D[sphtorec[{ρ, 1 + Sin[ρ], θ}],
          {θ, 0, 2 π}, {ρ, -2, 5}]
```

Out[11]=

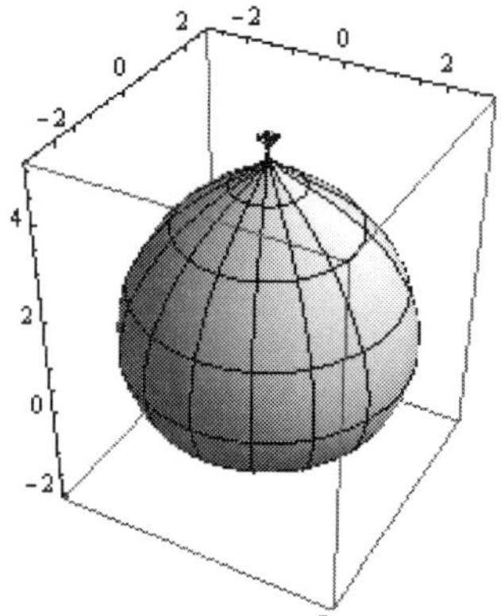

```
In[12]:= ParametricPlot3D[sphtorec[{ρ, 1 + Sin[ρ], θ}],
          {θ, 0, 2 π}, {ρ, -π/2, π/5}]
```

Out[12]=

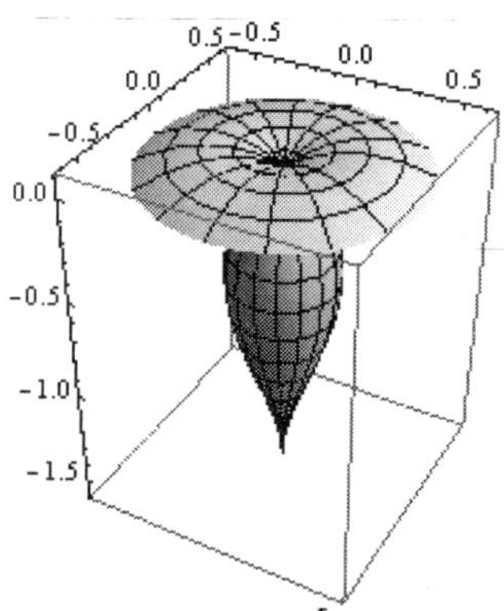

```
In[13]:= ParametricPlot3D[sphtorec[{ρ, 1 + Sin[ρ], θ}],
          {θ, 0, 2 π}, {ρ, -π/2, π/5}, ViewPoint → Front]
```

Out[13]=

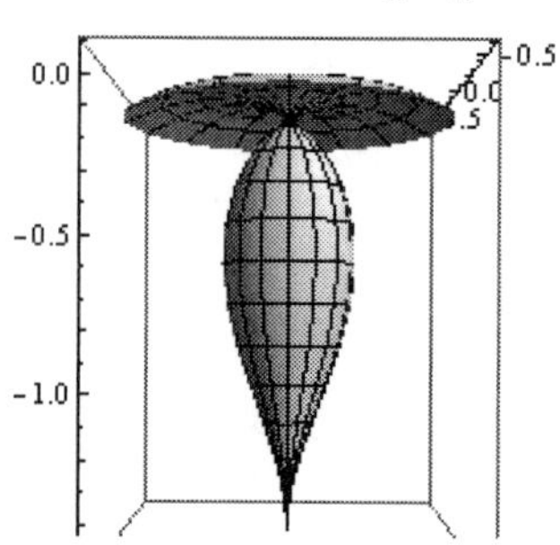

$\rho = \sin\frac{2\phi}{3}$ 의 그래프를 그리자.

```
In[14]:= ParametricPlot3D[sphtorec[{Sin[2 ϕ/3], ϕ, θ}],
    {θ, 0, 2 π}, {ϕ, 0, π}]
```

Out[14]=

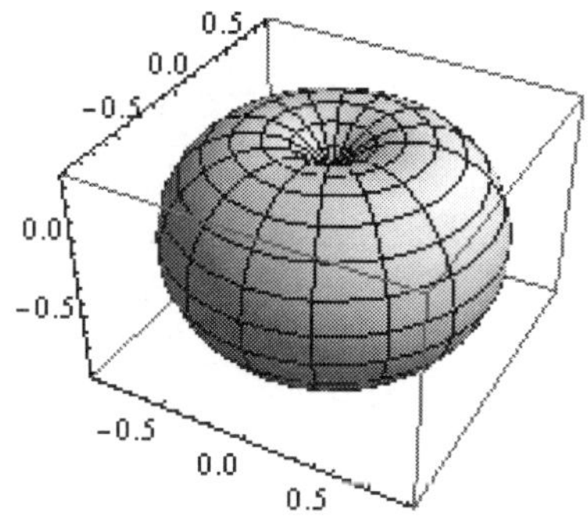


```
In[15]:= ParametricPlot3D[sphtorec[{Sin[2 ϕ/3], ϕ, θ}],
    {θ, π/4, 2 π}, {ϕ, 0, π}]
```

Out[15]=

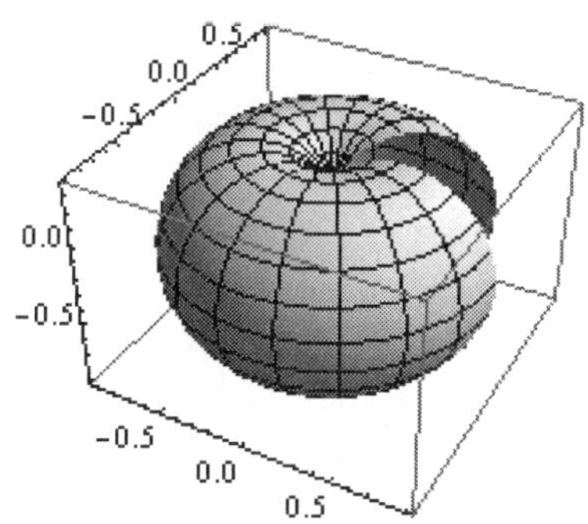

$\rho = 1$의 그래프를 그리자.

```
In[16]:= SphericalPlot3D[1, {ϕ, 0, π}, {θ, 0, 2 π},
          BoxRatios → {1, 1, 1}]
```

Out[16]=

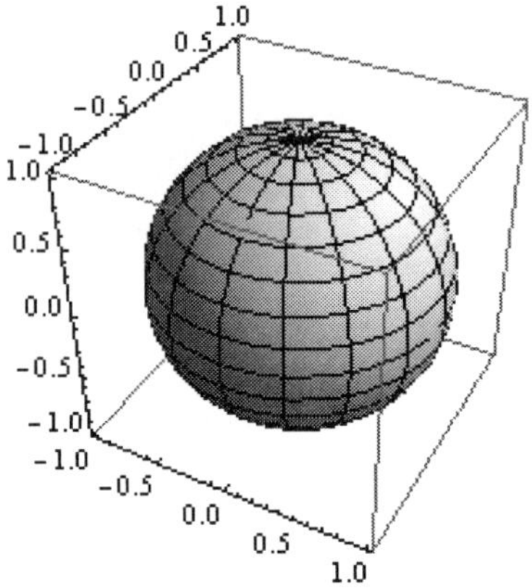

$\rho = 1 + \sin 4\theta \sin\phi \ (0 \le \theta \le 2\pi,\ 0 \le \phi \le \pi)$의 그래프를 그리자.

```
In[17]:= SphericalPlot3D[1 + Sin[4 θ] Sin[ϕ], {ϕ, 0, π},
          {θ, 0, 2 π}]
```

Out[17]=

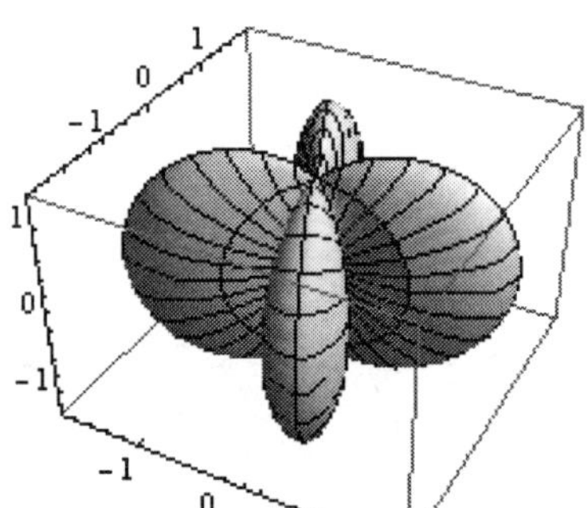

2.14 수열과 극한, Taylor series

$\lim_{n\to\infty}(-1)^{n+1}\left(1-\frac{1}{n}\right)$에 대하여 알아보자.

수열 $f(n)=(-1)^{n+1}\left(1-\frac{1}{n}\right)$의 그래프를 그리자.

```
In[1]:= Clear[f];
        f[n_] = (-1)^(n+1) * (1 - 1/n);
        fTable = Table[{n, f[n]}, {n, 1, 50}];
        ListPlot[fTable,
         PlotStyle → {PointSize[0.02]}]
Out[4]=
```

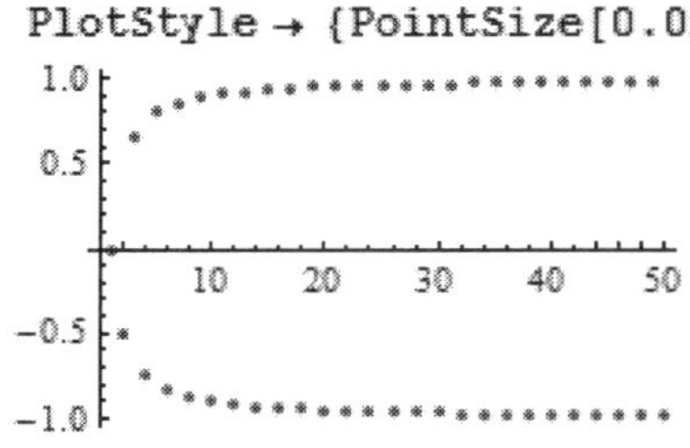

위의 그래프에서 알 수 있듯이 $f(n)$은 n이 무한대로 갈 때 수렴하지 않음을 알 수 있다.

$\lim_{n\to\infty}\left(1+(-1)^{n+1}\frac{1}{n}\right)$과 극한에 알아보자.

수열 $g(n)=1+(-1)^{n+1}\frac{1}{n}$에 대하여 n이 무한대로 갈 때 극한을 구하기 위하여 그래프를 그리자.

```
In[1]:= Clear[g];
        g[n_] = 1 + (-1)^(n+1) * 1/n;
        gTable = Table[{n, g[n]}, {n, 1, 50}];
        glist = ListPlot[gTable,
          PlotStyle → {PointSize[0.02]}]
```

Out[4]=

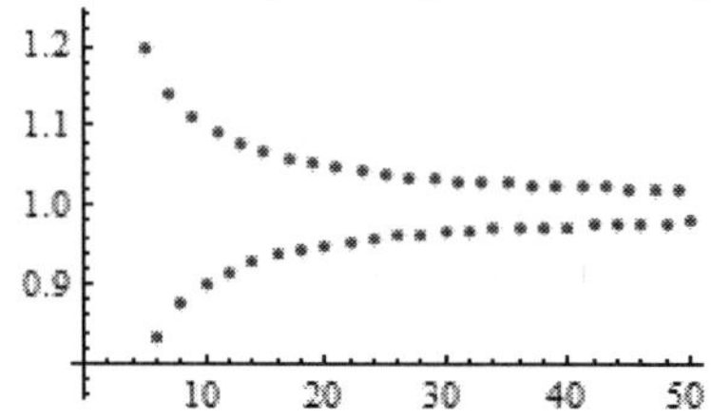

위의 그래프에서 알 수 있듯이 $\lim_{n\to\infty}\left(1+(-1)^{n+1}\frac{1}{n}\right)=1$ 임을 알 수 있다.

$y=\sin x$ 와 Taylor series 에 대하여 알아보자.

함수 $y=f(x)$ 가 몇 번이고 미분가능할 때 $f(x)$ 의 Taylor series는

$$f(x)=\sum_{n=0}^{\infty}\frac{f^{(n)}(x_0)}{n!}(x-x_0)^n$$

이다. 여기서 k 가 아주 큰 자연수일 때 $f(x)$ 의 근삿값으로서

$$\sum_{n=0}^{k}\frac{f^{(n)}(x_0)}{n!}(x-x_0)^n$$

이 적당한가에 대해 알아보자. 다음에서는 $f(x)=\sin x,\quad x_0=0$ 인 경우 $y=f(x)$ 의 그래프와 $y=\sum_{n=0}^{k}\frac{f^{(n)}(x_0)}{n!}(x-x_0)^n$ $(k=1,\ 3,\ ...,\ 19)$ 의 그래프를 그려 봄으로써 Taylor series가 $y=f(x)$ 의 근삿값으로 적당한가를 알아보자. Out[6]에서 $k=$ 1, 3, …, 19 일 때 검은 실선은 $y=\sin x$ 의 그래프이고 점선은 $y=\sum_{n=0}^{k}\frac{f^{(n)}(x_0)}{n!}$ $(x-x_0)^n$ 의 그래프이다.

```
In[1]:= f[x_] := Sin[x];
        g[x_, i_] := Normal[Series[f[x], {x, 0, i}]];
        h[i_] := Plot[Evaluate[g[x, i]], {x, -3 π, 3 π},
            PlotStyle → {Thickness[0.025], Dashing[{0.04}]},
            BaseStyle → {FontFamily → "Helvitica-Bold",
              FontSize → 8},
            PlotLabel → Style[
             Switch[i, 1, "1 term\n",
               _, i "terms\n"],
              {FontFamily → "TimesNewRoman-Bold",
               Fontsize → 8}]];
        fgraph = Plot[f[x], {x, -3 π, 3 π}];
        tableo = Table[Show[h[i], fgraph], {i, 1, 19, 2}];
        GraphicsGrid[Partition[tableo, 2]]
```

Out[6]=

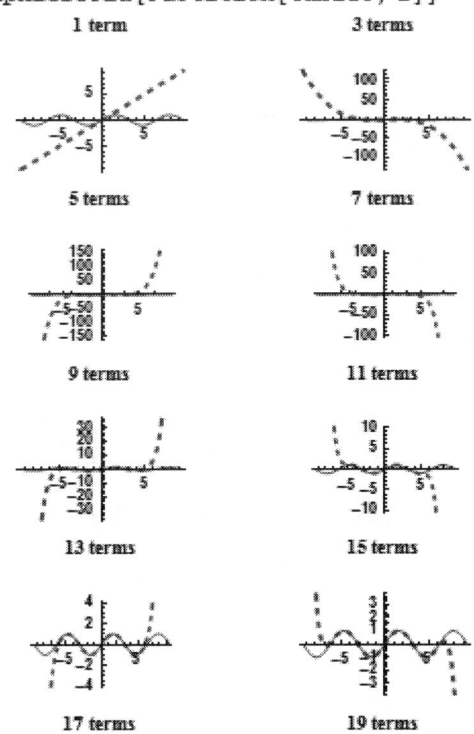

위의 그래프에서 볼 수 있듯이 고정된 값 x에 대하여 k가 커짐에 따라 $y = f(x)$

와 $y=\sum_{n=0}^{k}\frac{f^{(n)}(0)}{n!}x^n$ 는 거의 같아짐을 알 수 있다. 다음은 $y=f(x)$ 와 $y=\sum_{n=0}^{k}\frac{f^{(n)}(0)}{n!}x^n$ 의 차이를 $R_k(x)$ (remainder)라 할 때

$$R_k(x)=\frac{1}{k!}\int_0^x f^{(k+1)}(t)(x-t)^k dt$$

이고 k 가 커짐에 따라 $R_k(5)$ 의 크기를 알아보자.

```
In[7]:= der[x_, n_] := D[f[x], {x, n}];
        remainder[x_, n_] := 1/n! ∫_0^x (x - t)^n der[t, n + 1] dt;
        seriestable = Table[{k, N[remainder[5, k]]},
                            {k, 1, 20, 2}];
        TableForm[seriestable, TableHeadings → {None,
           {"terms", "Remainder"}}]
Out[10]//TableForm=
```

terms	Remainder
1	-5.95892
3	14.8744
5	-11.1673
7	4.33373
9	-1.04855
11	0.174693
13	-0.0213402
15	0.00199707
17	-0.000147906
19	8.89053×10^{-6}

위에서 보듯이 $R_k(5)$ 는 k가 커짐에 따라 0에 수렴함을 알 수 있고, 따라서 아주 큰 자연수 k 에 대하여 $\sum_{n=0}^{k}\frac{f^{(n)}(0)}{n!}5^n\approx f(5)$ 임을 알 수 있다.

함수 $g(x)=\begin{cases} e^{-\frac{1}{x^2}}, & x\neq 0 \\ 0, & x=0 \end{cases}$ 의 Taylor series 와 $g(x)$를 비교해 ■

$g^{(n)}(x)$를 구하자. $\lim_{x\to 0} e^{\frac{1}{x^2}}$과 $\lim_{x\to 0} e^{\frac{1}{x^2}}x^5$를 구하면 다음과 같다.

```
In[1]:= Limit[e^(1/x^2) , x → 0]

Out[1]= ∞

In[2]:= Limit[e^(1/x^2) * x^5 , x → 0]

Out[2]= ∞
```

일반적으로 임의의 자연수 n에 대하여 $\lim_{x\to 0} e^{\frac{1}{x^2}}x^n = \infty$이다. (이는 로피탈 정리를 이용하여 증명할 수 있다.) 따라서

$$g'(0) = \lim_{x\to 0^+}\frac{g(x)-g(0)}{x} = \lim_{x\to 0^+}\frac{1}{e^{\frac{1}{x^2}}x} = 0$$

이고 $g^{(5)}(x)(x\neq 0)$를 구하면 다음과 같다.

```
In[3]:= Clear[der1];
        g[x_] := e^(-1/x^2);
        der1[n_] := D[g[x], {x, n}];
        der1[5]

Out[6]= 32 e^(-1/x^2)/x^15 - 480 e^(-1/x^2)/x^13 + 2040 e^(-1/x^2)/x^11 - 2640 e^(-1/x^2)/x^9 + 720 e^(-1/x^2)/x^7
```

위에서 보듯이 $\lim_{x\to 0^+} g^{(5)}(x) = 0$임을 알 수 있다. 일반적으로 자연수 k에 대하여

$$g^{(k)}(x) - \sum_{i=0}^{s_k}\frac{a_i}{e^{\frac{1}{x^2}}x^{k_i}}(a_i \in \mathbb{R},\ k_i,\ s_k\text{는 자연수})$$

의 형태로 쓸 수 있으며, $g^{(k)}(0)=0$ 이라 하면

$$g^{(k+1)}(0)=\lim_{x\to 0}\frac{g^{(k)}(x)-g^{(k)}(0)}{x}$$
$$=\lim_{x\to 0}\sum_{i=0}^{s_k}\frac{a_i}{e^{\frac{1}{x^2}}x^{k_i+1}}]=0$$

이므로 임의의 자연수 n에 대하여

$$g^{(n)}(0)=0$$

이다. 따라서 $g(x)$의 Taylor series는 0이다. 이제 $g(x)$ 의 $x=0$에서의 Taylor series에 대한 remainder $R_n(x)$ 에 대하여 $R_n(0.5)$를 $n=1,\ \cdots,\ 10$ 에 대하여 구하여 보면 Out[9]와 같고

$$\lim_{n\to\infty}R_n(x)\neq 0$$

이며 $\sum_{k=0}^{n}\frac{g^{(k)}(0)}{k!}x^k$은 $g(x)$의 근삿값으로 사용할 수 없음을 알 수 있다.

```
In[7]:= Do[va[k] = der1[k], {k, 1, 10}];
        sertable =
          Table[{k, NIntegrate[(0.5 - x) ^ (k - 1) va[k],
              {x, 0, 0.5}] / (k - 1) !}, {k, 1, 10}];
        TableForm[sertable, TableHeadings → {None,
          {"terms", "remainder"}}]
Out[9]//TableForm=
```

terms	remainder
1	0.0183156
2	0.0183156
3	0.0183156
4	0.0183156
5	0.0183156
6	0.0183156
7	0.0183156
8	0.0183156
9	0.0183156
10	0.0183156

제 3 장

선형대수학

3장에서는 선형대수학에서의 문제를 Mathematica를 사용하여 풀어보자.

3.1 행렬

행렬 정의 및 연산

행렬 matrixa

$$\begin{pmatrix} a_{11} & a_{12} & a_{13} \\ a_{21} & a_{22} & a_{23} \\ a_{31} & a_{32} & a_{33} \end{pmatrix}$$

를 정의하자.

```
In[1]:= Clear[a, b, matrixa, matrixb];
        matrixa = Table[a_{i,j}, {i, 1, 3}, {j, 1, 3}]

Out[2]= {{a_{1,1}, a_{1,2}, a_{1,3}}, {a_{2,1}, a_{2,2}, a_{2,3}}, {a_{3,1}, a_{3,2}, a_{3,3}}}
```

행렬 형태로 나타내자.

```
In[3]:= MatrixForm[matrixa]
Out[3]//MatrixForm=
```

$$\begin{pmatrix} a_{1,1} & a_{1,2} & a_{1,3} \\ a_{2,1} & a_{2,2} & a_{2,3} \\ a_{3,1} & a_{3,2} & a_{3,3} \end{pmatrix}$$

$(i,\ j)$ 성분이 a[i, j] 인 3×3 행렬은 다음과 같이 정의할 수 있다.

```
In[4]:= Clear[matrixa];
        matrixa = Array[a, {3, 3}]

Out[5]= {{a[1, 1], a[1, 2], a[1, 3]},
         {a[2, 1], a[2, 2], a[2, 3]}, {a[3, 1], a[3, 2], a[3, 3]}}
```

위의 행렬을 행렬 형태로 나타내자.

```
In[6]:= MatrixForm[matrixa]
Out[6]//MatrixForm=
  a[1, 1]  a[1, 2]  a[1, 3]
  a[2, 1]  a[2, 2]  a[2, 3]
  a[3, 1]  a[3, 2]  a[3, 3]
```

(i, j) 성분이 $\cos(j^2 - i^2)\sin(2i^2 - j^2)$인 3×4 행렬은 다음과 같이 정의할 수 있다.

```
In[1]:= Clear[a, matrixc];
        a[i_, j_] = N[Cos[j^2 - i^2] Sin[2 i^2 - j^2]];
        matrixc = Array[a, {3, 4}]
Out[3]= {{0.841471, 0.900198, 0.0955916, 0.752552},
         {-0.650412, -0.756802, -0.238693, -0.834874},
         {0.139883, 0.280998, 0.412118, 0.685521}}
```

위의 행렬을 행렬 형태로 나타내자.

```
In[4]:= MatrixForm[matrixc]
Out[4]//MatrixForm=
   0.841471   0.900198   0.0955916   0.752552
  -0.650412  -0.756802  -0.238693   -0.834874
   0.139883   0.280998   0.412118    0.685521
```

3×3 단위행렬

$$\begin{pmatrix} 1 & 0 & 0 \\ 0 & 1 & 0 \\ 0 & 0 & 1 \end{pmatrix}$$

은 다음과 같이 정의한다.

```
In[5]:= IdentityMatrix[3] // MatrixForm
Out[5]//MatrixForm=
  1 0 0
  0 1 0
  0 0 1
```

성분이 −4와 4 사이의 정수인 2×3행렬은 다음과 같이 정의할 수 있다.

```
In[1]:= Clear[b];
        b = Table[Random[Integer, {-4, 4}], {2}, {3}];
        MatrixForm[b]
        Out[3]//MatrixForm=
            ( -1 1 2 )
            (  3 3 1 )
```

행렬

$$\text{matrixa} = \begin{pmatrix} 0 & 2 & -2 \\ 3 & -2 & 1 \\ 4 & 2 & 3 \end{pmatrix}$$

를 정의하자.

```
In[1]:= Clear[matrixa];
        matrixa = {{0, 2, -2}, {3, -2, 1}, {4, 2, 3}};
        MatrixForm[matrixa]
        Out[3]//MatrixForm=
            ( 0  2 -2 )
            ( 3 -2  1 )
            ( 4  2  3 )
```

위의 행렬에서 두 번째와 세 번째 행을 택하여 행렬을 만들자.

```
In[4]:= Take[matrixa, {2, 3}] // MatrixForm
        Out[4]//MatrixForm=
            ( 3 -2 1 )
            ( 4  2 3 )
```

행렬 matrixa에서 두 번째 행을 삭제하자.

```
In[5]:= Delete[matrixa, {2}] // MatrixForm
        Out[5]//MatrixForm=
            ( 0 2 -2 )
            ( 4 2  3 )
```

행렬 matrixa에서 두 번째 열과 세 번째 열을 택하자. 이를 위하여 행렬의 전치 행렬을 구하자.

```
In[6]:= tra = Transpose[matrixa];
        MatrixForm[tra]
Out[7]//MatrixForm=
        ( 0   3  4 )
        ( 2  -2  2 )
        (-2   1  3 )
```

위의 행렬에서 두 번째 행과 세 번째 행을 선택하여 행렬을 만든 후 그 행렬의 전치 행렬을 구하면 우리가 원하는 행렬을 구할 수 있다.

```
In[8]:= Transpose[Take[tra, {2, 3}]] // MatrixForm
Out[8]//MatrixForm=
        ( 2  -2 )
        (-2   1 )
        ( 2   3 )
```

이제 행렬 matrixa에서 두 번째 열을 삭제한 행렬을 구하자.

```
In[9]:= Transpose[Delete[tra, {2}]] // MatrixForm
Out[9]//MatrixForm=
        ( 0  -2 )
        ( 3   1 )
        ( 4   3 )
```

행렬

$$\text{matrixa} = \begin{pmatrix} 0 & 2 & -2 \\ 3 & -2 & 1 \\ 4 & 2 & 3 \end{pmatrix}, \qquad \text{matrixb} = \begin{pmatrix} 3 & -4 & 5 \\ 8 & 0 & -3 \\ 5 & 2 & 1 \end{pmatrix}$$

를 정의하자.

```
In[1]:= Clear[matrixa, matrixb];
        matrixa = (0  2 -2
                   3 -2  1
                   4  2  3);
        matrixb = (3 -4  5
                   8  0 -3
                   5  2  1);
```

matrixa+2× matrixb를 계산하자.

```
In[4]:= matrixa + 2 matrixb // MatrixForm
   Out[4]//MatrixForm=
        ( 6  -6  8
         19  -2 -5
         14   6  5)
```

matrixa과 matrixb의 곱을 계산하자.

```
In[5]:= matrixa.matrixb // MatrixForm
   Out[5]//MatrixForm=
        ( 6  -4  -8
         -2 -10  22
         43 -10  17)
```

(matrixa−2× matrixb) matrixa을 계산하자.

```
In[6]:= (matrixa - 2 matrixb).matrixa // MatrixForm
   Out[6]//MatrixForm=
        (-18 -56 -14
          22  -8  45
          -2  -6  13)
```

matrixa의 역행렬을 구하자.

```
In[7]:= Inverse[matrixa] // MatrixForm
```

Out[7]//MatrixForm=

$$\begin{pmatrix} \frac{4}{19} & \frac{5}{19} & \frac{1}{19} \\ \frac{5}{38} & -\frac{4}{19} & \frac{3}{19} \\ -\frac{7}{19} & -\frac{4}{19} & \frac{3}{19} \end{pmatrix}$$

matrixa의 행렬식 값을 구하자.

```
In[8]:= Det[matrixa]
Out[8]= -38
```

matrixa를 세 번 곱한 행렬을 구하자.

```
In[9]:= MatrixPower[matrixa, 3] // MatrixForm
```

Out[9]//MatrixForm=

$$\begin{pmatrix} -40 & 4 & -16 \\ 16 & -38 & 1 \\ 42 & 22 & -17 \end{pmatrix}$$

행렬의 곱에서 행렬과 행렬 사이에 점이 없으면 다음과 같이 성분끼리의 곱이 된다.

```
In[10]:= matrixa matrixa // MatrixForm
```

Out[10]//MatrixForm=

$$\begin{pmatrix} 0 & 4 & 4 \\ 9 & 4 & 1 \\ 16 & 4 & 9 \end{pmatrix}$$

In[11]:= MatrixForm$[\text{matrixa}^2]$

Out[11]//MatrixForm=

$$\begin{pmatrix} 0 & 4 & 4 \\ 9 & 4 & 1 \\ 16 & 4 & 9 \end{pmatrix}$$

벡터

$$v = (0,\ 2,\ 1,\ 3), \qquad w = (3,\ 2,\ 4,\ 5)$$

에 대하여 $v-2w$를 구하자.

```
In[1]:= v = {0, 2, 1, 3}; w = {3, 2, 4, 5} ;
        v - 2 w

Out[2]= {-6, -2, -7, -7}
```

v와 w의 내적을 구하자.

```
In[3]:= v.w

Out[3]= 23
```

벡터 v의 크기를 구하는 함수 norm과 v방향으로의 단위벡터를 구하는 함수 unit을 정의하고 위에서 정의한 벡터 v의 크기와 v방향으로의 단위벡터를 구하자.

```
In[4]:= norm[v_] := √(v.v) ;
        unit[v_] := v / norm[v] ;
        norm[v]

Out[6]= √14
In[7]:= unit[v]

Out[7]= {0, √(2/7), 1/√14, 3/√14}
```

행렬에서 행, 열 선택

행렬

$$\begin{pmatrix} 0 & -2 & 2 \\ -1 & 1 & -3 \\ 2 & -4 & 1 \end{pmatrix}$$

을 matrixa라 정의하자.

```
In[1]:= matrixa = {{0, -2, 2}, {-1, 1, -3}, {2, -4, 1}};
        matrixa // MatrixForm
        Out[2]//MatrixForm=
            ( 0  -2  2 )
            ( -1  1  -3 )
            ( 2  -4  1 )
```

위의 행렬에서 두 번째 열을 선택하자.

```
In[3]:= Take[matrixa, All, {2}] // MatrixForm
        Out[3]//MatrixForm=
            ( -2 )
            (  1 )
            ( -4 )
```

위의 행렬에서 두 번째와 세 번째 열을 선택하자.

```
In[4]:= Take[matrixa, All, {2, 3}] // MatrixForm
        Out[4]//MatrixForm=
            ( -2  2 )
            (  1 -3 )
            ( -4  1 )
```

(2, 2)에서 (3, 3)까지의 부분행렬을 구하자.

```
In[5]:= Take[matrixa, {2, 3}, {2, 3}] // MatrixForm
        Out[5]//MatrixForm=
            (  1 -3 )
            ( -4  1 )
```

(1, 1)에서 시작하는 2×2 부분행렬을 구하자.

```
In[6]:= Take[matrixa, {1, 2}, {1, 2}] // MatrixForm
        Out[6]//MatrixForm=
            (  0 -2 )
            ( -1  1 )
```

선형방정식의 해

방정식

$$\begin{aligned} x-2y-2z&=4 \\ 3x-y+z&=8 \\ -x+y+5z&=0 \end{aligned}$$

의 해를 명령어 Solve를 이용하여 구하자.

```
In[1]:= Solve[{x - 2 y - 2 z == -4, 3 x - y + z == 8,
          -x + y + 5 z == 0}]

Out[1]= {{x → 4, y → 4, z → 0}}
```

위의 방정식은

$$\text{matrixa} = \begin{pmatrix} 1 & -2 & -2 \\ 3 & -1 & 1 \\ -1 & 1 & 5 \end{pmatrix}, \quad b = \begin{pmatrix} -4 \\ 8 \\ 0 \end{pmatrix}$$

라 할 때 행렬 matrixa 의 역행렬× b 이므로 해를 구하면 다음과 같다.

```
In[2]:= Clear[matrixa, b, inva];
        matrixa = {{1, -2, -2}, {3, -1, 1},
           {-1, 1, 5}};
        b = {-4, 8, 0};
        inva = Inverse[matrixa];
        inva.b

Out[6]= {4, 4, 0}
```

$$\text{vectorx} = \begin{pmatrix} x \\ y \\ z \end{pmatrix}$$

라 할 때 위의 방정식은

$$\text{matrixa}.\text{vectorx} = b$$

로 쓸 수 있으므로 다음과 같이 해를 구할 수 있다.

```
In[7]:= Clear[vectorx];
        vectorx = {x, y, z};
        Solve[matrixa.vectorx == b, vectorx]

Out[9]= {{x → 4, y → 4, z → 0}}
```

A를 행렬, b를 벡터라 할 때 명령어

$$\texttt{LinearSolve}[A,\ b]$$

는 방정식 $A\,x = b$ 의 해를 준다.

```
In[10]:= LinearSolve[matrixa, b]

Out[10]= {4, 4, 0}
```

위의 방정식은 행렬의 row-echelon 형태를 구함으로써 해를 구할 수 있다.

행렬 matrixa와 벡터 b에 대하여 행렬

$$[\text{matrixa} \mid b]$$

을 만들자. 행렬 matrixa에 벡터 b를 마지막 열에 첨가하기 위하여는 명령어

Join

을 사용하면 된다. 위의 방정식의 해를 구하기 위하여 행렬 matrixa에 열

$$\begin{pmatrix} -4 \\ 8 \\ 0 \end{pmatrix}$$

을 넣어 3×4 행렬을 만들어 그 행렬을 auxmatrixa라 하자.

```
In[11]:= Clear[auxb, auxmatrixa];
         auxb = {{-4}, {8}, {0}};
         auxmatrixa = Join[matrixa, auxb, 2];
         MatrixForm[auxmatrixa]
         Out[14]//MatrixForm=
              ( 1  -2  -2  -4 )
              ( 3  -1   1   8 )
              (-1   1   5   0 )
```

위의 행렬의 row-echelon 형태를 구함으로써 방정식의 해를 구할 수 있다. row-echelon형태를 구하는 명령어는

RowRedeuce[matrix]

이다. 행렬auxmatrixa의 row-echelon 형태를 구하자.

```
In[15]:= RowReduce[auxmatrixa] // MatrixForm
    Out[15]//MatrixForm=
        ( 1 0 0 4 )
        ( 0 1 0 4 )
        ( 0 0 1 0 )
```

따라서 방정식의 해는 $x = 4,\ y = 4,\ z = 0$ 이다.

3.2 선형대수학에서의 응용

핵공간(Nullspace)

$m \times n$ 행렬

$$A = \begin{pmatrix} a_{11} & a_{12} & \cdots & a_{1m} \\ a_{21} & a_{22} & \cdots & a_{2m} \\ \vdots & \vdots & \ddots & \vdots \\ a_{n1} & a_{n2} & \cdots & a_{nm} \end{pmatrix}$$

에 대하여 A의 행벡터(row vector)에 의하여 생성되는 집합(spanning set)을 A의 행공간(row space of A)라 하며, A의 열벡터(column vector)에 의하여 생성되는 집합(spanning set) 을 A의 열공간(row space of A)이라 한다. 행공간의 차원(dimension)을 A의 계급수(階級數, rank)라 한다. Ax=0을 만족하는 벡터 x 전체의 집합을 행렬 A의 핵공간(nullspace)라 하며 핵공간의 차원을 A의 퇴화차수(退化차수, nullity)라 한다. 이 경우

$$\text{nullity+rank} = m$$

이다. 행렬 m의 핵공간과 row-echelon 형태는 다음과 같이 구할 수 있다.

Nullspace[m]	행렬 m의 nullspace
RowReduce[m]	행렬 m의 row-echelon 형태

행렬 m을 (i, j)성분이 $i+j$인 5×7행렬이라 하자.

```
In[1]:= m = Table[i + j, {i, 5}, {j, 7}];
        MatrixForm[m]
Out[2]//MatrixForm=
        2 3 4 5 6  7  8
        3 4 5 6 7  8  9
        4 5 6 7 8  9  10
        5 6 7 8 9  10 11
        6 7 8 9 10 11 12
```

행렬 m의 row-echelon 형태 r를 구하자.

```
In[3]:= r = RowReduce[m];
        MatrixForm[r]
Out[4]//MatrixForm=
        1 0 -1 -2 -3 -4 -5
        0 1  2  3  4  5  6
        0 0  0  0  0  0  0
        0 0  0  0  0  0  0
        0 0  0  0  0  0  0
```

따라서 m의 계급수(階級數,rank)는 2이다.

행렬 m의 핵공간(nullspace)을 구하자.

```
In[5]:= n = NullSpace[m]

Out[5]= {{5, -6, 0, 0, 0, 0, 1},
         {4, -5, 0, 0, 0, 1, 0}, {3, -4, 0, 0, 1, 0, 0},
         {2, -3, 0, 1, 0, 0, 0}, {1, -2, 1, 0, 0, 0, 0}}
In[6]:= m.n[[1]]

Out[6]= {0, 0, 0, 0, 0}
In[7]:= m.n[[2]]

Out[7]= {0, 0, 0, 0, 0}
In[8]:= m.n[[3]]

Out[8]= {0, 0, 0, 0, 0}
In[9]:= m.n[[4]]

Out[9]= {0, 0, 0, 0, 0}
In[10]:= m.n[[5]]

Out[10]= {0, 0, 0, 0, 0}
```

행렬 m의 퇴화(退化)차수는 5이며

$$\text{nullity}+\text{rank} = 7$$

이다. 집합

$$R = \{Ax : x \in \mathbb{R}^7\}$$

은 $\mathbb{R}^5$의 부분공간(subspace)이며 rank=2이므로 R의 차원은 2이다. 이제 R의 기저(basis)를 구하자. 행렬 r의 첫 행을 $r[[1]]$ 두 번째 행을 $r[[2]]$라 하면

$$v_1 = m.r[[1]] \text{과} \qquad v_2 = m.r[[2]]$$

는 $\mathbb{R}^5$ 내의 벡터이며 두 벡터가 선형 독립(linearly independent)임을 보이기 위하여 방정식

$$a v_1 + b v_2 = 0$$

을 만족하는 실수 a, b를 구하자.

```
In[11]:= v1 = m.r[[1]]

Out[11]= {-98, -112, -126, -140, -154}
In[12]:= v2 = m.r[[2]]

Out[12]= {133, 154, 175, 196, 217}
In[13]:= w = a v1 + b v2;
         Solve[{w[[1]] == 0, w[[2]] == 0}, {a, b}]

Out[14]= {{a → 0, b → 0}}
```

$a = b = 0$이므로 벡터 v_1, v_2는 선형 독립이며

$$R = \{a v_1 + b v_2 : a,\ b \in \mathbb{R}\}$$

이다.

Gram-Schmidt의 직교화 과정(Gram-Schmidt Process)

$\mathbb{R}^m$에서의 벡터 v_i, $i=1, \cdots, n$에 대하여 집합 $\{v_1, \cdots, v_n\}$이 다음의 조건을 만족할 때 직교정규(orthonormal)라 한다.

i) $\|v_i\|=1,\ i=1,\cdots,n$ ($\|v\|$는 벡터 v의 길이이다.)

ii) $v_i \cdot v_j = 0$, $i \neq j$ ($v_i \cdot v_j$는 벡터 v_i와 v_j의 내적이다.)

벡터 $v_1, \cdots, v_n$에 의하여 생성되는 공간(spanning set)을

$$\text{span}\{v_1, \cdots, v_n\}$$

로 나타내자.

만일 집합 $\{v_1, \cdots, v_n\}$이 직교정규이고 $u \in \text{span}\{v_1, \cdots, v_n\}$이면

$$u = (u \cdot v_1)v_1 + (u \cdot v_2)v_2 + \cdots + (u \cdot v_n)v_n$$

을 만족한다. 벡터 v의 공간 $\text{span}\{v_1, \cdots, v_k\}$위로의 사영(projection) $\mathbf{proj}_{\{v_1, \cdots, v_k\}}v$를 다음과 같이 정의한다.

$$\mathbf{proj}_{\{v_1, \cdots, v_k\}}v = (v \cdot v_1)v_1 + \cdots + (v \cdot v_k)v_k$$

선형 독립인 벡터들의 집합 $\{u_1, \cdots, u_n\}$에 대하여

i) $\text{span}\{u_1, \cdots, u_n\} = \text{span}\{v_1, \cdots, v_n\}$

ii) 집합 $\{v_1, \cdots, v_n\}$는 orthonormal

을 만족하는 집합 $\{v_1, \cdots, v_n\}$를 만드는 과정을 Gram-Schmidt process라 하며 다음의 과정으로 만들 수 있다.

1. $v_1 = \dfrac{u_1}{\|u_1\|}$라 하자.

2. $v_2 = \dfrac{u_2 - \mathbf{proj}_{\{v_1\}}u_2}{\|u_2 - \mathbf{proj}_{\{v_1\}}u_2\|}$라 하면 $\text{span}\{u_1, u_2\} = \text{span}\{v_1, v_2\}$이다.

3. $3 \leq i \leq n$에 대하여

$$v_i = \frac{u_i - \mathbf{proj}_{\{v_1, v_2, \cdots, v_{i-1}\}}u_i}{\|u_i - \mathbf{proj}_{\{v_1, v_2, \cdots, v_{i-1}\}}u_i\|}$$

라 하면

$$\text{span}\{u_1, u_2, \cdots, u_i\} = \text{span}\{v_1, v_2, \cdots, v_i\}$$

이며 $\| v_j \| = 1,\ j = 1, \cdots, i$ 이며 $v_j \cdot v_k = 0,\ j \neq k,\ j,\ k = 1, \cdots, i$ 이다. 따라서 $\{v_1, \cdots, v_n\}$은 orthonormal 집합이다.

벡터 v의 집합 orthovec으로 생성되는 공간으로의 사영(projection)을 구하는 함수 proj는 다음과 같이 정의할 수 있다.

```
In[1]:= proj[v_, orthvec_] :=
          Length[orthvec]
            ∑           (orthvec[[i]].v) orthvec[[i]];
           i=1
```

이제 GramSchmidt 과정을 구하는 함수 gramschmidt을 다음과 같이 정의하자. 다음에서 함수 normalize는 벡터 v의 단위 벡터를 구하는 함수이다. 다음의 함수에서는 GramSchmidt 과정에 의하여 만들어지는 행렬을 단계적으로 보이고 있다.

```
In[2]:= Clear[un, gramschmidt];
                          v
        normalize[v_] := ------ ;
                         √(v.v)
        gramschmidt[vecs_] :=
         Module[{n, u, orthovec}, n = Length[vecs];
          u[1] = normalize[vecs[[1]]]; orthovec = {};
          u[i_] :=
           u[i] = Module[{prevec},
              prevec = vecs[[i]] - proj[vecs[[i]], orthovec];
              Together[normalize[prevec]]];
          Do[u[i]; AppendTo[orthovec, u[i]];
           Print[MatrixForm[Join[orthovec, Drop[vecs, i]]]],
           {i, 1, n - 1}]; MatrixForm[AppendTo[orthovec, u[n]]]]
```

$v_{ij} = \dfrac{1}{i+j},\ i,\ j = 1,\ 2,\ 3$ 이라 하고 벡터 $v_i = (v_{i1},\ v_{i2},\ v_{i3}),\ i = 1,\ 2,\ 3$에 대하여 직교 정규 기저(orthonormal basis)를 구하자. 행렬

$$m = (v_{ij})$$

인 3×3 행렬이라 하자. 행렬 m에 대하여 gramschmidt을 적용하면 다음과

같은 행렬을 얻는다.

```
In[5]:= Clear[v, m];
        v[i_, j_] := 1/(i + j);
        m = Table[v[i, j], {i, 1, 3}, {j, 1, 3}];
        MatrixForm[m]
```

Out[8]//MatrixForm=

$$\begin{pmatrix} \frac{1}{2} & \frac{1}{3} & \frac{1}{4} \\ \frac{1}{3} & \frac{1}{4} & \frac{1}{5} \\ \frac{1}{4} & \frac{1}{5} & \frac{1}{6} \end{pmatrix}$$

```
In[9]:= gramschmidt[m]
```

$$\begin{pmatrix} \frac{6}{\sqrt{61}} & \frac{4}{\sqrt{61}} & \frac{3}{\sqrt{61}} \\ \frac{1}{3} & \frac{1}{4} & \frac{1}{5} \\ \frac{1}{4} & \frac{1}{5} & \frac{1}{6} \end{pmatrix}$$

$$\begin{pmatrix} \frac{6}{\sqrt{61}} & \frac{4}{\sqrt{61}} & \frac{3}{\sqrt{61}} \\ -\frac{76}{\sqrt{15433}} & \frac{51}{\sqrt{15433}} & \frac{84}{\sqrt{15433}} \\ \frac{1}{4} & \frac{1}{5} & \frac{1}{6} \end{pmatrix}$$

Out[9]//MatrixForm=

$$\begin{pmatrix} \frac{6}{\sqrt{61}} & \frac{4}{\sqrt{61}} & \frac{3}{\sqrt{61}} \\ -\frac{76}{\sqrt{15433}} & \frac{51}{\sqrt{15433}} & \frac{84}{\sqrt{15433}} \\ \frac{3}{\sqrt{253}} & -\frac{12}{\sqrt{253}} & \frac{10}{\sqrt{253}} \end{pmatrix}$$

위의 과정을 수행하는 Mathematica 명령어는

Orthogonalize

이다.

```
In[10]:= Orthogonalize[m] // MatrixForm
```

Out[10]//MatrixForm=

$$\begin{pmatrix} \frac{6}{\sqrt{61}} & \frac{4}{\sqrt{61}} & \frac{3}{\sqrt{61}} \\ -\frac{76}{\sqrt{15433}} & \frac{51}{\sqrt{15433}} & \frac{84}{\sqrt{15433}} \\ \frac{3}{\sqrt{253}} & -\frac{12}{\sqrt{253}} & \frac{10}{\sqrt{253}} \end{pmatrix}$$

선형변환(Linear Transformation)

함수 $T:\mathbb{R}^n \to \mathbb{R}^m$이 다음의 조건을 만족할 때 T를 선형변환이라 한다.

i) 임의의 $\mathbb{R}^n$에서의 벡터 v, w에 대하여

$$T(v+w)=T(v)+T(w)$$

ii) 임의의 실수 c와 $v\in \mathbb{R}^n$에 대히여

$$T(cv)=cT(v)$$

$\{e_1, \cdots, e_n\}$을 $\mathbb{R}^n$에서의 표준 기저(standard basis)라 하자. 즉 벡터 e_i는 i번째 성분이 1이고 나머지 성분이 모두 0인 벡터이다. 만일

$$T(e_i)=v_i,\ \ i=1,\cdots,n$$

이고 v_i가 열 벡터이면 선형변환 T에 대응하는 행렬은

$$A=(v_1\ \ v_2\ \ \cdots\ \ v_n)$$

이다. 즉 $v_i=\begin{pmatrix} v_{i1} \\ v_{i2} \\ \vdots \\ v_{in} \end{pmatrix}$라 할 때

$$A=\begin{pmatrix} v_{11} & v_{21} & \cdots & v_{1n} \\ v_{12} & v_{22} & \cdots & v_{2n} \\ \vdots & \vdots & \ddots & \vdots \\ v_{1n} & v_{2n} & \cdots & v_{nn} \end{pmatrix}$$

이다.

선형변환 $T:\mathbb{R}^n \to \mathbb{R}^m$에 대하여 T의 핵공간(kernel), $\ker(T)$는 $T(x)=0$을 만족시키는 벡터 x 전체의 집합이다. 즉

$$\ker(T)=\{x\in \mathbb{R}^n : T(x)=0\}$$

이다.

행렬

$$\begin{pmatrix} 0 & -3 & -1 & -3 & -1 \\ -3 & 3 & -3 & -3 & -1 \\ 2 & 2 & -1 & 1 & 2 \end{pmatrix}$$

에 의하여 정의되는 선형변환 $T:\mathbb{R}^5 \to \mathbb{R}^3$에 대하여, 즉

$$T(\mathrm{x}) = \begin{pmatrix} 0 & -3 & -1 & -3 & -1 \\ -3 & 3 & -3 & -3 & -1 \\ 2 & 2 & -1 & 1 & 2 \end{pmatrix}\mathrm{x}$$

일 때 T 의 핵공간의 기저(basis)와 벡터

$$(4,\ 2,\ 0,\ 0,\ -6) \text{과 } (1,\ 2,\ -1,\ -2,\ 3)$$

이 T 의 핵공간 내의 원소인가를 보자.

위의 행렬을 mat라 하고 $t(x)$ 를 벡터 x 에 대하여 행렬 mat와 벡터 x 의 곱을 구하는 함수라 정의하자.

```
In[1]:= Clear[mat, t, x];
        mat = {{0, -3, -1, -3, -1}, {-3, 3, -3, -3, -1},
           {2, 2, -1, 1, 2}};
        t[x_] = mat.x;
```

행렬의 핵공간의 기저를 구하자.

```
In[4]:= NullSpace[mat]
Out[4]= {{-2, -1, 0, 0, 3}, {-6, -8, -15, 13, 0}}
```

핵공간의 기저는

$$(-2,\ -1,\ 0,\ 0,\ 3) \text{과 } (-6,\ -8,\ -15,\ 13,\ 0)$$

이다. 벡터 $(4,\ 2,\ 0,\ 0,\ -6)$이 핵공간 내의 원소인가를 보자.

```
In[5]:= t[{4, 2, 0, 0, -6}]
Out[5]= {0, 0, 0}
```

벡터 (4, 2, 0, 0, −6) 는 핵공간 내의 원소이다. 다음은 벡터 (1, 2, −1, −2, 3) 이 핵공간 내의 원소인가 보자.

```
In[6]:= t[{1, 2, -1, -2, 3}]

Out[6]= {-2, 9, 11}
```

벡터 (1, 2, −1, −2, 3) 는 핵공간 내의 원소가 아니다.

회전이동(rotation)

$\mathrm{x}=\begin{pmatrix} x_1 \\ x_2 \end{pmatrix}$를 $\mathbb{R}^2$ 에서의 벡터, θ를 각도라 하자. $r=\sqrt{{x_1}^2+{x_2}^2}$, $\phi=\tan^{-1}\dfrac{x_2}{x_1}$ 이라 하면

$$x_1=r\cos\phi,\quad x_2=r\sin\phi$$

이다. 벡터

$$\mathrm{x}=\begin{pmatrix} x_1 \\ x_2 \end{pmatrix}=\begin{pmatrix} r\cos\phi \\ r\sin\phi \end{pmatrix}$$

를 θ 만큼 회전시키면 새로운 벡터

$$\mathrm{x}'=\begin{pmatrix} r\cos(\theta+\phi) \\ r\sin(\theta+\phi) \end{pmatrix}$$

가 된다. sin, cos 에 대한 합의 공식에 의하여

$$\begin{aligned}\mathrm{x}'&=\begin{pmatrix} r\cos\theta\cos\phi-r\sin\theta\sin\phi \\ r\sin\theta\cos\phi+r\sin\phi\cos\theta \end{pmatrix}=\begin{pmatrix} \cos\theta & -\sin\theta \\ \sin\theta & \cos\theta \end{pmatrix}\begin{pmatrix} r\cos\phi \\ r\sin\phi \end{pmatrix}\\ &=\begin{pmatrix} \cos\theta & -\sin\theta \\ \sin\theta & \cos\theta \end{pmatrix}\begin{pmatrix} x_1 \\ x_2 \end{pmatrix}\end{aligned}$$

이다. 따라서

$$\mathrm{x}'=\begin{pmatrix} \cos\theta & -\sin\theta \\ \sin\theta & \cos\theta \end{pmatrix}\mathrm{x}$$

를 만족한나. 일반적으로 θ 만큼 회전시키는 선형변환 $T:\mathbb{R}^2\to\mathbb{R}^2$ 는

$$T(\mathrm{x}) = \begin{pmatrix} \cos\theta & -\sin\theta \\ \sin\theta & \cos\theta \end{pmatrix} \mathrm{x}$$

이다.

함수 $y = x^2$ 의 그래프를 다음과 같이 매개방정식을 이용하여 그리자.

```
In[1]:= square[t_] := {t, t^2};
        ParametricPlot[Evaluate[square[t]],
         {t, -1, 1}]
Out[2]=
```

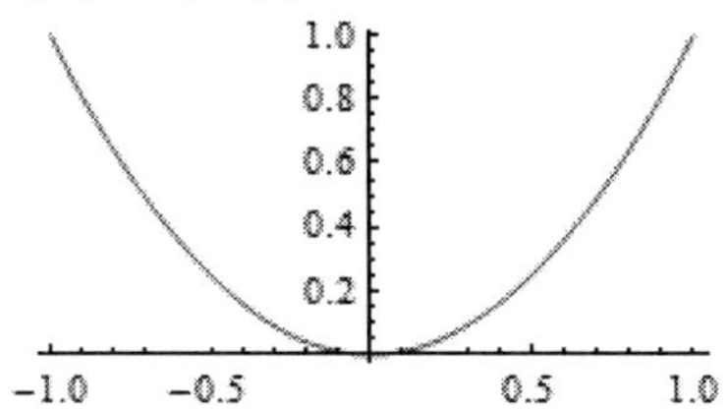

벡터 vec을 각도 θ 만큼 회전시키는 함수 rotate를 다음과 같이 정의하고 함수 $y = x^2$ 의 그래프를 30도 만큼 회전시킨 그래프를 그리자.

```
In[3]:= rotate[θ_, vec_] :=
          {{Cos[θ], -Sin[θ]}, {Sin[θ], Cos[θ]}}.vec;
        thirty[t_] := rotate[π/6, square[t]];
        ParametricPlot[Evaluate[thirty[t]],
         {t, -1, 1}, AspectRatio → Automatic]
Out[5]=
```

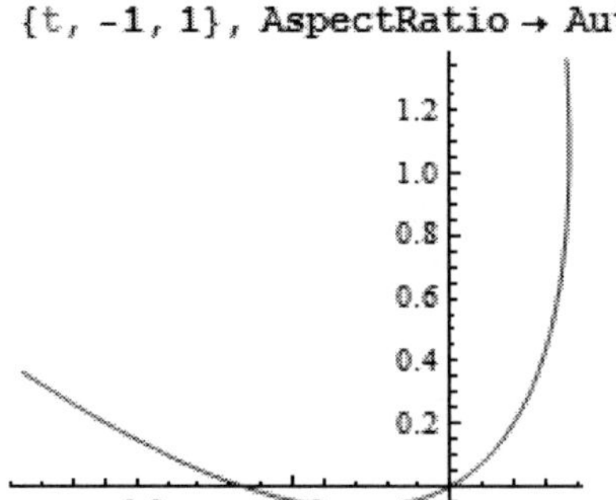

함수 $y = x^2$ 의 그래프를 45도 만큼 회전시킨 그래프를 그리자.

```
In[6]:= fortyfive[t_] := rotate[π/4, square[t]];
        ParametricPlot[Evaluate[fortyfive[t]],
         {t, -1, 1}, AspectRatio → Automatic]
```

Out[7]=

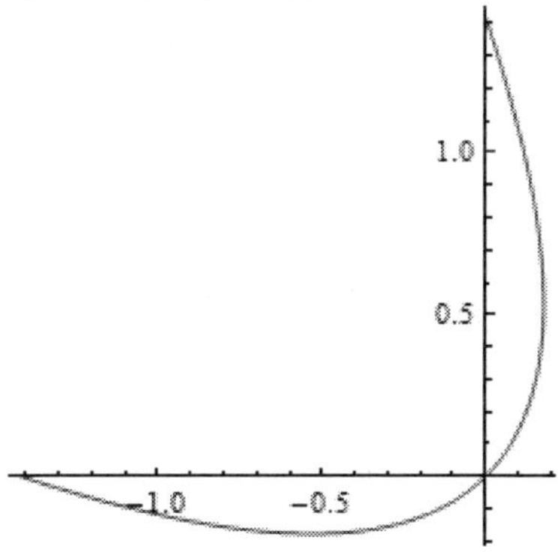

함수 $y=x^2$의 그래프를 90도 만큼 회전시킨 그래프를 그리자.

```
In[8]:= ninety[t_] := rotate[π/2, square[t]];
        ParametricPlot[Evaluate[ninety[t]],
         {t, -1, 1}, AspectRatio → Automatic]
```

Out[9]=

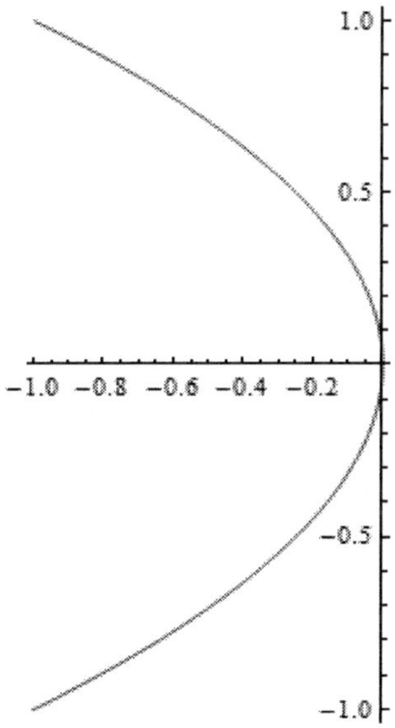

고유벡터(eigenvector)와 고유치(eigenvalue)

A를 $n \times n$ 행렬이라 하자. 만일 0이 아닌 벡터 v가 존재하여

$$Av = \lambda v$$

를 만족할 때 λ를 행렬 A의 고유치(eigenvalue)라 하고 벡터 v를 행렬 A의 고유치 λ에 대응하는 고유벡터(eigenvector)라 한다. 행렬 A의 고유행렬(characteristic matrix)은 $A - \lambda I_n$이다. 여기서 I_n은 $n \times n$ 단위 행렬이다. A의 고유행렬의 행렬식 값 $p(\lambda)$을 A의 고유다항식(characteristic polynomial)이라 한다. 즉

$$p(\lambda) = | A - \lambda I_n |.$$

A의 고유치 λ은 다항식 $p(\lambda)$의 해이며 고유치 λ에 대응하는 고유벡터 v는

$$(A - \lambda I_n)v = 0$$

A을 만족한다. 행렬 m의 고유다항식, 고유치, 고유벡터는 다음의 명령어로 구할 수 있다.

CharcteristicPolynomial[m, x]	변수를 x로 하는 행렬 m의 고유다항식
`Eigenvalues[ m]`	행렬 m의 고유치
`Eigenvectors[ m]`	행렬 m의 고유벡터
`Eigensystem[ m]`	행렬 m의 고유치와 그에 대응하는 고유벡터

행렬 mat

$$\begin{pmatrix} 3 & 1 & -1 \\ 2 & 2 & -1 \\ 2 & 2 & 0 \end{pmatrix}$$

에 대하여 고유다항식(characteristic polynomial)을 구하자.

```
In[1]:= Clear[mat];
        mat = {{3, 1, -1}, {2, 2, -1}, {2, 2, 0}};
        Det[mat - λ IdentityMatrix[3]]

Out[3]= 4 - 8 λ + 5 λ^2 - λ^3
```

다음과 같이 구할 수 있다.

```
In[4]:= p = CharacteristicPolynomial[mat, λ]

Out[4]= 4 - 8 λ + 5 λ^2 - λ^3
```

행렬 mat의 고유치를 구하자.

```
In[5]:= Eigenvalues[mat]

Out[5]= {2, 2, 1}
In[6]:= Solve[p == 0, λ]

Out[6]= {{λ → 1}, {λ → 2}, {λ → 2}}
```

고유치는 1과 2이다. 다음은 고유벡터를 구하자.

```
In[7]:= Eigenvectors[mat]

Out[7]= {{1, 1, 2}, {0, 0, 0}, {1, 0, 2}}
```

위에서 두 개의 선형독립인 고유벡터가 존재함을 알 수 있고 이제 대응하는 고유치와 함께 구하자.

```
In[7]:= Eigenvectors[mat]

Out[7]= {{1, 1, 2}, {0, 0, 0}, {1, 0, 2}}
```

위에서 다음을 알 수 있다.

고유치	고유치에 대응하는 고유벡터
1	(1, 0, 2)
2	(1, 1, 2)

행렬 mat와 벡터 (1, 0, 2)의 곱하면 (1, 0, 2)는 1에 대응하는 고유벡터 임을 알 수 있다.

```
In[9]:= mat.{1, 0, 2}

Out[9]= {1, 0, 2}
```

행렬 mat와 벡터 (1, 1, 2)의 곱하면 (1, 1, 2)는 2에 대응하는 고유벡터 임을 알 수 있다.

```
In[10]:= mat.{1, 1, 2}

Out[10]= {2, 2, 4}
```

행렬

$$\begin{pmatrix} 3 & -5 & -4 \\ -5 & 6 & 3 \\ -3 & 2 & -2 \end{pmatrix}$$

의 고유치과 고유벡터를 근사치로 구하자.

```
In[11]:= Clear[mata];
         mata = {{3, -5, -4}, {-5, 6, 3}, {-3, 2, -2}};
         esys = Eigensystem[N[mata]]
Out[13]= {{10.9879, -3.77071, -0.217222},
          {{-0.601654, 0.756787, 0.255509},
           {0.505049, -0.00654559, 0.863066},
           {0.651499, 0.68315, -0.329933}}}
```

고유치는 다음과 같다.

```
In[14]:= esys[[1]]

Out[14]= {10.9879, -3.77071, -0.217222}
```

고유벡터는 다음과 같다.

```
In[15]:= esys[[2]]

Out[15]= {{-0.601654, 0.756787, 0.255509},
         {0.505049, -0.00654559, 0.863066},
         {0.651499, 0.68315, -0.329933}}
```

Jordan 표준형(Jordan canonical form)

실수 $n_{ij} = \begin{cases} 1, & j = i+1 \\ 0, & j \neq i+1 \end{cases}$, $i, j = 1, \cdots, k$ 라 하자. $N_k = (n_{ij})$를 $k \times k$ 행렬이라 하자. I_k를 $k \times k$ 단위 행렬이라 하자. 상수 λ에 대하여 $B(\lambda) = \lambda I_k + N_k$을 $k \times k$ Jordan 블록 행렬이라 한다. 즉

$$N_k = \begin{pmatrix} 0 & 1 & 0 & \cdots & 0 \\ 0 & 0 & 1 & \cdots & 0 \\ \vdots & \vdots & \vdots & \ddots & \vdots \\ 0 & 0 & 0 & \cdots & 1 \\ 0 & 0 & 0 & \cdots & 0 \end{pmatrix}, \quad B(\lambda) = \begin{pmatrix} \lambda & 1 & 0 & \cdots & 0 & 0 \\ 0 & \lambda & 1 & \cdots & 0 & 0 \\ \vdots & \vdots & \vdots & \ddots & \vdots & \vdots \\ 0 & 0 & 0 & \cdots & \lambda & 1 \\ 0 & 0 & 0 & \cdots & 0 & \lambda \end{pmatrix}$$

이다. Jordan 행렬은

$$J = \begin{pmatrix} B_1(\lambda_1) & 0 & \cdots & 0 \\ 0 & B_2(\lambda_2) & \cdots & 0 \\ \vdots & \vdots & \ddots & \vdots \\ 0 & 0 & \cdots & B_n(\lambda_n) \end{pmatrix}$$

형태의 행렬이다. 여기서 $B_j(\lambda_j)$는 Jordan 블록 행렬이다.

A를 $n \times n$ 행렬이라 할 때 정칙행렬(nonsingular matrix) C가 존재하여

$$J = C^{-1} A C$$

을 만족한다. 여기서 J는 대각원소를 A의 고유치로 갖는 A의 Jordan 표준형(Jordan canonical form)이다. 행렬 m의 Jordan 표준형을 구하려면 다음

의 명령어를 사용하면 된다.

$$\text{JordanDecomposition[m]}$$

위의 명령을 실행시키면 $\{C, J\}$를 주는 데 여기서 J는 m의 Jordan 행렬이며 C는

$$J = C\, m\, C^{-1}$$

을 만족하는 행렬이다.

행렬 A에 대하여

$$p(A) = 0$$

를 만족시키는 최소 차수의 다항식 p를 A의 최소다항식(minimal polynomial of A)이라 한다. q를 A의 고유 다항식이라 하면 $q(A) = 0$이므로 p는 q를 나눈다.

행렬

$$\begin{pmatrix} 0 & -1 & 0 & -1 & 0 \\ 0 & 0 & 4 & 0 & -4 \\ -2 & 0 & 3 & -2 & -2 \\ 1 & 0 & -1 & 2 & 1 \\ -2 & 1 & 3 & -2 & -2 \end{pmatrix}$$

을 mat라 정의하자.

```
In[1]:= Clear[mat, p];
        mat = {{0, -1, 0, -1, 0}, {0, 0, 4, 0, -4},
           {-2, 0, 3, -2, -2}, {1, 0, -1, 2, 1},
           {-2, 1, 3, -2, -2}};
        MatrixForm[mat]
        Out[3]//MatrixForm=
             0  -1   0  -1   0
             0   0   4   0  -4
            -2   0   3  -2  -2
             1   0  -1   2   1
            -2   1   3  -2  -2
```

행렬 mat의 Jordan표준형 J(=jd[[2]])를 구하자.

```
In[4]:= Clear[jd];
        jd = JordanDecomposition[mat]
Out[5]= {{{-1/2, -1, 0, -1, -1}, {0, 0, 0, -2 i, 2 i},
          {0, -2, 0, 0, 0}, {1/2, 1, 1, 0, 0}, {0, -2, 0, 1, 1}},
         {{1, 0, 0, 0, 0}, {0, 1, 1, 0, 0}, {0, 0, 1, 0, 0},
          {0, 0, 0, -2 i, 0}, {0, 0, 0, 0, 2 i}}}
In[6]:= jd[[2]] // MatrixForm
Out[6]//MatrixForm=
```

$$\begin{pmatrix} 1 & 0 & 0 & 0 & 0 \\ 0 & 1 & 1 & 0 & 0 \\ 0 & 0 & 1 & 0 & 0 \\ 0 & 0 & 0 & -2i & 0 \\ 0 & 0 & 0 & 0 & 2i \end{pmatrix}$$

다음은

$$\text{mat} = C^{-1}\,\text{J}\,C$$

를 만족하는 행렬 C (=jd[[1]])는 다음과 같다.

```
In[7]:= jd[[1]] // MatrixForm
Out[7]//MatrixForm=
```

$$\begin{pmatrix} -\frac{1}{2} & -1 & 0 & -1 & -1 \\ 0 & 0 & 0 & -2i & 2i \\ 0 & -2 & 0 & 0 & 0 \\ \frac{1}{2} & 1 & 1 & 0 & 0 \\ 0 & -2 & 0 & 1 & 1 \end{pmatrix}$$

$C^{-1}\,\text{J}\,C$ 의 값을 구하자.

```
In[8]:= jd[[1]].jd[[2]].Inverse[jd[[1]]] // MatrixForm
Out[8]//MatrixForm=
```

$$\begin{pmatrix} 0 & -1 & 0 & -1 & 0 \\ 0 & 0 & 4 & 0 & -4 \\ -2 & 0 & 3 & -2 & -2 \\ 1 & 0 & -1 & 2 & 1 \\ -2 & 1 & 3 & -2 & -2 \end{pmatrix}$$

행렬 mat의 고유다항식을 구하자.

```
In[9]:= p = CharacteristicPolynomial[mat, λ]
Out[9]= 4 - 12 λ + 13 λ^2 - 7 λ^3 + 3 λ^4 - λ^5
In[10]:= Factor[p]
Out[10]= -(-1 + λ)^3 (4 + λ^2)
```

위의 Jordan표준형으로부터 최소다항식은 $-(-1+\lambda)^2(4+\lambda^2)$ 임을 알 수 있다. 이제 $-(-I+\text{mat})^2(4I+\text{mat}^2)$를 구하자. 여기서 I는 5×5 단위 행렬이다.

```
In[11]:= id5 = IdentityMatrix[5];
         -MatrixPower[mat - id5, 2] .
           (4 id5 + MatrixPower[mat, 2])
Out[12]= {{0, 0, 0, 0, 0}, {0, 0, 0, 0, 0},
          {0, 0, 0, 0, 0}, {0, 0, 0, 0, 0}, {0, 0, 0, 0, 0}}
```

따라서 $-(-I+\text{mat})^2(4I+\text{mat}^2)$는 0행렬임을 알 수 있다. 이제 $-(-1+\lambda)^2(4+\lambda^2)$이 최소다항식임을 보이기 위하여

$$-(-I+\text{mat})\ (4I+\text{mat}^2)$$

값을 구하자.

```
In[13]:= -(mat - id5) . (4 id5 + MatrixPower[mat, 2])
Out[13]= {{5, 0, -5, 5, 5},
          {0, 0, 0, 0, 0}, {10, 0, -10, 10, 10},
          {-5, 0, 5, -5, -5}, {10, 0, -10, 10, 10}}
```

위의 값이 0행렬이 아니므로 최소다항식은 $-(-1+\lambda)^2(4+\lambda^2)$ 임을 알 수 있다.

제 4 장

미분방정식

4장에서는 몇 가지 간단한 상미분방정식에 대하여 공부하고, Mathematica를 이용하여 이 상미분방정식들의 일반해와 특수해를 구하여 보고, 초기값 문제와 경계값 문제에 대하여서도 공부하자.

4.1 정의와 기본 개념

미분방정식의 정의

하나 또는 몇 개의 독립변수들의 미분이나 도함수를 포함하고 있는 방정식을 미분방정식(differential equation)이라고 한다. 만약 그 방정식이 상미분만을 포함하고 있을 때 상미분방정식(ordinary differential equation, ODE)이라고 하며, 만약 방정식이 편미분을 포함하고 있으면 그 미분방정식을 편미분방정식(partial differential equation, PDE)이라고 한다. 또 미분방정식에 들어있는 최고계 도함수의 계수를 그 미분방정식의 계수(order)라고 한다.

다음 4개의 미분방정식들은 모두 상미분방정식이다.

(a) $\dfrac{dy}{dx}=\dfrac{x^2}{y^2\cos y}$;

(b) $\dfrac{dy}{dx}+\dfrac{du}{dx}=u+x^2y$;

(c) $(y-1)dx+x\cos y dy=1$;

(d) $x^2y''+xy'+(x^2-n^2)y=0$.

여기에서 (a), (b), (c)의 계수는 모두 1이며 (d)의 계수는 2이다. 한편, 다음 3개의 미분방정식은 모두 편미분방정식이다.

(e) $\dfrac{\partial^2 u}{\partial x^2}+\dfrac{\partial^2 u}{\partial y^2}=0$;

(f) $\dfrac{\partial^2 u}{\partial t^2}=\dfrac{\partial^2 u}{\partial x^2}$;

(g) $\dfrac{\partial u}{\partial t}=\dfrac{\partial^2 u}{\partial x^2}$.

실제로 (e)는 라플라스 방정식, (f)는 파동 방정식, (g)는 열 방정식이라고 알려져 있다.

이 장에서는 상미분방정식만을 공부한다.

선형 미분방정식

미분방정식이 다음과 같은 형태일 때

$$a_n(x)\frac{d^n y}{dx^n}+a_{n-1}(x)\frac{d^{n-1}y}{dx^{n-1}}+\cdots a_1(x)\frac{dy}{dx}+a_0(x)y=f(x)$$

여기서 $a_i(x)$ $(i=0,\ 1,\ \cdots,\ n)$ 과 $f(x)$ 들은 구간 I 에서 정의된 x 만의 함수들이고 $a_n(x)$ 는 구간 I 에서 0의 값을 갖지 않을 때, 이 미분방정식을 선형(linear) 미분방정식이라고 한다.

다음의 미분방정식들은 모두 선형 미분방정식이다.

(a) $\dfrac{dy}{dx}=x^3$;

(b) $\dfrac{d^2u}{dx^2}+u=x^x$;

(c) $(x-1)dy+y\cos x dx=0$;

(d) $\dfrac{d^3y}{dx^3}+(x^2+1)\dfrac{dy}{dx}=x$;

(e) $\dfrac{d^2x}{dt^2}+\sin x=0$

한편, 다음의 미분방정식들은 모두 비선형이다.

(f) $\dfrac{d^3y}{dx^3}+y\dfrac{dy}{dx}=x$;

(g) $y'=x\sqrt{y}$.

미분방정식의 해

$F(x,\ y',\ y'',\ \cdots,\ y^{(n)})=0$ 이 구간 $a<x<b$ 에서의 계수 n의 상미분방정식이라고 하자. 구간 $a<x<b$ 에서 정의된 연속함수 $\phi(x)$가 n계의 도함수를 갖고 또 다음의 방정식

$$F(x,\ \phi,\ \phi',\ \cdots,\ \phi^{(n)}) = 0$$

을 만족할 때 $\phi(x)$를 이 미분방정식의 해(solution)라고 한다.

$y(x) = xe^{-x}$가 미분방정식 $y'' + 2y' + y = 0$의 한 해임을 매스매티카를 이용하여 확인해보자. 먼저 y'를 계산하여 그 결과를 dy에 저장하여 두자.

```
In[1]:= y[x_] = x * e^-x
Out[1]= e^-x x
In[2]:= dy = y'[x]
Out[2]= e^-x - e^-x x
```

마찬가지로 y''를 계산하여 그 결과를 d2y에 저장하자.

```
In[3]:= d2y = y''[x]
Out[3]= -2 e^-x + e^-x x
```

마지막으로 $y'' + 2y' + y = 0$임을 확인하기 위하여 다음과 같은 계산을 하자.

```
In[4]:= d2y + 2 dy + y[x]
Out[4]= -2 e^-x + 2 e^-x x + 2 (e^-x - e^-x x)
```

여기에서 결과가 자동으로 계산되어 0이 나오지 않으므로 Simplify 명령어로 이 계산을 하자.

```
In[5]:= Simplify[%]
Out[5]= 0
```

또 우리는 다음과 같은 명령어로 같은 결과를 얻을 수 있다.

```
In[6]:= Simplify[y''[x] + 2 y'[x] + y[x]]
Out[6]= 0
```

Plot 명령어로 해 $y(x)$의 그래프를 $-1 < x < 1$의 범위에서 그리자.

```
In[7]:= Plot[y[x], {x, -1, 1}]
```

Out[7]=

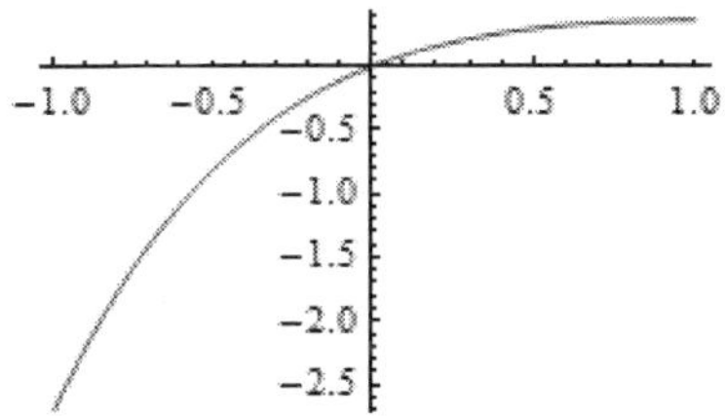

앞의 예에서는 미분방정식의 해가 변수 x 의 함수 $y(x)$ 로 표시되었다. 어떤 종류의 미분방정식에서는 해가 음함수가 될 수 있다. 다음의 예를 보자. 미분방정식 $\frac{dy}{dx}=\frac{2y-4x-5}{2y-2x}$ 의 해가 음함수 $2x^2+y^2-2xy+5x=0$ 임을 매스매티카로 확인하자. 먼저 두 변수 x, y 와 방정식을 표시할 eq에 대하여 Clear 명령어로 초기화한다. 그리고 방정식의 좌변과 우변을 분리하기 위하여 ==를 사용한다.

```
In[8]:= Clear[x, y];
        eq = 2 x^2 + y^2 - 2 x y + 5 x == 0;
```

다음 eq를 x에 대하여 미분하기 위하여 명령어 Dt를 사용하고 그 결과를 step1이라고 하자.

```
In[10]:= step1 = Dt[eq, x]
Out[10]= 5 + 4 x - 2 y - 2 x Dt[y, x] + 2 y Dt[y, x] == 0
```

위 결과에서 나타나는 기호 Dt[y, x]는 $y'=\frac{dy}{dx}$ 를 나타낸다. 마지막으로 step1으로부터 $y'=\frac{dy}{dx}$ 를 얻기 위해 Solve 명령어를 사용하자.

```
In[11]:= step2 = Solve[step1, Dt[y, x]]
Out[11]= {{Dt[y, x] → (5 + 4 x - 2 y)/(2 (x - y))}}
```

일반적으로, 상수 C 에 대하여, 방정식 $f(x, y)=C$ 의 그래프를 그릴 때 곡면의 등고선을 그릴 때 사용하는 ContourPlot 명령어를 사용한다. 따라서

$2x^2+y^2-2xy+5x=0$의 그래프는 곡면 $2x^2+y^2-2xy+5x$의 0에서의 등고선이다. $2x^2+y^2-2xy+5x$는 eq 표현의 첫 번째 부분(좌변)이므로 eq[[1]]이다.

```
In[12]:= eq[[1]]
Out[12]= 5 x + 2 x^2 - 2 x y + y^2
```

이제 $2x^2+y^2-2xy+5x=0$의 그래프를 그리자.

```
In[13]:= ContourPlot[Evaluate[eq[[1]]], {x, -7, 2},
          {y, -7, 2}, Axes → True, Frame → False,
          AxesOrigin → {0, 0}, Contours → {0},
          ContourShading → False]
```

Out[13]=

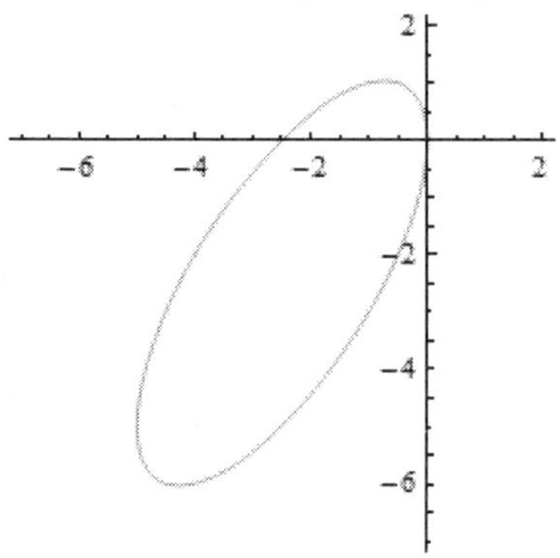

명령어 DSolve

대부분의 미분방정식은 한 개 이상의 해를 가진다. 다음의 예에서 이 사실을 설명하자. 이를 위하여 주어진 미분방정식을 푸는 DSolve 명령어를 공부하자. 이 명령어는 미분방정식 $F(x,\ y',\ \cdots,\ y^{(n)})=0$의 해 y를 구하기 위하여 사용하며, 다음과 같은 형태이다.

DSolve[F[x, y[x], y'[x], …, D[y[x], {x, n}]]==0, y[x], x]

DSolve 명령어를 이용하여 미분방정식 $y'=-y\cos x$의 해를 구하자. DSolve 명령어를 사용하여 이 미분방정식을 풀고 그 해를 sol라고 하자.

```
In[1]:= Clear[sol];
        sol = DSolve[y'[x] == -Cos[x] * y[x], y[x], x]
Out[2]= {{y[x] → e^(-Sin[x]) C[1]}}
```

여기서 C[1]은 임의의 상수 C_1을 뜻한다. 따라서 해는 상수를 포함하여 표현된다. 해 중에서 몇 개를 그리자.

```
In[3]:= sol[[1, 1, 2]]
Out[3]= e^(-Sin[x]) C[1]
In[4]:= toplot = Table[sol[[1, 1, 2]] /. C[1] → i, {i, -5, 5}];
        Plot[toplot, {x, 0, 4 π}]
Out[5]=
```

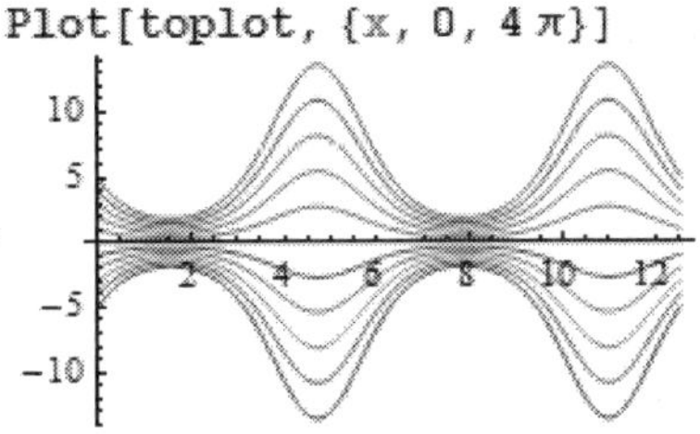

2계 미분방정식 $y''+y=0$의 해가 무한히 많음을 DSolve 명령어로 확인하여보자. 이 미분방정식의 해를 구하여 sol이라고 하자.

```
In[6]:= Clear[sol];
        sol = DSolve[y''[x] + y[x] == 0, y[x], x]
Out[7]= {{y[x] → C[1] Cos[x] + C[2] Sin[x]}}
In[8]:= sol[[1, 1, 2]]
Out[8]= C[1] Cos[x] + C[2] Sin[x]
```

여기서 C[1], C[2]는 임의의 상수 C_1, C_2를 나타낸다. 여기에서 C_1, C_2에 각각 0 을 대입하면, $y=C\cos x$와 $y=C\sin x$를 얻는데 이들은 임의의 C에 대하여 이 미분방정식의 해이다.

Plot 명령어를 사용하여 몇 개의 해를 그려보자. 우선 Table 명령어를 사용하여 $y=C\cos x$의 C에 -2.5, -2, -1.5, $\cdots$, 2, 2.5의 11개의 값을 대입하여

함수들을 만들고 그 결과를 toplot1에 기억시키자. 또, Table 명령어를 사용하여 $y = C\sin x$ 의 C 에 -2.5 , -2 , -1.5 , $\cdots$, 2 , 2.5 의 11개의 값을 대입하여 함수들을 만들고 그 결과를 toplot2에 기억시키자. 그리고 toplot1과 toplot2에 기억된 각각 11개의 함수들을 $0 \le x \le 4\pi$ 까지 Plot 명령어로 그래프를 그려보자. 여기에서 매스매티카는 점들을 샘플링하기 전에 함수들을 계산하여야 하므로 Evaluate 명령어를 반드시 사용하여야 한다.

```
In[9]:= toplot1 = Table[sol[[1, 1, 2]] /. {C[2] → i, C[1] → 0},
          {i, -2.5, 2.5, 0.5}];
        toplot2 = Table[sol[[1, 1, 2]] /. {C[2] → 0, C[1] → i},
          {i, -2.5, 2.5, 0.5}];
        plot1 = Plot[toplot1, {x, 0, 4 π}];
        plot2 = Plot[toplot2, {x, 0, 4 π}];
        GraphicsRow[{plot1, plot2}]
```

Out[13]=

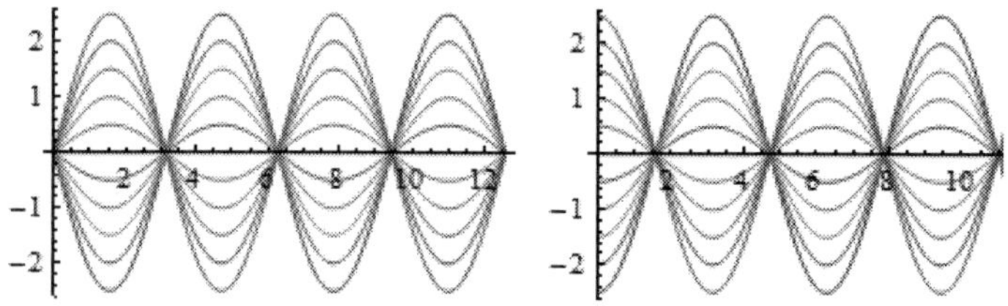

초기값 문제, 경계값 문제

많은 응용 문제에서 우리는 하나 이상의 조건을 갖는 미분방정식의 해를 구하는 문제를 발견한다. 예를 들면 미분방정식 $\frac{dy}{dx} = 3x^2 - 4x$ 의 해를 구하려면, 결국 $f(x) = 3x^2 - 4x$ 의 부정적분을 구하는 문제이므로, 다음과 같은 계산으로

$$y = \int (3x^2 - 4x)dx = x^3 - 2x^2 + C$$

이 미분방정식의 해는 $y = x^3 - 2x^2 + C$ 임을 알 수 있고, 이 해는 임의의 상수를 포함하고 있으므로, 이 방정식의 모든 해는 $y = x^3 - 2x^2 + C$ 로부터 얻을 수 있다. 이 해를 우리는 일반해라고 한다. 한편, 이 해 중에서 점 $(1, 4)$ 를 지나는

해를 알고 싶을 경우에는 보조 조건 $y(1)=4$ 을 만족하는 해를 구하는 문제가 된다. $x=1$, $y=4$ 를 대입하여 $C=5$ 를 얻으므로 우리가 구하는 해는 $y=x^3-2x^2+5$ 이다.

Table 명령어로 $C=-10, -8, \cdots, 8, 10$ 일 때 함수 x^3-2x^2+C 들을 toplot에 저장하자.

```
In[1]:= Clear[toplot];
        toplot = Table[-2 x^2 + x^3 + c, {c, -10, 10, 2}]
Out[2]= {-10 - 2 x^2 + x^3, -8 - 2 x^2 + x^3, -6 - 2 x^2 + x^3,
         -4 - 2 x^2 + x^3, -2 - 2 x^2 + x^3, -2 x^2 + x^3, 2 - 2 x^2 + x^3,
         4 - 2 x^2 + x^3, 6 - 2 x^2 + x^3, 8 - 2 x^2 + x^3, 10 - 2 x^2 + x^3}
```

이 11개의 함수들을 그래프로 그리자.

```
In[3]:= Plot[toplot, {x, -2, 3}]
```

Out[3]=

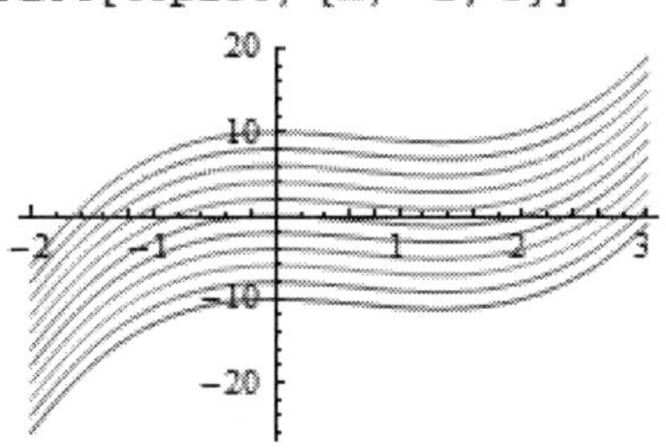

종종 우리는 1계미분방정식 $\dfrac{dy}{dt}=f(t,\ y)$ 에서 보조조건 $y(t_0)=y_0$이 있는 경우의 문제를 접하게 된다. (여기에서 t_0 는 주로 시간을 나타내는 구간 I 의 한 점이고, y_0 는 임의의 실수이다.) 이런 문제를 초기값 문제(initial Value Problem)라고 하며, 위의 보조조건을 초기조건(initial condition)이라고 한다.

1계 미분방정식 $\dfrac{dv}{dt}=32-v$ 에서 초기조건이 $v(0)=0$ 으로 주어졌을 때 이 초기값 문제를 풀자.

```
In[4]:= gensol = DSolve[v'[t] == 32 - v[t], v[t], t]
Out[4]= {{v[t] → 32 + e^-t C[1]}}
```

따라서 이 미분방정식의 일반해는 $v(t) = 32 + ce^{-t}$ 이다. 또 DSolve를 사용하여 위의 초기조건을 갖는 미분방정식을 풀면 다음과 같다.

```
In[5]:= DSolve[{v'[t] == 32 - v[t], v[0] == 0}, v[t], t]
Out[5]= {{v[t] → 32 e^-t (-1 + e^t)}}
In[6]:= Expand[%]
Out[6]= {{v[t] → 32 - 32 e^-t}}
```

따라서 이 초기값 문제의 해는 $v(t) = 32 - 32e^{-t}$ 이다.

DSolve 명령어로 모든 초기값 문제의 정확한 해를 구할 수 있는 것은 아니다. 이때는 NDSolve 명령어를 이용하여 수치적인 근사해를 구할 수 있다. NDSolve 명령어는 다음과 같다.

NDSolve[{y'[x]==f[x, y[x]], y[x0]==y0}, y[x], {x, a, b}]

구간 [0, 10] 에서 초기값 문제 $y' = \sin x^2$, $y(0) = 0$ 의 해의 그래프를 그리고 $y(5)$ 의 값을 구하자.

DSolve 명령어를 이용하여 이 초기값 문제의 정확한 해를 구하면, 그 해에는 다음과 같이 FresnelS 함수로 표시된다.

```
In[7]:= exactsol = DSolve[{y'[x] == Sin[x^2], y[0] == 0},
          y[x], x]
Out[7]= {{y[x] → Sqrt[π/2] FresnelS[Sqrt[2/π] x]}}
```

FrensnelS 함수가 어떤 함수인지 알아보자.

```
In[8]:= ?FresnelS

FresnelS[z] gives the Fresnel integral S(z). >>
```

구간 [0, 10] 에서 이 초기값 문제의 수치적인 해를 알아보자.

```
In[9]:= numsol = NDSolve[{y'[x] == Sin[x^2], y[0] == 0},
        y[x], {x, 0, 15}]
Out[9]= {{y[x] → InterpolatingFunction[{{0., 15.}}, <>][x]}}
```

Plot 명령어로 그래프를 그리면 다음과 같다.

```
In[10]:= Plot[y[x] /. numsol, {x, 0, 15}, PlotRange → All]
Out[10]=
```

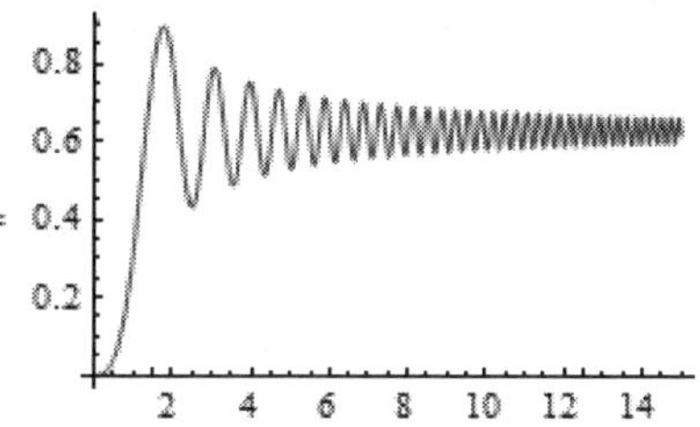

함수값 $y(5)$ 의 값은 ReplaceAll(/.) 명령어로 구할 수 있다.

```
In[11]:= numsol /. x → 5
Out[11]= {{y[5] → 0.527917}}
```

1개의 보조 조건을 갖는 1계 미분방정식은 모두 초기값 문제이지만 몇 개의 보조 조건을 갖는 2계 이상의 미분방정식은 초기값 문제(initial value problem)와 경계값 문제(boundary value problem)로 나눌 수 있다.

다음의 두 가지 예를 보자.

무게 $m=1$ 인 물체가 용수철 상수 $k=1$ 인 용수철의 끝에 매달려 있다고 하자. 평형 상태일 때 $x=0$ 이라고 하고, 시간 t 일 때 이 물체의 변위를 $x(t)$ 라고 하고, 시간 t 에 따른 물체의 변위 x 에 대한 미분방정식은 $x''+x=0$ 이다. 이 2계 미분방정식을 풀면 두 개의 미지의 상수를 포함하고 있으므로, 이 두 개의 상수를 결정하기 위하여서는 두 개의 보조 조건이 필요하다. 만약 물체의 초기 변위가 $x(0)=0$ 이고 초기 속도가 $x'(0)=1$ 라면, 이 문제는 같은 시간 $t=0$ 에서 두 개의 보조 조건을 가지고 있으므로, 이 문제는 초기값 문제이다. 이 초기 조건에 맞는 해를 구하여 보자.

```
In[1]:= Clear[sol];
        sol = DSolve[x''[t] + x[t] == 0, x[t], t]

Out[2]= {{x[t] → C[1] Cos[t] + C[2] Sin[t]}}

In[3]:= DSolve[{x''[t] + x[t] == 0, x[0] == 0,
          x'[0] == 1}, x[t], t]

Out[3]= {{x[t] → Sin[t]}}
```

다음으로 경계값 문제의 예를 들어 보자. 한쪽 끝이 고정된 탄력 있게 구부러지는 길이가 1인 물체가 있다. 이 물체의 시간 t 일 때 y 축의 위치 $y(t)$ 는 미분방정식 $\frac{d^2y}{dx^2}+\frac{\pi^2}{4}=0$, $0<x<1$ 로 표시 된다. 이 물체의 양 끝점 $x=0$ 과 $x=1$ 에서의 위치를 안다면 이 문제는 경계값 문제이다. 경계 조건 $y(0)=0$ 과 $y(1)=2$ 일 때 이 물체의 형태를 구하자. 먼저 DSolve 명령어로 이 방정식의 일반해를 구하자.

```
In[4]:= DSolve[y''[x] + π²/4 y[x] == 0, y[x], x]

Out[4]= {{y[x] → C[1] Cos[π x/2] + C[2] Sin[π x/2]}}

In[5]:= DSolve[{y''[x] + π²/4 y[x] == 0, y[0] == 0,
          y[1] == 2}, y[x], x]

Out[5]= {{y[x] → 2 Sin[π x/2]}}
```

이 경계값 문제의 해를 Plot 명령어로 그래프를 그리면 다음과 같다.

```
In[6]:= Plot[2 Sin[π x/2], {x, 0, 1}, ImageSize → 180]
```

Out[6]=

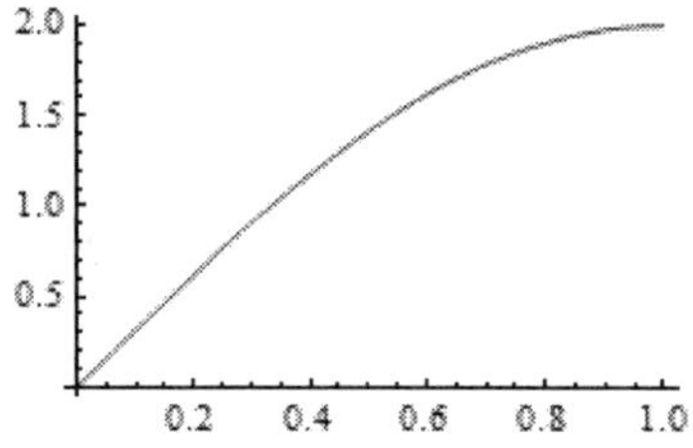

Rayleigh's 방정식이란 다음과 같은 비선형 미분방정식이다.

$$x'' + (\frac{1}{3}(x')^2 - 1)x' + x = 0$$

이 미분방정식은 바이올린 현의 움직임을 연구하는 데 쓰인다. 구간 [0, 15] 에서 각각 다음과 같은 초기조건에서

(a) $x(0) = 1, \qquad x'(0) = 0;$

(b) $x(0) = 0.1, \qquad x'(0) = 0;$

(c) $x(0) = 0, \qquad x'(0) = 1.9;$

Rayleigh's 방정식의 해를 구하고 각각의 그래프를 그려보자. 각각의 초기조건에 해당되는 초기값 문제의 해를 근사적으로 구하기 위하여 NDSolve 명령어를 사용하여 각각의 근사해를 구하여 그 결과를 numsol1, numsol2, 그리고 numsol3이라고 하자.

```
In[7]:= Clear["n*"];
        numsol1 =
         NDSolve[
          {x''[t] + (1/3 x'[t]^2 - 1) x'[t] + x[t] == 0,
           x[0] == 1, x'[0] == 0}, x[t], {t, 0, 15}]
Out[8]= {{x[t] → InterpolatingFunction[
            {{0., 15.}}, <>][t]}}
Out[8]= {{x[t] → InterpolatingFunction[
            {{0., 15.}}, <>][t]}}
In[9]:= numsol2 =
         NDSolve[
          {x''[t] + (1/3 x'[t]^2 - 1) x'[t] + x[t] == 0,
           x[0] == 0.1, x'[0] == 0}, x[t], {t, 0, 15}]
Out[9]= {{x[t] → InterpolatingFunction[
            {{0., 15.}}, <>][t]}}
In[10]:= numsol3 =
          NDSolve[
```

```
{x''[t] + (1/3 x'[t]^2 - 1) x'[t] + x[t] == 0,
  x[0] == 0, x'[0] == 1.9}, x[t], {t, 0, 15}]

Out[10]= {{x[t] → InterpolatingFunction[
        {{0., 15.}}, <>][t]}}
```

이 3개의 해의 그래프를 구간 [0, 15]에서 Plot 명령어로 그려보자. (c)의 초기 조건에 관한 해가 주기함수가 되는 것을 알 수 있다.

```
In[11]:= gra1 = Plot[x[t] /. numsol1, {t, 0, 15},
            PlotStyle → Thick];
         gra2 = Plot[x[t] /. numsol2, {t, 0, 15},
            PlotStyle → Dashed];
         gra3 = Plot[x[t] /. numsol3, {t, 0, 15}];
         Show[gra1, gra2, gra3, ImageSize → 180]
```

Out[14]=

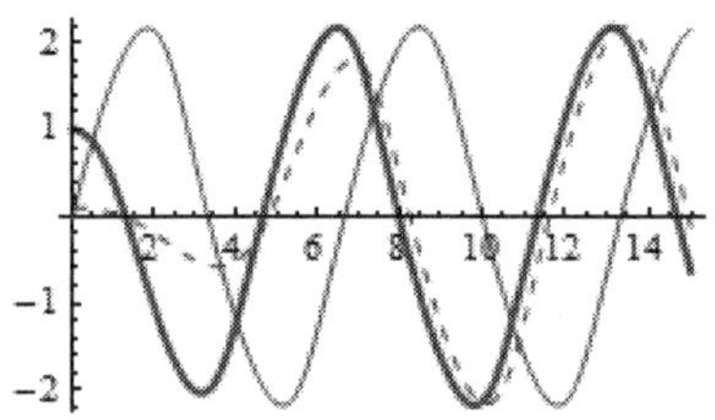

4.2 변수 분리 미분방정식

미분방정식이 $g(y)y' = f(x)$ 이거나 $g(y)dy = f(x)dx$ 형태로 쓸 수 있을 경우 이 방정식을 변수분리 방정식(separable variable equation)이라고 한다. 변수 분리 미분방정식은 양변을 각각의 변수에 관하여 적분하여 일반해를 얻을 수 있다. 즉,

$$\int g(y)\,dy = \int f(x)\,dx + C$$

이다.

미분방정식 $\dfrac{dy}{dx} = \dfrac{2y^{\frac{1}{2}} - 2y}{x}$

이 방정식은 다음과 같은 형태로 쓸 수 있으며 변수 분리형이다.

$$\frac{dy}{2y^{\frac{1}{2}} - 2y} = \frac{dx}{x}$$

좌변을 적분하자.

```
In[1]:= ∫ 1/(2 √y - 2 y) dy

Out[1]= -Log[-1 + √y]
```

우변의 적분을 하자.

```
In[2]:= ∫ 1/x dx

Out[2]= Log[x]
```

양변의 적분을 계산하여 풀자.

```
In[3]:= Solve[-Log[-1 + √y] == Log[x] + cons, x] //
          Simplify

Out[3]= {{x → e^(-cons)/(-1 + √y)}}
```

여기에서 $e^{-\text{cons}}$ 는 임의의 상수를 나타낸다. 명령어 DSolve를 사용하여 같은 결과를 얻을 수 있다.

```
In[4]:= Clear[x, y];
        gensol = DSolve[y'[x] == (2 √y[x] - 2 y[x])/x,
          y[x], x]

Out[5]= {{y[x] → (e^(C[1]/2) + x)^2/x^2}}
```

위의 값에서 해만 택하자.

```
In[6]:= gensol[[1, 1, 2]]

Out[6]= (e^(C[1]/2) + x)^2/x^2
```

C[1]에 −2, −1.75, ⋯, 1.75, 2 의 값들을 대입하여 몇 개의 해를 구하여 이들의 그래프를 그리자. 우선 Table 명령어로 이 해들을 toplot에 저장하고, C[1] 값에 들에 따라 해가 많으므로 Short 명령어로 간단히 표시하자.

```
In[7]:= Clear[toplot];
        toplot = Table[gensol[[1, 1, 2]] /. C[1] → i,
          {i, -2, 2, 0.25}];
        Short[toplot]
```

$$\text{Out[8]//Short=} \left\{\frac{(\ll 1 \gg)^2}{x^2}, \frac{\ll 1 \gg^2}{x^2}, \frac{\ll 1 \gg}{\ll 1 \gg}, \ll 11 \gg, \ll 1 \gg, \frac{\ll 1 \gg^2}{x^2}, \frac{(\ll 1 \gg)^2}{x^2}\right\}$$

이제 그래프를 그리자.

```
In[9]:= Plot[Evaluate[toplot], {x, 0, 3}]
```

Out[9]=
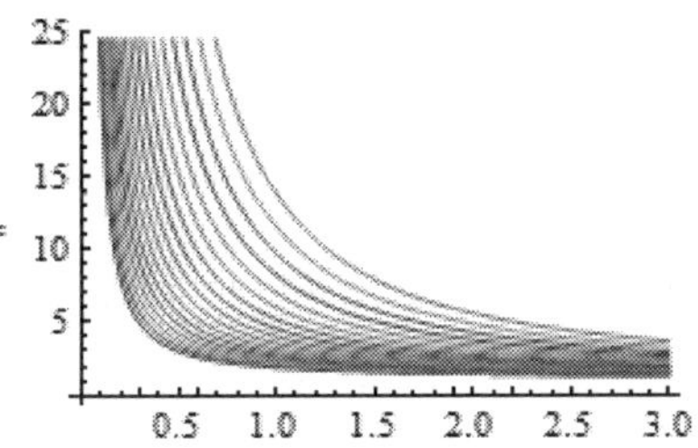

종종 DSolve 명령어로 주어진 미분방정식의 일반해를 구하지 못하는 경우가 있다. 이런 경우에는 주어진 미분방정식을 조금 변형하여 DSolve 명령어를 사용하면 된다. 다음의 예를 보자.

미분방정식 $\frac{dy}{dx} = \frac{y\cos x}{1+y^2}$

먼저 DSolve 명령어를 사용하여 미분방정식을 풀자.

```
In[1]:= Clear[x, y];
        DSolve[y'[x] == y[x] Cos[x] / (1 + y[x]^2), y[x], x]
```

```
Out[2]= {{y[x] → -√(ProductLog[e^(2 C[1]+2 Sin[x])])},
         {y[x] → √(ProductLog[e^(2 C[1]+2 Sin[x])])}}
```

위에서 얻은 해는 익숙하지 않은 ProductLog 함수가 포함되어 있다. 이 함수가 어떤 함수인지 알아보자.

```
In[3]:= ? ProductLog

ProductLog[z] gives the principal solution for w in z = we^w.
ProductLog[k, z] gives the k^th solution. >>
```

이제 주어진 미분방정식을 다음과 같이 우리에게 익숙한 형태로 바꾸자.

$$\frac{dx}{dy}=\frac{1+y^2}{y\cos x}$$

이제 DSolve 명령어로 이 미분방정식을 풀자.

```
In[4]:= Clear[gensol];
        gensol = DSolve[x'[y] == (1 + y^2)/(y Cos[x[y]]), x[y], y]
Out[5]= {{x[y] → -ArcSin[1/2 (-y^2 - 2 C[1] - 2 Log[y])]},
         {x[y] → ArcSin[1/2 (y^2 + 2 C[1] + 2 Log[y])]}}
```

한편, 주어진 미분방정식은 $\cos x\ dx = \frac{1+y^2}{y}dy$ 로 변형되므로 직접 양변을 적분하자.

```
In[6]:= left = ∫Cos[x] dx

Out[6]= Sin[x]
```

```
In[7]:= right = ∫ (1 + y^2)/y ⅆy

Out[7]= y^2/2 + Log[y]
```

따라서 이 미분방정식의 일반해는 $\sin x = \frac{1}{2}y^2 + \ln|y| + C$ 이다. 이 음함수의 그래프를 그리려면, 원하는 상수 C 값에 따라 이변수 함수 $f(x,y) = \sin x - \frac{1}{2}y^2 - \ln|y|$ 의 등고선을 그리면 된다.

```
In[8]:= Clear[toplot];
        toplot = left - right /. y → Abs[y]

Out[9]= -1/2 Abs[y]^2 - Log[Abs[y]] + Sin[x]

In[10]:= ContourPlot[toplot, {x, -2 π, 2 π}, {y, -2 π, 2 π},
          ContourShading → False, Frame → False,
          Axes → True, Contours → 30]

Out[10]=
```

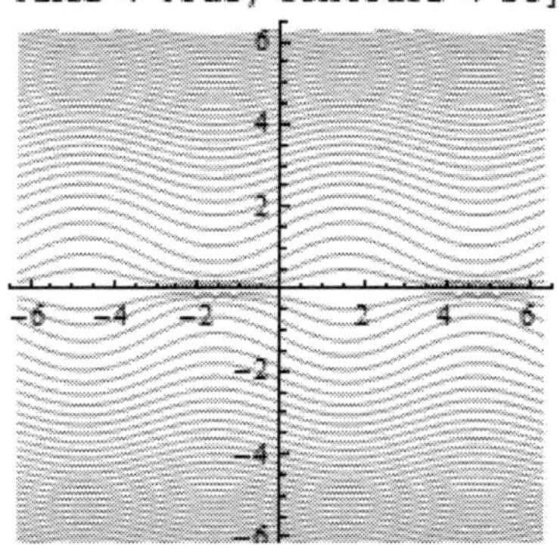

변수분리형 미분방정식에서 초기값 문제는 다음과 같은 단계로 풀면 된다.

1. 변수 분리 방법으로 주어진 미분방정식의 일반해를 구한다.
2. 초기조건을 이용하여 일반해에 있는 미지의 상수값을 결정한다.

미분방정식 $\frac{dy}{dx}=\frac{x^2}{\sqrt{9-x^2}e^y\cos y}$, $y(0)=0$

위의 미분방정식은 다음과 같이 변수 분리할 수 있다.

$$e^y \cos y\, dy = \frac{x^2}{\sqrt{9-x^2}}dx$$

이제 양변을 매스매티카를 이용하여 적분하면,

```
In[1]:= leftside = ∫ e^y Cos[y] dy

Out[1]= 1/2 e^y (Cos[y] + Sin[y])

In[2]:= rightside = ∫ x^2/Sqrt[9 - x^2] dx

Out[2]= -1/2 x Sqrt[9 - x^2] + 9/2 ArcSin[x/3]
```

따라서 일반해는 leftside와 rightside를 같게 하여 임의의 상수 C를 더하면 된다.

```
In[3]:= Clear[gensol];
        gensol = leftside == rightside + c

Out[4]= 1/2 e^y (Cos[y] + Sin[y]) ==
          c - 1/2 x Sqrt[9 - x^2] + 9/2 ArcSin[x/3]
```

초기조건 $y(0)=0$ 을 만족하는 해를 찾기 위하여 먼저 상수 C의 값을 다음과 같은 명령어로 찾자.

```
In[5]:= val = Solve[gensol /. {x → 0, y → 0}, c]

Out[5]= {{c → 1/2}}
```

이제 일반해 gensol에 초기조건을 만족하는 상수값 cval을 ReplaceAll(/.)을 이용하여 대치하여 원하는 해를 얻는다.

```
In[6]:= sol = gensol /. val[[1]]
```

Out[6]= $\frac{1}{2} e^y (\text{Cos}[y] + \text{Sin}[y]) == \frac{1}{2} - \frac{1}{2} x \sqrt{9 - x^2} + \frac{9}{2} \text{ArcSin}\left[\frac{x}{3}\right]$

```
In[7]:= sol
```

Out[7]= $\frac{1}{2} e^y (\text{Cos}[y] + \text{Sin}[y]) == \frac{1}{2} - \frac{1}{2} x \sqrt{9 - x^2} + \frac{9}{2} \text{ArcSin}\left[\frac{x}{3}\right]$

이제 정사각형 영역 [−3, 3]×[−3, 3] 에서 그래프를 그리자.

```
In[8]:= ContourPlot[Evaluate[sol], {x, -3, 3},
  {y, -3, 3}, AxesOrigin → {0, 0},
  ContourStyle → Thick]
```

Out[8]=

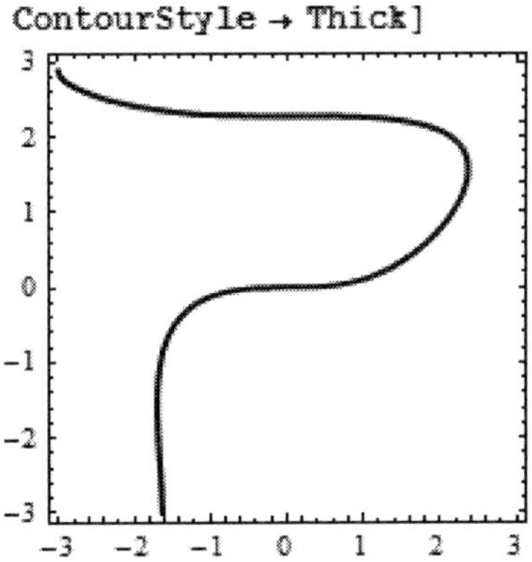

초기값문제 $\sqrt{x}y' = \sqrt{y}$, $y(1) = 2$

명령어 DSolve를 사용하여 이 초기값 문제를 풀자.

```
In[1]:= Clear[x, y];
        inisol =
         DSolve[{√x y'[x] == √y[x], y[1] == 2},
          y[x], x]
Out[2]= {{y[x] → 3 + 2 √2 - 2 √x - 2 √2 √x + x},
         {y[x] → 3 - 2 √2 - 2 √x + 2 √2 √x + x}}
```

이제 그래프를 그리자.

```
In[3]:= Clear[sol];
        sol1 = inisol[[1, 1, 2]];
        sol2 = inisol[[2, 1, 2]];
        Plot[{sol1, sol2}, {x, 0, 10},
         PlotStyle → {{Dashed, Thick}, Thick}]
Out[5]=
```

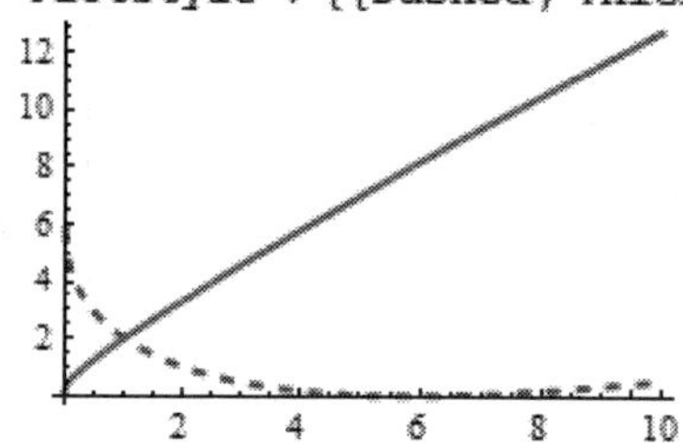

4.3 동차 미분방정식

이 변수 함수 $f(x, y)$가 $f(tx, ty) = t^n f(x, y)$가 성립할 때 $f(x, y)$를 n차의 동차 함수(homogeneous function of degree n)라고 한다. 만약 $M(x, y)$와 $N(x, y)$가 모두 n차의 동차 함수일 때 미분방정식

$$M(x, y)dx + N(x, y)dy = 0$$

를 동차 미분방정식(homogeneous differential equation)이라고 한다.

미분방정식 $(x^2 + yx)dx - y^2 dy = 0$

미분방정식 $(x^2 + yx)dx - y^2 dy = 0$에서 $M(x, y) = x^2 + yx$라고 하고 $N(x, y) = -y^2$라고 하면

$$M(tx, ty) = (tx)^2 + (tx)(ty) = t^2(x^2 + yx) = t^2 M(x, y)$$

이고

$$N(tx, ty) = -t^2 y^2 = t^2 N(x, y)$$

이므로 이 미분방정식은 2차의 동차 미분방정식이다

동차 미분방정식은

$$y = ux \text{ 혹은 } x = vy$$

의 치환에 의하여 변수 분리형으로 변환된다. 미분방정식에 따라 더 쉬운 계산을 할 수 있도록 치환 $y = ux$와 $x = vy$ 중 하나를 적절히 사용하여 한다.

미분방정식 $(x^2 - y^2)dx + xydy = 0$을 풀자.

우선 이 미분방정식이 2차의 동차 미분방정식임은 쉽게 알 수 있다. $x = vy$

로 치환하자. 그러면 $dx = vdy + ydv$이고 이들을 원래의 방정식에 대입하면

$$\begin{aligned}(x^2 - y^2)dx + xydy &= (v^2y^2 - y^2)(vdy + ydv) + vyydy \\ &= v^3y^2dy - y^2vdy + v^2y^3dv - y^3dv + vy^2dy \\ &= (v^3y^2 - y^2v + vy^2)dy + (v^2y^3 - y^3)dv \\ &= y^2v^3dy + y^3(v^2 - 1)dv = 0\end{aligned}$$

이고, 이 방정식을 y^3v^3으로 나누면,

$$\frac{dy}{y} + \frac{(v^2 - 1)dv}{v^3} = 0$$

이다. 이 식을 다시 쓰면

$$\frac{dy}{y} = \frac{(1 - v^2)dv}{v^3} = (\frac{1}{v^3} - \frac{1}{v})dv$$

이다. 이제 이 식의 양변을 적분하면

$$\ln|y| = \frac{-1}{2v^2} - \ln|v| + C_{1,}$$

이고, 이 식을 다시 간단히 하면

$$\ln|vy| = \frac{-1}{2v^2} + C_1$$

이다.

$$vy = Ce^{-\frac{1}{2v^2}}, \quad \text{여기에서} \quad C = \pm e^{C_1}$$

$x = vy$ 이므로 $v = \dfrac{x}{y}$를 대입하여 다음의 일반해를 얻는다.

$$x = Ce^{-\frac{y^2}{2x^2}}.$$

이제 명령어 DSolve를 사용하여 같은 미분방정식을 풀자.

```
In[1]:= Clear[gensol];
        gensol = DSolve[x^2 - y[x]^2 + x y[x] y'[x] == 0,
          y[x], x]
Out[2]= {{y[x] → -√(x^2 C[1] - 2 x^2 Log[x])},
         {y[x] → √(x^2 C[1] - 2 x^2 Log[x])}}
```

이 결과는 이 미분방정식의 일반해가 $y^2 = x^2(C - 2\ln|x|)$ 라는 것을 뜻한다. 이제 몇 가지 C 값에 대하여 음함수로 표시된 이 일반해의 그래프를 그려보자.

```
In[3]:= f = Solve[y^2 == gensol[[1, 1, 2]]^2, C[1]]

Out[3]= {{C[1] → (y^2 + 2 x^2 Log[x])/x^2}}

In[4]:= f[[1, 1, 2]]

Out[4]= (y^2 + 2 x^2 Log[x])/x^2
```

몇 가지 값에 대하여 ContourPlot 명령어를 사용하여 $\frac{y^2 + 2x^2 \ln|x|}{2x^2}$ 의 등고선 그리면 그래프를 얻는다. 특히 $\frac{y^2 + 2x^2 \ln|x|}{2x^2}$ 의 등고선이 x 축에서 $x = 1,\ 2,\ \cdots,\ 9$ 를 지나는 C 값을 구하여 보자. 이 값은 $\frac{y^2 + 2x^2 \ln|x|}{2x^2}$ 에 $y = 0$ 과 $x = 1,\ 2,\ \cdots,\ 9$ 을 대입하면 구할 수 있으므로, Table 명령어와 ReplaceAll (**/.**) 명령어로 10 개의 값을 구하여 countvals에 저장하자.

이제 위에서 구한 C 값들에 대하여 등고선을 그리자. 이때 음함수 $\frac{y^2 + 2x^2 \ln|x|}{2x^2}$ 는 $x = 0$ 에서 정의되지 않으므로 $0.01 \le x \le 10$ 과 $-5 \le y \le 5$ 의 범위에서 그래프를 그리자. Contours → countvals는 countvals 의 값들에서 주어진 함수의 등고선을 그리라는 옵션 명령어이다.

```
In[5]:= contourvals = Table[f[[1, 1, 2]] /. {x → i, y → 0},
          {i, 1, 10}];
        ContourPlot[f[[1, 1, 2]], {x, 0.01, 10},
         {y, -5, 5}, Contours → contourvals,
         AxesOrigin → {0, 0}, Frame → False, Axes → True,
         ContourShading → False]
```

Out[6]=

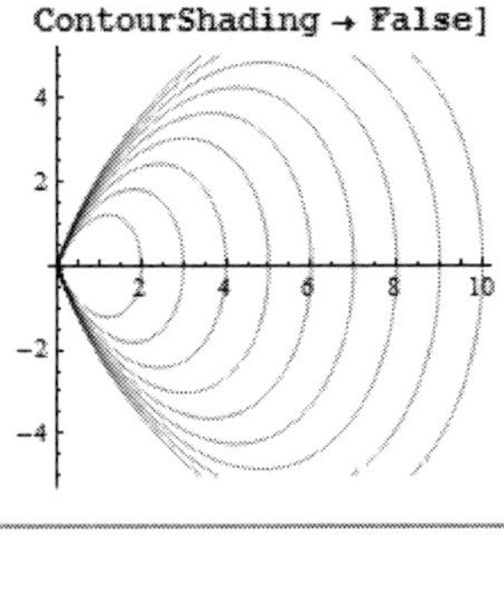

다음의 예는 매스매티카가 동차 미분방정식을 푸는데 어떻게 도움을 주는가를 설명해 주고 있다.

미분방정식 $(x^{\frac{1}{3}}y^{\frac{2}{3}}+x)dx+(x^{\frac{2}{3}}y^{\frac{1}{3}}+y)dy=0$을 풀자.

먼저 $M(x,\ y)=x^{\frac{1}{3}}y^{\frac{2}{3}}+x$, $N(x,y)=x^{\frac{2}{3}}y^{\frac{1}{3}}+y$ 라고 하고 매스매티카에서 위의 함수를 정의하자.

```
In[1]:= Clear[capm, capn];
        capm[x_, y_] = x^(1/3) y^(2/3) + x;
        capn[x_, y_] = x^(2/3) y^(1/3) + y;
```

이제 $M(tx,\ ty)$와 $N(tx,\ ty)$를 계산하고 인수분해하여, 이 방정식이 1차의 동차 방정식이라는 것을 확인하기 위하여 PowerExpand와 Factor 명령어를 사용하자.

```
In[4]:= Factor[PowerExpand[capm[t*x, t*y]]]
Out[4]= t x^(1/3) (x^(2/3) + y^(2/3))
In[5]:= Factor[PowerExpand[capn[t*x, t*y]]]
Out[5]= t (x^(2/3) + y^(2/3)) y^(1/3)
```

다음으로 $x=vy$로 치환하자.

```
In[6]:= x = v*y
Out[6]= v y
```

Dt[x]는 dx, Dt[v]는 dv, 그리고 Dt[y]는 dy를 나타내다.

```
In[7]:= Dt[x]
Out[7]= y Dt[v] + v Dt[y]
```

이제 방정식의 좌변을 $x = vy$ 로 바꾸어 계산하기 위하여 PowerExpand 명령어를 사용하고 이식을 step1이라고 하자.

```
In[8]:= step1 = PowerExpand[
          capm[x, y] Dt[x] + capn[x, y] Dt[y]]

Out[8]= (y + v^(2/3) y) Dt[y] +
          (v^(1/3) y + v y) (y Dt[v] + v Dt[y])
```

step1이 변수 분리인 것을 확인하기 위하여, dv를 나타내는 Dt[v]와 dy를 나타내는 Dt[y]가 들어 있는 항들을 각각 모으도록 하기 위하여 Collect 명령어를 사용하자.

```
In[9]:= step2 = Collect[step1, {Dt[v], Dt[y]}]

Out[9]= y (v^(1/3) y + v y) Dt[v] +
          (y + v^(2/3) y + v (v^(1/3) y + v y)) Dt[y]
```

Simplify 명령어로 간단히 하자.

```
In[10]:= step3 = Simplify[step2 / (y^2 (v (v^(1/3) + v) + v^(2/3) + 1))]

Out[10]= (v^(1/3) y Dt[v] + Dt[y] + v^(4/3) Dt[y]) / (y + v^(4/3) y)
```

또 Apart 명령어로 부분 분수로 만들자.

```
In[11]:= step4 = Apart[step3]

Out[11]= v^(1/3) Dt[v] / (1 + v^(4/3)) + Dt[y] / y
```

step4는 방정식

$$\frac{v^{\frac{1}{3}}}{1+v^{\frac{4}{3}}}dv+\frac{1}{y}dy=0$$

의 좌변을 나타내는데, 이 식은

$$\frac{1}{y}dy=-\frac{v^{\frac{1}{3}}}{1+v^{\frac{4}{3}}}dv$$

로 다시 쓸 수 있다. 이제 양변을 적분하여 각각을 leftside와 rightside라고 하자.

```
In[12]:= leftside = ∫ 1/y ⅆy

Out[12]= Log[y]

In[13]:= rightside = -∫ v^(1/3)/(1 + v^(4/3)) ⅆv

Out[13]= -3/4 Log[1 + v^(4/3)]
```

마지막으로, 이 두 적분을 결합하여 주어진 미분방정식의 일반해를 만들어 step5라고 하자.

```
In[14]:= step5 = leftside == rightside + c

Out[14]= Log[y] == c - 3/4 Log[1 + v^(4/3)]
```

step5에서 $v=\frac{x}{y}$ 를 대입하면 일반해를 얻는다.

```
In[15]:= Clear[x, y, z];
         gensol2 = step5 /. v → x / y

Out[16]= Log[y] == c - 3/4 Log[1 + (x/y)^(4/3)]
```

이제 주어진 미분방정식의 일반해 $\ln y+\frac{3}{4}\ln(1+(\frac{x}{y})^{\frac{4}{3}})=C$ 의 그래프를 $C=4,$

4.2, 4.4, 4.6, 4.8, 5 의 5개의 값에 대하여 ContourPlot 명령어로 그려보자. 이때 y 의 값이 0 의 값을 갖지 않도록 $0.01 \le x \le 180$ $0.01 \le y \le 180$ 의 범위에서 그래프를 그리자.

```
In[17]:= ContourPlot[Log[y] + 3/4 Log[1 + (x/y)^(4/3)],
           {x, 0.01, 180}, {y, 0.01, 180},
           Contours → {4, 4.2, 4.4, 4.6, 4.8, 5},
           ContourShading → False, Frame → False,
           Axes → True, AxesOrigin → {0, 0}]
```

Out[17]=

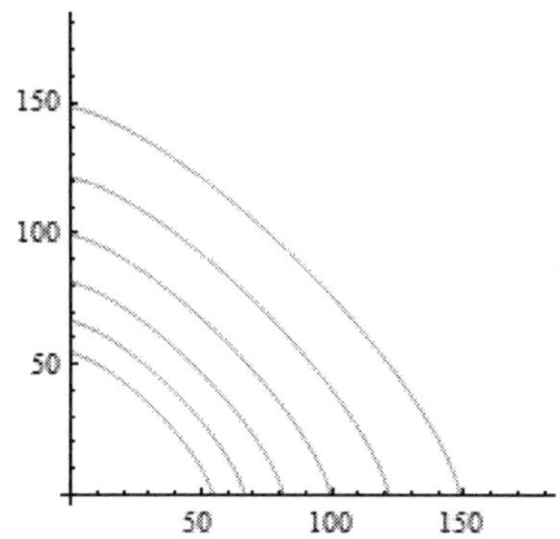

이 미분방정식의 경우 DSolve 명령어로 일반해를 구하는 방법도 가능하다.

```
In[18]:= Clear[gensol, x, y];
         gensol =
          DSolve[
           x^(1/3) y[x]^(2/3) + x + (x^(2/3) y[x]^(1/3) + y[x]) y'[x] == 0,
           y[x], x]
Out[19]= {{y[x] → -Sqrt[-x^(2/3)] x^(2/3)},
          {y[x] → (-3 x^(4/3) + 4 C[1])^(3/4) / 3^(3/4)}}
```

초기값 문제 $(x^2-4y^2)dx+2xydy=0$, $y(1)=1$

방정식 $(x^2-4y^2)dx+2xydy=0$ 은 2차의 동차방정식이므로 $x=vy$ 혹은 $y=ux$ 치환에 의하여 이 방정식을 풀 수 있다. 그러나 이 경우 DSolve 명령어로 풀어보자. 주어진 방정식을 다음과 같이 변형하여 매스매티카에 입력하자.

$$y'=\frac{dy}{dx}=\frac{4y^2-x^2}{2xy}$$

```
In[1]:= partsol =
         DSolve[{x^2 - 4 y[x]^2 + 2 x * y[x] * y'[x] == 0,
           y[1] == 1}, y[x], x]
```

Out[1]= $\left\{\left\{y[x] \to \frac{\sqrt{x^2\,(1+x^2)}}{\sqrt{2}}\right\}\right\}$

따라서 주어진 초기값 문제의 해는

$$y=\frac{\sqrt{x^2+x^4}}{\sqrt{2}}$$

이다. 이제 Plot 명령어를 사용하여 $-4 \le x \le 4$ 에서 해의 그래프를 그리자.

```
In[2]:= Plot[y[x] /. partsol, {x, -4, 4}]
```

Out[2]=

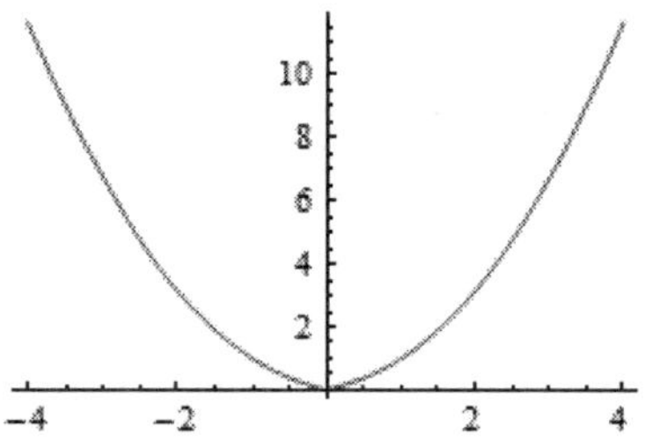

한편, Plot[partsol[[1, 1, 2]], {x, −4, 4}]를 입력하여도 같은 그래프를 얻는다.

4.4 완전 미분방정식

미분방정식

$$M(x,\ y)\,dx+N(x,\ y)\,dy=0$$

에서, 만약

$$\frac{\partial f}{\partial x}=M(x,\ y), \qquad \frac{\partial f}{\partial y}=N(x,\ y)$$

를 만족하는 함수 $f(x,\ y)$ 가 존재할 때 이 미분방정식을 완전 미분방정식 (exact differential equation) 이라고 한다.

어떤 미분방정식 $M(x,\ y)dx+N(x,\ y)dy=0$가 완전일 필요충분조건은 $\dfrac{\partial M}{\partial y}=\dfrac{\partial N}{\partial x}$ 임을 쉽게 알 수 있다.

미분방정식 $2xy^3dx+(1+3x^2y^2)dy=0$은 완전 미분방정식이다. 실제로 $\dfrac{\partial}{\partial y}(2xy^3)=6xy^2=\dfrac{\partial}{\partial x}(1+3x^2y^2)$ 이 성립한다.

미분방정식 $x^2ydx+5xy^2dy=0$은 완전 미분방정식이 아니다. 실제로 $\dfrac{\partial}{\partial y}(x^2y)=x^2\neq 5y^2=\dfrac{\partial}{\partial x}(5xy^2)$이다.

만약 주어진 미분방정식 $M(x,\ y)dx+N(x,\ y)dy=0$이 완전 미분방정식이라면,

$$\frac{\partial f}{\partial x}=M(x,\ y), \qquad \frac{\partial f}{\partial y}=N(x,\ y)$$

을 만족하는 $f(x,\ y)$를 다음과 같은 방법으로 찾을 수 있고, 이 미분방정식의 일반해는 $f(x,\ y)=C$이다.

1. $\dfrac{\partial f}{\partial x}=M(x,\ y), \quad \dfrac{\partial f}{\partial y}=N(x,\ y)$을 확인한다.
2. $M(x,\ y)$를 x에 대하여 적분하여 $f(x,\ y)$라고 한다.(이때 적분상수는 y

에 관한 임의의 함수 $g(y)$ 라 하자.)

3. 2단계에서 적분한 함수를 y에 대하여 미분하여 그 함수를 $N(x, y)$와 비교하여 $g'(y)$를 구한다.
4. $g'(y)$를 y에 대하여 적분하여 $g(y)$를 구한다. (이때 적분상수 C를 포함시킬 필요는 없다.)
5. 4단계에서 구한 함수 $g(y)$를 2단계에서 구한 함수 $f(x, y)$에 대입한다.

초기값 문제 $2x\sin y dx + (x^2 \cos y - 1)dy = 0, \quad y(0) = \frac{1}{2}$ ■

주어진 미분방정식은

$$\frac{\partial}{\partial y}(2x\sin y) = 2x\cos y = \frac{\partial}{\partial x}(x^2 \cos y - 1)$$

을 만족하므로 완전 미분방정식이다.

이제 $f(x, y)$를 $\frac{\partial f}{\partial x} = 2x\sin y$이고 $\frac{\partial f}{\partial y} = x^2 \cos y - 1$을 만족하는 함수라고 하자. $\frac{\partial f}{\partial x} = 2x\sin y$를 x에 관하여 적분하면,

$$f(x, y) = \int 2x\sin y \, dx = x^2 \sin y + g(y)$$

이고, 이 함수 $f(x, y)$를 y에 관하여 미분하면

$$\frac{\partial f}{\partial y} = x^2 \cos y + g'(y) = x^2 \cos y - 1$$

이다. 따라서 $g'(y) = -1$이므로 $g(y) = -y$이다. 그러므로,

$$f(x, y) = x^2 \sin y - y$$

이고 이 미분방정식의 일반해는

$$x^2 \sin y - y = C$$

이다. 이제 초기 조건 $y(0) = \frac{1}{2}$에 따라 상수 C값을 정하기 위하여 $x = 0$과

$y=\frac{1}{2}$ 을 일반해에 대입하여 $C=-\frac{1}{2}$ 을 얻는다. 따라서 원하는 해는

$$x^2 \sin y - y = -\frac{1}{2}$$

이다. 이제 DSolve 명령어를 이용하여 이 초기값 문제를 풀자.

```
In[1]:= Clear[x, y];
        partsol =
         DSolve[{2 x Sin[y[x]] + (x^2 Cos[y[x]] - 1) y'[x] == 0,
           y[0] == 1/2}, y[x], x]
Out[2]= Solve[x^2 Sin[y[x]] - y[x] == -1/2, y[x]]
```

이제 $-10 \le x \le 10$, $-10 \le y \le 10$ 범위에서 그래프를 그리자.

```
In[3]:= Clear[toplot];
        toplot = x^2 Sin[y[x]] - y[x] == -1/2 /. y[x] -> y
Out[4]= -y + x^2 Sin[y] == -1/2
In[5]:= ContourPlot[Evaluate[toplot], {x, -10, 10},
         {y, -10, 10}, Axes -> True, AxesOrigin -> {0, 0},
         Frame -> False]
Out[5]=
```

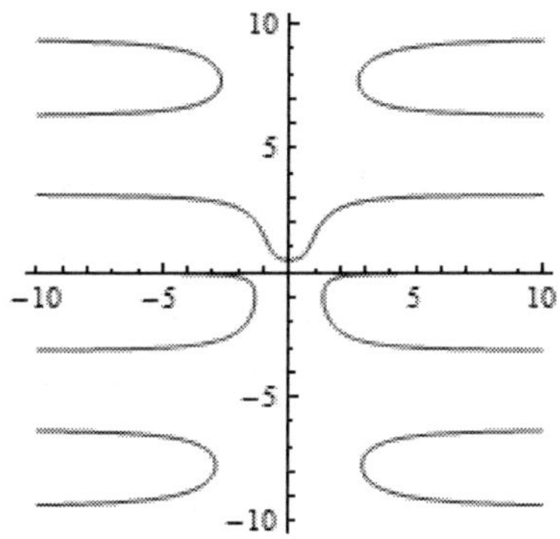

미분방정식 $(2x-y^2\sin(xy))dx+(\cos(xy)-xy\sin(xy))dy=0$

먼저 $M(x,\ y)=2x-y^2\sin(xy)$, $N(x,\ y)=\cos(xy)-xy\sin(xy)$ 라고 하자. 이제 M 에 대응하는 eqnx을 정의하고 N 에 대응하는 eqny을 정의하자. 주어진 완전 미분방정식인지 보자.

```
In[1]:= eqnx[x_, y_] = 2 x - y^2 Sin[x * y];
        eqny[x_, y_] = Cos[x * y] - x * y Sin[x * y];
        D[eqnx, y] == D[eqny, x]
Out[3]= True
```

따라서 이 방정식은 완전이다. 이제 $\int M(x,\ y)dx$를 계산하여 적분상수로서 y 에 관한 임의의 함수 $g(y)$ 를 더하자.

```
In[4]:= f = ∫eqnx[x, y] dx + g[y] // Simplify
Out[4]= x^2 + y Cos[x y] + g[y]
```

$f(x,\ y)$ 를 y 로 미분하자.

```
In[5]:= D[f, y]
Out[5]= Cos[x y] - x y Sin[x y] + g'[y]
```

$\dfrac{\partial f}{\partial y}=N(x,\ y)$ 이므로

```
In[6]:= D[f, y] == eqny[x, y]
Out[6]= Cos[x y] - x y Sin[x y] + g'[y] == Cos[x y] - x y Sin[x y]
```

$g'(y)$ 를 구하기 위하여 Solve 명령어를 사용하면

```
In[7]:= Solve[D[f, y] == eqny[x, y], g'[y]]
Out[7]= {{g'[y] → 0}}
```

$g'(y)=0$ 이므로 $g(y)$ 는 상수함수이고, 주어진 방정식의 일반해는 $x^2+y\cos(xy)=C$ 이다. 곡면 $x^2+y\cos(xy)$ 의 등고선을 이용하면 몇 개의 C 값에 대하여 $x^2+y\cos(xy)=C$ 의 그래프를 그릴 수 있다.

```
In[8]:= f = f /. g[y] → 0
Out[8]= x^2 + y Cos[x y]
```

이제 ContourPlot 명령어를 이용하여 직사각형 영역 $[0,\ 3\pi]\times[0,\ 3\pi]$ 에서 몇 개의 등고선을 그려보자.

```
In[9]:= ContourPlot[f, {x, 0, 3 π}, {y, 0, 3 π},
         Frame → False, ContourShading → False,
         AxesOrigin → {0, 0}, Axes → True]
Out[9]=
```

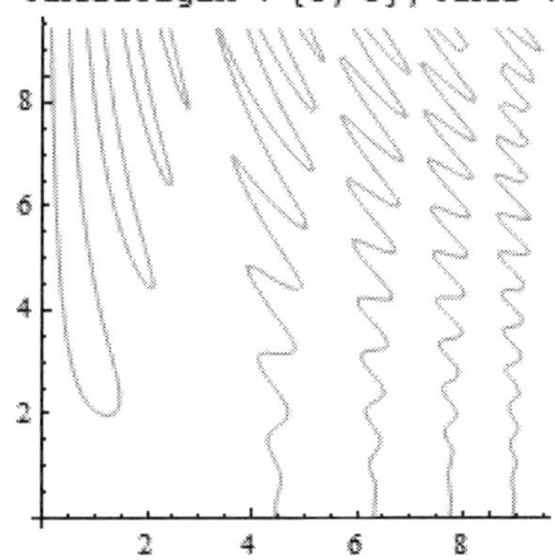

한편 주어진 미분 방정식을 $(2x-y^2\sin(xy))+(\cos(xy)-xy\sin(xy))y'=0$ 으로 변형하여 DSolve 명령어를 사용하여 일반해를 구할 수도 있다.

```
In[10]:= Clear[gensol];
         gensol =
          DSolve[
           (2 x - y[x]^2 Sin[x y[x]]) +
             (Cos[x y[x]] - x y[x] Sin[x y[x]]) y'[x] == 0,
           y[x], x]
Out[11]= Solve[x^2 + Cos[x y[x]] y[x] == C[1], y[x]]
```

일반해는 gensol의 첫 번째 부분이다.

```
In[12]:= step1 = gensol[[1]]
Out[12]= x^2 + Cos[x y[x]] y[x] == C[1]
```

$x^2 + y\cos(xy)$ 의 등고선을 그리기 위하여 gensol[[1, 1]] 명령어로 gensol[[1]] 의 좌변만을 택하자.

```
In[13]:= step2 = gensol[[1, 1]]
Out[13]= x^2 + Cos[x y[x]] y[x]
```

이 방정식에 나타나는 y[x]를 y로 바꾸자.

```
In[14]:= ysol = step2 /. y[x] → y
Out[14]= x^2 + y Cos[x y]
```

초기값 문제 $(1+5x-y)dx-(x+2y)dy=0$, $y(0)=1$

DSolve 명령어를 사용하여 일반해를 구하자.

```
In[1]:= Clear[gensol];
        gensol =
         DSolve[1 + 5 x - y[x] - (x + 2 y[x]) y'[x] == 0,
          y[x], x]
```

Out[2]=
$$\left\{\left\{y[x] \to -\frac{x}{2} - \frac{\sqrt{\frac{x^2}{2} + 4\left(\frac{x}{2} + \frac{5x^2}{4}\right) + 2\,C[1]}}{\sqrt{2}}\right\},\ \left\{y[x] \to -\frac{x}{2} + \frac{\sqrt{\frac{x^2}{2} + 4\left(\frac{x}{2} + \frac{5x^2}{4}\right) + 2\,C[1]}}{\sqrt{2}}\right\}\right\}$$

실제로 DSolve 명령어를 사용하여 초기값 문제를 직접 해결하는 것도 가능하다.

```
In[3]:= Clear[partsol];
        partsol =
         DSolve[{1 + 5 x - y[x] - (x + 2 y[x]) y'[x] == 0,
           y[0] == 1}, y[x], x]
```

Out[4]=
$$\left\{\left\{y[x] \to \frac{1}{2}\left(-x + \sqrt{4 + 4x + 11x^2}\right)\right\}\right\}$$

Plot 명령어로 이 초기값 문제의 해의 그래프를 그리면 다음과 같다.

```
In[5]:= Plot[y[x] /. partsol, {x, -5, 5}]
```

Out[5]=

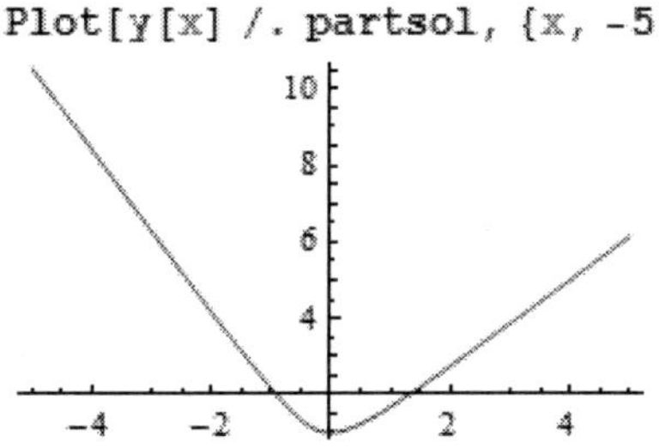

4.5 선형 미분방정식

1계 선형 미분방정식 $a_1(x)\frac{dy}{dx}+a_0(x)y=f(x)$ 의 일반해를 구하자. 이 선형방정식은 다음과 같은 형태로 다시 쓸 수 있다.

$$\frac{dy}{dx}+p(x)y=q(x),$$

이 방정식의 양변에 $e^{\int p(x)dx}$ 를 곱하면

$$e^{\int p(x)dx}\frac{dy}{dx}+e^{\int p(x)dx}p(x)y=e^{\int p(x)dx}q(x)$$

가 된다. 한편

$$\frac{d}{dx}(e^{\int p(x)dx}y)=e^{\int p(x)dx}\frac{dy}{dx}+e^{\int p(x)dx}p(x)y$$

이므로, 주어진 방정식은

$$\frac{d}{dx}(e^{\int p(x)dx}y)=e^{\int p(x)dx}q(x)$$

이고, 양변을 적분하면,

$$e^{\int p(x)dx}y=\int e^{\int p(x)dx}q(x)dx.$$

따라서 이 방정식의 일반해는

$$y=e^{-\int p(x)dx}\int e^{\int p(x)dx}q(x)dx$$

이다. 이때 $\mu(x)=e^{\int p(x)dx}$ 를 주어진 방정식의 적분인자(integrating factor)라고 한다.

1계 선형 미분방정식은 DSolve 명령어로 다음과 같이 풀 수 있다.

```
In[1]:= Clear[x, y, p, q];
        sol = DSolve[y'[x] + p[x] y[x] == q[x], y[x], x]
```

$$\text{Out[2]=}\ \left\{\left\{y[x]\to e^{\int_1^x -p[K[1]]\,dK[1]}\,C[1]+e^{\int_1^x -p[K[1]]\,dK[1]}\int_1^x e^{-\int_1^{K[2]} -p[K[1]]\,dK[1]}\,q[K[2]]\,dK[2]\right\}\right\}$$

```
In[3]:= sol /. {K[1] → s, K[2] → t}
```

$$\text{Out[3]=}\ \left\{\left\{y[x]\to e^{\int_1^x -p[s]\,ds}\,C[1]+e^{\int_1^x -p[s]\,ds}\int_1^x e^{-\int_1^{t} -p[s]\,ds}\,q[t]\,dt\right\}\right\}$$

미분방정식 $x\dfrac{dy}{dx}+y=x\cos x,\ (x>0)$

주어진 방정식의 양변을 x로 나누면,

$$\frac{dy}{dx}+\frac{1}{x}y=\cos x$$

이다. 따라서 적분인자는

$$e^{\int\frac{1}{x}dx}=e^{\ln x}=x$$

이므로, 적분인자 x를 양변에 곱하여

$$x\frac{dy}{dx}+y=x\cos x$$

를 얻는다. 한편

$$\frac{d}{dx}(xy)=x\frac{dy}{dx}+y$$

이므로,

$$\begin{aligned}xy&=\int x\cos x\,dx\\&=x\sin x-\int\sin x\,dx\\&=x\sin x+\cos x+C\end{aligned}$$

이다. 따라서 이 미분방정식의 일반해는

$$xy = x\sin x + \cos x + C$$

이다.

DSolve 명령어를 사용하여 이 방정식을 풀자.

```
In[1]:= Clear[gensol];
        gensol = DSolve[x y'[x] + y[x] == x Cos[x], y[x], x]
```

$$\text{Out[2]= } \left\{\left\{y[x] \to \frac{C[1]}{x} + \frac{Cos[x] + x\,Sin[x]}{x}\right\}\right\}$$

C가 -4에서 4까지 정수값을 가질 때 그래프를 그려보자. 우선 Table 명령어와 ReplaceAll(/.) 명령어를 사용하여 9개의 함수들을 toplot에 저장하자.

```
In[3]:= Clear[toplot];
        toplot = Table[gensol[[1, 1, 2]] /. C[1] → i, {i, -4, 4}]
```

$$\text{Out[4]= } \left\{-\frac{4}{x} + \frac{Cos[x] + x\,Sin[x]}{x},\ -\frac{3}{x} + \frac{Cos[x] + x\,Sin[x]}{x},\ -\frac{2}{x} + \frac{Cos[x] + x\,Sin[x]}{x},\ -\frac{1}{x} + \frac{Cos[x] + x\,Sin[x]}{x},\ \frac{Cos[x] + x\,Sin[x]}{x},\ \frac{1}{x} + \frac{Cos[x] + x\,Sin[x]}{x},\ \frac{2}{x} + \frac{Cos[x] + x\,Sin[x]}{x},\ \frac{3}{x} + \frac{Cos[x] + x\,Sin[x]}{x},\ \frac{4}{x} + \frac{Cos[x] + x\,Sin[x]}{x}\right\}$$

이 9개의 함수들을 그래프로 그리면 다음과 같다.

```
In[5]:= grays = Table[GrayLevel[i], {i, 0, 0.7, 0.7/8}];
        Plot[toplot, {x, 0, 4 π}, PlotRange → {-2 π, 2 π},
         PlotStyle → grays]
```

Out[6]=

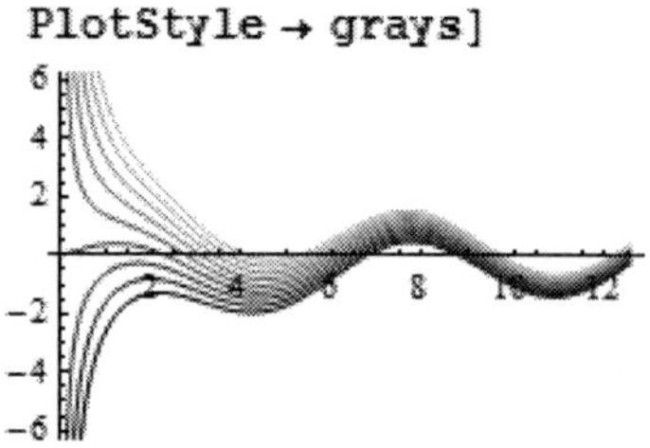

초기값 문제 $\frac{dy}{dx}+5x^4y=x^4,\ \ y(0)=-7$

DSolve 명령어로 일반해와 초기조건을 만족하는 특수해를 구하자.

```
In[1]:= Clear[x, y, gensol];
        gensol = DSolve[y'[x] + 5 x^4 y[x] == x^4, y[x], x]
Out[2]= {{y[x] → 1/5 + e^(-x^5) C[1]}}
In[3]:= Clear[partsol];
        partsol =
         DSolve[{y'[x] + 5 x^4 y[x] == x^4, y[0] == -7},
          y[x], x]
Out[4]= {{y[x] → 1/5 e^(-x^5) (-36 + e^(x^5))}}
```

초기값 문제의 해 partsol을 Plot 명령어로 그래프를 그리자.

```
In[5]:= Plot[y[x] /. partsol, {x, -1, 2}]
Out[5]=
```

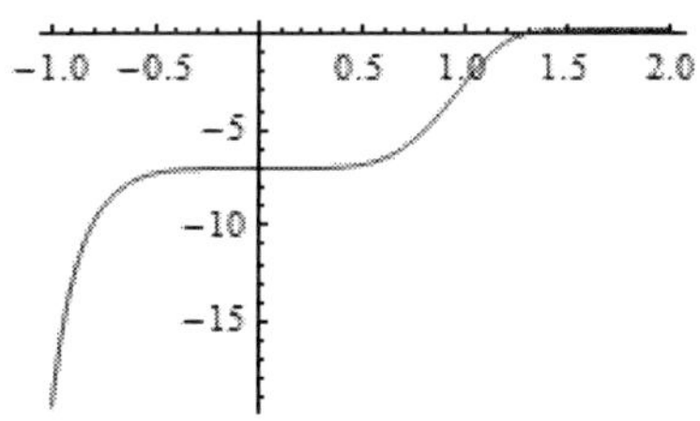

물론 선형 미분방정식을 푸는 각 단계마다 매스매티카를 사용하여 다음과 같이 이 방정식을 풀 수 있다.

적분인자 $e^{\int 5x^4dx}$을 intfac라 하자.

```
In[6]:= intfac = e^(∫5 x^4 dx)
Out[6]= e^(x^5)
```

따라서 방정식은 다음과 같이 쓸 수 있고

$$\frac{d}{dx}(e^{x^5}y) = x^4 e^{x^5}$$

이제 우변을 적분하여 rightside라고 하자.

```
In[7]:= rightside = ∫intfac * x^4 dx

Out[7]= e^(x^5)/5
```

이다. 이제 Solve 명령어로 일반해를 y에 관하여 풀자.

```
In[8]:= step1 = Solve[e^(x^5) y == rightside + c, y]

Out[8]= {{y → 1/5 e^(-x^5) (5 c + e^(x^5))}}
```

을 얻는다. 다음으로 주어진 초기조건에 따라 상수 C값을 구하자.

```
In[9]:= findc = Solve[-7 == step1[[1, 1, 2]] /. x → 0, c]

Out[9]= {{c → -36/5}}
```

Part 명령어를 사용하여 초기조건에 맞는 특수해를 구하자.

```
In[10]:= step1[[1, 1, 2]] /. findc[[1]]

Out[10]= 1/5 e^(-x^5) (-36 + e^(x^5))
```

DSolve 명령어에서 적분을 할 수 없는 경우에는 수치적분으로 근사적인 해를 구할 수 있다. 다음의 문제를 풀자.

초기값 문제 $y' - \sin(2\pi x)y = 1,\ \ y(0) = 1$ 의 해의 그래프를 구간 $[0, 2\pi]$에서 그리자

먼저 명령어 DSolve를 사용하여 초기조건에 맞는 특수해를 구하자.

```
In[1]:= Clear[x, y, partsol];
        partsol =
         DSolve[{y'[x] - Sin[2 π x] y[x] == 1, y[0] == 1},
          y[x], x]
```

Out[2]= $\left\{\left\{y[x] \to e^{-\frac{\mathrm{Cos}[2\pi x]}{2\pi}} \left(e^{\frac{1}{2\pi}} + \mathrm{BesselI}\left[0, \frac{1}{2\pi}\right] + \int_1^x e^{\frac{\mathrm{Cos}[2\pi K[1]]}{2\pi}} dK[1]\right)\right\}\right\}$

이 초기조건에 맞는 특수해는 특별한 하나의 값에 대하여서는 그 결과를 계산해 낼 수 있다. 예를 들어 초기조건에 맞는 특수해의 $x=1$ 의 값을 구하면 다음과 같다.

```
In[3]:= partsol[[1, 1, 2]] /. x → 1
```

Out[3]= $e^{-\frac{1}{2\pi}} \left(e^{\frac{1}{2\pi}} + \mathrm{BesselI}\left[0, \frac{1}{2\pi}\right]\right)$

이 결과로는 구체적으로 어떤 값인지 알기 어려우므로 **N** 명령어를 사용하여 근사값을 구하자.

```
In[4]:= N[%]
Out[4]= 1.85827
```

이 특수해의 그래프를 구간 $[0, 2\pi]$에서 그리기 위하여 우리는 NDSolve 명령어를 사용하여 구간 $[0, 2\pi]$에서 초기값 문제의 수치적인 근사해를 구하여 보자. NDSolve 명령어의 일반석인 형식은 다음과 같다.

NDSolve[{deg, ics}, fun, {var, varmin, varmax}]

여기에서 fun은 var의 함수로서 초기 조건 ics를 갖는 미분방정식 deg의 구간 [varmin, varmax]에서의 수치적인 해이다. 어떤 경우에는 NDSolve에서 보여주는 구간이 우리가 요구하는 구간보다 더 작을 수도 있다. 그리고 초기조건의 개수는 주어진 미분방정식의 계수와 같아야 한다.

```
In[5]:= numsol =
         NDSolve[{y'[x] - Sin[2 π x] y[x] == 1, y[0] == 1},
          y[x], {x, 0, 2 π}]

Out[5]= {{y[x] → InterpolatingFunction[
             {{0., 6.28319}}, <>][x]}}
```

위 결과에서 나온 수치적인 근사 함수를 표시하는 InterpolatingFunction은 보간법에 의하여 얻어진 함수이다. 구간 $[0, 2\pi]$의 임의의 점 x에 대하여 그 값을 계산할 수 있다. 특별히 $x=1$일 때 값을 구하여 보면 다음과 같다.

```
In[6]:= numsol /. x → 1

Out[6]= {{y[1] → 1.85827}}
```

이제 **Plot** 명령어로 구간 $[0, 2\pi]$에서 초기값 문제 해의 그래프를 그리자.

```
In[7]:= Plot[numsol[[1, 1, 2]], {x, 0, 2 π}]
```

Out[7]=

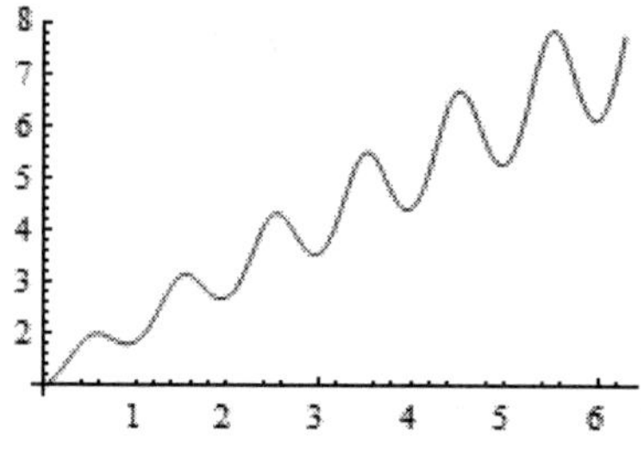

물론 다음과 같은 명령어를 입력하여도 같은 그래프를 얻을 수 있다.

```
In[8]:= Plot[y[x] /. numsol, {x, 0, 2 π}]
```

Out[8]=

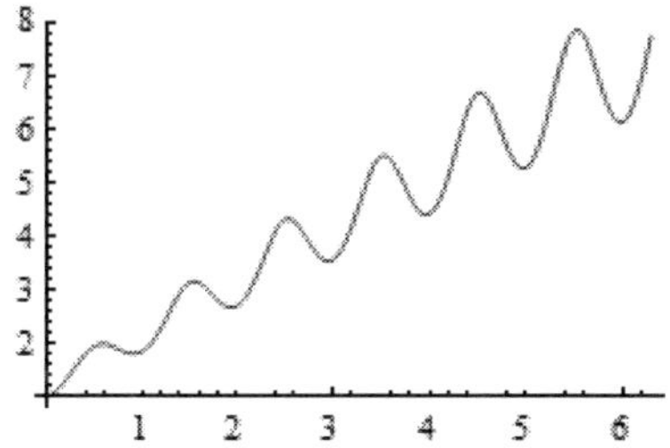

개정판

Mathematica와 수학

지은이 신창언 · 이영수 · 한 혁
펴낸이 박문규
펴낸곳 경문사
펴낸날 2013년 3월 5일 개정판 2쇄
등 록 1979년 11월 9일 제 313-1979-23호
주 소 121-818, 서울특별시 마포구 와우산로 174
전 화 (02) 332-2004 팩스 (02) 336-5193
이메일 kyungmoon@kyungmoon.com

값 20,000원

ISBN 978-89-6105-563-5

★ 경문사 홈페이지에 오시면 즐거운 일이 생깁니다.
http://www.kyungmoon.com

한국과학기술출판협회 회원사